AF833740

Hartmut Bickelmann
Zwischen Luxusanspruch und Alltagsversorgung

HARTMUT BICKELMANN

Zwischen Luxusanspruch und Alltagsversorgung

Eiskellerbau und Natureisnutzung im Gebiet des ehemaligen Kreises Eutin

Ludwig

Die Marius-Böger-Stiftung hat wesentlich zur Finanzierung dieser Publikation beigetragen.

MARIUS - BÖGER - STIFTUNG
Gemeinnützige Stiftung
für Naturschutz und Landeskunde Schleswig-Holsteins

Bibliografische Information der Deutschen Nationalbibliothek

Die Deutsche Nationalbibliothek verzeichnet diese Publikation in der Deutschen Nationalbibliografie; detaillierte bibliografische Daten sind im Internet über https://portal.dnb.de abrufbar.

Holtenauer Straße 141
24118 Kiel
Tel.: 0431-85464
Fax: 0431-8058305
info@verlag-ludwig.de
www.verlag-ludwig.de

Gestaltung und Satz: Inge Schumacher

Titelabbildungen: Vereinsmeierei Ahrensbök, 1901 (Abb. 19); Jacob Nöbbe, Die Eisholer, Flensburg, 1906 (Abb. 43); Brauerei Schlichting Eutin, 1879 (Abb. 23); Biergarten Alte Kalkhütte, ca. 1911 (Abb. 30); Eiskeller Eutiner Schloss, ca. 1735 (Abb. 2)
Abbildung Rückentitel: Eishaus der Kühlhaus Lübeck AG in Niendorf/Ostsee, ca. 1960 (Abb. 36)

Gedruckt auf säurefreiem und alterungsbeständigem Papier
Printed in Germany

ISBN 978-3-86935-479-8

Inhalt

Neue Spuren zu einer verschwundenen Kulturtechnik

Die Verwendung von Natureis zur Kühlung von Flüssigkeiten und zur Konservierung von Lebensmitteln gehört zu den ältesten Kulturtechniken der Menschheit. Sie findet sich in den frühen Hochkulturen Chinas, Japans, Indiens und der arabischen Welt des Mittelalters ebenso wie in der europäischen Antike.[1]

In unsere gemäßigten Zonen gelangte, ausgehend von Italien, die Kenntnis solcher Techniken erst Mitte des 16. Jahrhunderts, als Landesfürsten und der Adel begannen, mit Natureis ihrem Lebensstil eine weitere kulinarische und gesellschaftliche Note hinzuzufügen. Insofern zunächst Ausdruck von Luxus und Status, hatte sich die Natureisnutzung seit der Mitte des 19. Jahrhunderts erheblich ausgeweitet und neben medizinischer Anwendung und privatem Konsum auch den gewerblichen Ernährungssektor erfasst. Gastronomie, Brauwesen, Milch- und Fleischverarbeitung sowie Fischhandel und Lebensmittellagerung – um vorweg die wichtigsten Verwendungsbereiche zu nennen – waren zunehmend auf Natureis angewiesen, bevor künstliche Kühlverfahren im 20. Jahrhundert die traditionellen Konservierungstechniken zu verdrängen begannen. Mit dem Siegeszug des Kühlschranks endete zu Beginn der 1970er Jahre eine auch den Alltag vieler Menschen über ein Jahrhundert lang prägende Phase der Industrialisierung.[2]

Wichtigstes Medium und bauliches Zeugnis der Natureisnutzung war der Eiskeller. In der Alltagssprache wie auch in historischen Quellen diente er als Oberbegriff für verschiedene historische Erscheinungsformen – Eisgrube, Eiskuhle, Eiskeller, Eishütte, Eishaus – und ist trotz dieser Unschärfe auch heute noch ein stehender Begriff, der im Folgenden jedoch nach Möglichkeit präzisiert wird. Eiskeller dienten der längerfristigen Lagerung von Natureis, das in Seen, fließenden Gewässern, künstlich angelegten Eisteichen oder auch mit anderen Methoden – etwa durch Abbau von Gletschern oder Erzeugung mittels natürlicher Kälte ausgesetzter Berieselungsanlagen – gewonnen wurde. Um ihren Bestimmungszweck zuverlässig erfüllen zu können, bedurften sie verschiedener konstruktiver Voraussetzungen, deren wichtigste eine Lage auf trockenem Untergrund, eine geeignete Isolierung gegen Boden- und Umweltwärme sowie die Möglichkeit zum Abfließen des während der Lagerungszeit sich zwangsläufig bildenden Schmelzwassers waren.[3] Als sicht- und greifbarer Ausdruck menschlicher Betätigung spiegeln Eiskeller die spezifische Kultur einer vergangenen Epoche wider.

Mehrere Jahrzehnte nachdem sie ihre Funktion verloren haben, sind die mit der Natureisnutzung verbundenen Techniken den meisten Menschen schon lange nicht mehr präsent, zumal nur noch wenige bauliche Zeugnisse und noch seltener Fotografien oder Postkarten an sie erinnern. Bei Eiskellern handelte es sich – von wenigen Ausnahmen abgesehen – um schlichte Funktions- und Nebengebäude ohne architektonischen oder ästhetischen Anspruch, die zudem an entlegenen Stellen platziert, oft auch in andere Gebäude integriert, im Boden verborgen, mit Erdreich überhügelt oder bewusst getarnt waren, somit als solche vielfach schon von Zeitgenossen und erst recht von späteren Generationen oft nicht erkannt wurden. Obsolet geworden, wurden sie teilweise umgenutzt, vielfach aber entfernt oder, insbesondere als Holzkonstruktionen, der Verwitterung preisgegeben. Eiskeller und Eishäuser können somit überwiegend zu den »vergessenen«

1 Reinink (1995), S. 57–79.
2 Teuteberg (1993), S. 133–147.
3 Menzel-Schubert (1903), S. 5–13.

Zeugnissen einer abgeschlossenen, mehr als vierhundert Jahre währenden Epoche der nord- und mitteleuropäischen Kultur- und Technikgeschichte gerechnet werden.[4] Und sofern noch Relikte vorhanden sind, lässt die Schlichtheit ihrer Konstruktion meist nicht einmal den morbiden Charme von »Lost Places« zu, wie er manchen stillgelegten Industrie- und Verkehrsanlagen oder verfallenden Wohn-, Geschäfts- und Freizeitbauten eigen ist.[5] Immerhin jedoch hat sich eine Reihe von Eiskellern, namentlich im Bereich von Schlössern und Herrenhäusern, in meist gutem restauriertem Zustand erhalten; diese sind allerdings überwiegend außerhalb des für diese Untersuchung zugrunde gelegten Raumes angesiedelt.

Das Bewusstsein für diese Materie wurde erstmals wieder geweckt, als sich Ende der 1980er Jahre, anknüpfend an englische und skandinavische Initiativen, Historiker der Geschichte der Natureisnutzung annahmen. Für Schleswig-Holstein steht hierbei Stephan A. Lütgert, der unter kulturhistorischer und industriearchäologischer Perspektive zunächst in einer Reihe von überwiegend kreisbezogenen Veröffentlichungen auf die Thematik aufmerksam machte, bevor er mit seiner grundlegenden Dissertation eine systematische Bestandsaufnahme der in unserem Raum damals ermittelbaren diesbezüglichen Bauten vorlegte.[6] Diese Arbeit bildet eine wesentliche Grundlage auch für die vorliegende Veröffentlichung. Einige wenige, teils schon zuvor erschienene Beiträge haben weitere spezifische Erkenntnisse geliefert, wozu insbesondere eine Studie über das Gut Jersbek bei Bargteheide (Kreis Stormarn) zählt.[7]

Seither hat die Forschung das Thema nur sporadisch weiterverfolgt. Zwar werden in den Listen der Schleswig-Holsteinischen Denkmalpflege inzwischen einige wenige Eiskeller geführt,[8] doch scheint selbst unter Adelshistorikern das Bewusstsein für die kulturelle Bedeutung von äußerlich unscheinbaren Nebengebäuden wenig ausgeprägt zu sein, und so fehlt sogar in zwei denkmalpflegerisch orientierten neueren Veröffentlichungen über die Schlösser und adeligen Güter Schleswig-Holsteins fast jegliche Erwähnung von Eiskellern.[9] Offenbar ist Lütgerts Standardwerk, wie ein Blick in die Literaturverzeichnisse einschlägiger Veröffentlichungen lehrt, für das nördlichste Bundesland bisher nur äußerst selten rezipiert worden. Immerhin wird gelegentlich ein bisher unbekanntes oder in Vergessenheit geratenes Objekt entdeckt bzw. wiederentdeckt und von der Denkmalpflege wahrgenommen, ja in dem einen oder anderen Fall sogar restauriert und der Öffentlichkeit mit Informationstafeln nähergebracht, so kürzlich der Eiskeller einer Stiftung in Krempe und der einer Brauerei in Glückstadt sowie ein Gutseiskeller auf Gut Harzhof (Holtsee) bei Eckernförde.[10] Regionalübergreifende neuere Arbeiten liegen über den Raum Berlin-Brandenburg vor, wohingegen Schleswig-Holstein mit einem kürzlich erschienenen Beitrag über Kiel und einem inzwischen abgeschlossenen Forschungsvorhaben über Lübeck vertreten ist.[11] Inzwischen hat im internationalen Rahmen auch die Architekturgeschichte das Thema entdeckt, welches in der Regel anhand von ausgewählten herausragenden Einzelbeispielen aus verschiedenen Epochen und Regionen präsentiert wird.[12]

Lütgerts Vorgehen war der Kulturlandschaftsforschung und Industriearchäologie verpflichtet, wobei er Landschaftsbeobachtung, Feldforschung und Befragungen mit der Auswertung kartographischer, ikonographischer und schriftlicher Einzelquellen verband. Infolgedessen war es ihm nur möglich, heute noch vorhandene, von Bezugs-

4 Lütgert (1994), S. 101–108; neuerdings Aterini (2018), dort explizit der Untertitel *architetture dimenticate* (vergessene Architektur).

5 Zu diesem neueren Trend historischer Spurensuche vgl. u.a. Lost Places (2021) u. Horn (2022).

6 Lütgert (2000); dort S. 13–16 zu früheren Initiativen. Generell zum Thema und zu verschiedenen europäischen Ländern Reinink (1995) und Aterini (2018).

7 Hennigs (1985), S. 206–214; Müller-Wusterwitz (1994), S. 26–39.

8 Für Schleswig-Holstein weisen die nach Kreisen und kreisfreien Städten aufgestellten Denkmallisten insgesamt 18 Eiskeller nach, von denen sechs im Kreis Ostholstein gelegen sind, unter ihnen zwei im Gebiet des ehemaligen Kreises Eutin (Schloss Eutin, Hof Redingsdorf).

9 Lafrenz (2015) u. Lafrenz (2022). Auch die älteren Handbücher über Güter und Herrenhäuser, welche sich auf Besitz- und Familiengeschichte konzentrieren, führen in Bezug auf Eiskeller nicht weiter. Vgl. u.a. Rumohr (1982), u. Neuschäffer (1988).

10 Malottky (2016): Krempe; Trost (2018), S. 31–32: Glückstadt; Lafrenz (2015), S. 229: Holtsee.

11 Heintze (2014): Berlin-Brandenburg; Heide (2012): Kiel; Bickelmann (2023): Lübeck.

12 So Aterini (2018), deren Überblick von Mesopotamien bis Nord- und Mitteleuropa mit Schwerpunkt auf Italien reicht, aber auch deutsche Beispiele berücksichtigt.

personen erinnerte oder in zufällig überlieferten Unterlagen bzw. in Veröffentlichungen nachgewiesene Eiskeller zu ermitteln. Mit diesem Verfahren konnte er für den Bereich des ehemaligen Kreises Eutin lediglich sechs Objekte namhaft machen, von denen sich drei allein auf das Eutiner Schloss beziehen.[13]

Die vorliegende Studie verfolgt demgegenüber primär einen umfassenden, quantitativ orientierten Ansatz, welcher das historische Wissen sozusagen von der Quelle her abschöpft. Hierfür steht ein im Landesarchiv Schleswig-Holstein verwahrter Archivbestand zur Verfügung, der im Prinzip sämtliche zwischen 1879 und 1937 erteilten Baugenehmigungen der Regierung zu Eutin umfasst. Dies war der Grund, den von 1937 bis 1970 bestehenden Kreis Eutin – dessen Gebietsumfang identisch ist mit dem des Fürstentums Lübeck (seit 1867) bzw. mit dem diesem 1918 nachfolgenden Oldenburgischen Landesteil Lübeck – als Untersuchungsraum zu wählen. Mit dem einzigartigen, chronologisch aufgebauten und überwiegend durch Register erschlossenen Bestand war es möglich, für die entscheidende Phase des neuzeitlichen Eiskellerbaus eine einigermaßen präzise Übersicht über die diesbezügliche Bautätigkeit, ihre räumliche Verteilung, ihren zeitlichen Verlauf und ihre funktionale Zuordnung wie auch über die Gestaltungsprinzipien der einzelnen durch Baupläne dokumentierten Objekte zu gewinnen.[14] Partielle Überlieferungslücken fallen dabei nur unwesentlich ins Gewicht.[15] Allerdings bildet der Aktenbestand der Regierung zu Eutin wegen konkurrierender Zuständigkeiten das Baugeschehen in dem genannten Zeitraum nicht vollständig ab. Doch dadurch, dass zusätzlich der durch eine andere Quellenbasis dokumentierte Eiskellerbau im Gebiet der Stadt Eutin zumindest in seinem Umfang weitgehend erschlossen werden konnte, ließ sich dieses verwaltungstechnisch begründete Defizit ausgleichen.[16]

Insgesamt könnten die Ergebnisse dieser Studie durchaus Rückschlüsse auf andere Kreise und Regionen zulassen und erstmals überhaupt eine realistische Vorstellung davon vermitteln, in welchem Umfang Eiskeller in Schleswig-Holstein, deren Zahl bisher auf bis zu 1.000 geschätzt wird,[17] tatsächlich vorhanden gewesen sind. Mit ungefähr 180 Objekten allein im Kreis Eutin – um hier schon einen Ausblick auf das später noch genauer aufzuschlüsselnde Ergebnis zu geben – dürfte dieser Wert erheblich übertroffen werden.

Bildet somit die quantitative Analyse der zwischen 1879 und 1937 eingereichten Bauanträge bzw. erteilten Baugenehmigungen der Regierung zu Eutin den Kern der folgenden Untersuchung, so erlaubt umfangreiches weiteres Material zugleich, die Geschichte des Eiskellerbaus im Gebiet des ehemaligen Kreises Eutin sozusagen von Anfang an zu erzählen und das Bau- und Nutzungsgeschehen insgesamt in übergreifende wirtschaftliche, gesellschaftlich-kulturelle und technische Zusammenhänge einzuordnen sowie in einer Reihe von Fällen auch zu den jeweiligen Akteuren in Beziehung zu setzen. Hierzu wird das Thema im Folgenden zunächst in zwei historischen Längsschnitten entfaltet und anschließend in fünf funktionsbezogenen Analysen einer detaillierten Betrachtung unter architektonischer, technischer, verwendungsspezifischer und praxisbezogener Perspektive unterzogen.

Hauptanliegen dieser Studie war, dem Eiskellerbau im Entstehungszusammenhang nachzugehen. Es lag nicht in der Absicht, das weitere Schicksal einzelner Objekte zu verfolgen, was nicht ausschließt, dass verschiedentlich, sofern ohne größeren Aufwand diesbezügliche Informationen gewonnen werden konnten, entsprechende Hinweise erfolgen. Alles andere, insbesondere auch eine vollständige Benennung oder gar ein Katalog der ermittelten Objekte, hätte den Rahmen des Vorhabens gesprengt.

13 Lütgert (2000), S. 173–178 (Nr. 50, 52, 54–56, 68).

14 Landesarchiv Schleswig-Holstein (künftig: LASH), Abt. 260 Nr. 18190–18361.

15 So fehlen verschiedentlich kürzere Zeitabschnitte (u.a. das erste Halbjahr 1898), vor allem aber auch Einzelvorgänge, die bereits zur Zeit der Antragstellung der chronologischen Ablage entnommen wurden, weil sie für andere Sachzusammenhänge benötigt wurden. Dies betrifft vor allem die Gastronomie (Schankkonzessionen) und die Einrichtung von Schlachtereibetrieben. Während sich mehrere auf Eiskeller bezogene Vorgänge in den entsprechenden Sachakten tatsächlich wiederfinden ließen, blieb die Recherche, da die diesbezügliche Überlieferung unvollständig ist, in einigen wenigen Fällen (etwa 7–10) ergebnislos.

16 Nicht erfasst sind die Baugenehmigungen für die Stadt Eutin sowie bestimmte Zeitabschnitte für Bad Schwartau (1904–1937) und Stockelsdorf (1905–1937). Die Bauaufsicht für diese Gebiete erfolgte für die genannten Zeiträume in jeweils eigener Zuständigkeit.

17 Lütgert (1995), S. 11.

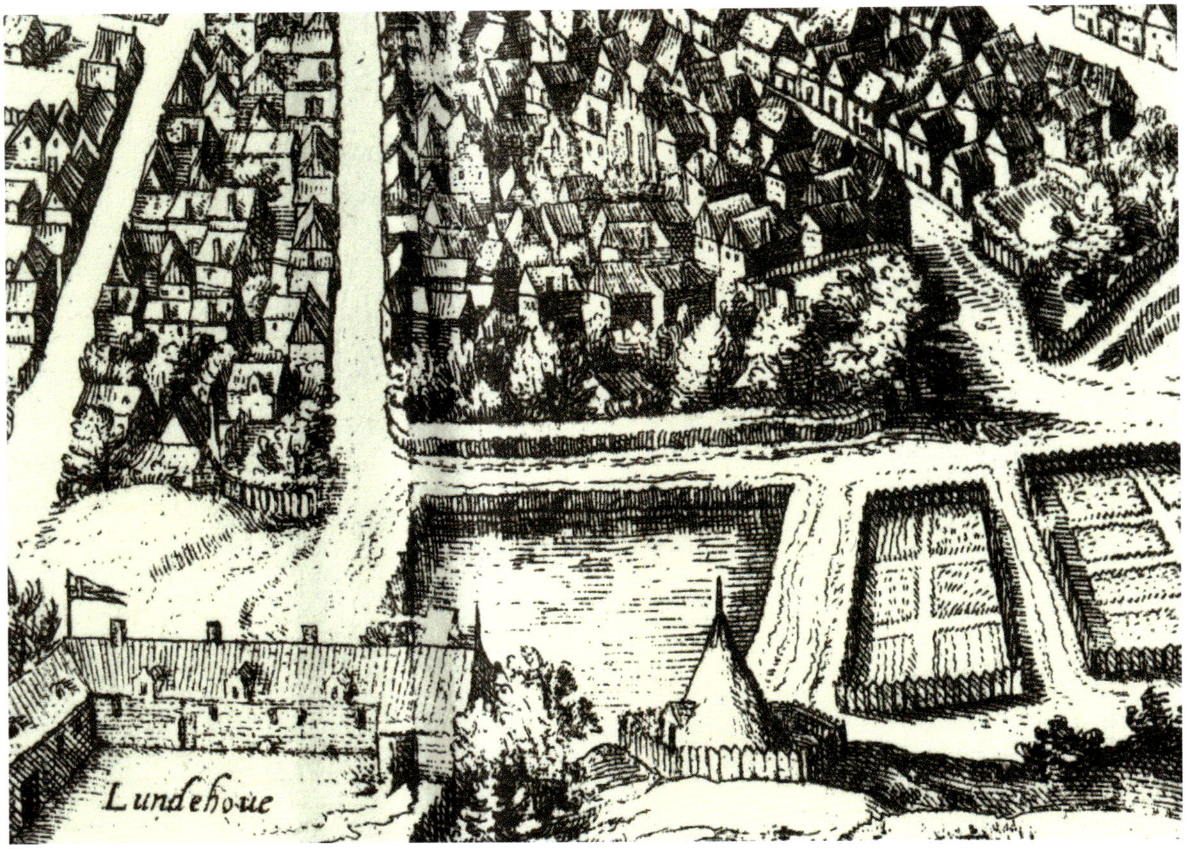

1 Eiskuhle des Schlosses Kronborg/Lundehave, 1588 (Detail aus: Braun/Hogenberg, 1965/1588, Bl. 26).
Links unten der Wirtschaftshof des Schlosses, rechts daneben der Eiskeller mit Umzäunung und dahinter gelegenem Teich, ganz rechts unten der im Entstehen begriffene Lustgarten.

Luxus, Status und gesellschaftliche Repräsentation

Eiskeller für Residenzen, Gutshöfe und Villen

Eis war in früheren Zeiten ein äußerst kostbares Gut und die Verfügung über das kühlende Medium wie auch der Besitz von Eiskellern Ausweis von Luxus, Reichtum und hohem gesellschaftlichen Status. Dies galt insbesondere für die wärmeren Klimazonen, in denen allein der Transport aus entfernten Bergregionen hohen Aufwand erforderte, den sich nur wenige Personen aus dem Kreis der herrschenden Eliten leisten konnten. Als die Nutzung von Natureis in unseren nördlichen Breiten Fuß fasste, war dies nicht anders. Es waren zunächst die Fürsten, die sich den mit Natureis verbundenen Luxus leisteten, welchen Katharina von Medici um 1550 als Königin und Frau Heinrichs II. am französischen Hof etabliert hatte. Und so gelangte die Kenntnis von den Vorzügen der Eisverwendung und von den Erfordernissen des Eiskellerbaus in der zweiten Hälfte des 16. Jahrhunderts von Oberitalien über Frankreich nach England sowie zu den mittel-, nord- und osteuropäischen Residenzen.[18]

Während der aus dem Hause Oldenburg stammende dänische König Friedrich II. sein neues Schloss Kronborg schon um 1580 mit einem Eiskeller ausgestattet hatte, zogen die in Schleswig-Holstein regierenden Gottorfer erst im 17. Jahrhundert nach: Reinbek 1608, Kiel noch vor 1700, Schloss Gottorf und Plön in der 1. Hälfte des 18. Jahrhunderts. Die Erbauungszeit eines für Eutin nachgewiesenen Schlosseiskellers wird auf die Jahre 1735–1737 datiert.[19]

Die frühen Eiskeller bestanden aus zylinder- oder trichterförmigen, mit Feldsteinen aufgemauerten Gruben mit zeltförmiger, dem Schutz und der Isolierung dienender Überdachung aus Stroh oder Reet. Sie waren meist im Bereich des jeweiligen Vorwerks, nahe am Wirtschaftshof der Residenz, verschiedentlich aber auch in den fürstlichen Tiergärten angesiedelt und zur Abwehr des Sonnenlichts von Schatten spendenden Bäumen umgeben. Üblicherweise befanden sie sich in leichter Hanglage oder waren in künstlich aufgeworfene Erdhügel eingebettet, was den Abfluss von Schmelzwasser erleichterte.

Die für unsere Breiten älteste Darstellung einer solchen Konstruktion findet sich in dem 1588 veröffentlichten Teil IV des Städteatlas von Braun und Hogenberg, in welchem Schloss und Stadt Kronborg (Helsingör) zusammen mit dem königlichen Wirtschaftshof und dem im Entstehen begriffenen Lustgarten »Lundehave« abgebildet sind. Zu erkennen ist der zeltförmige, von einem Palisadenzaun umgebene Oberbau mit Eingangsvorbau, der auf höherem Geländeniveau, welches den Eisbehälter verdeckt, neben einem tiefer gelegenen künstlichen Teich gelegen ist (Abb. 1). In einer späteren Beschreibung wird dieses Bauwerk als »Eiskuhle« bezeichnet.[20]

18 Lütgert (2000), S. 54–58; Reinink (1995), S. 213.

19 Lütgert (2000), S. 54, 163, 169, 174, 191, 204, 212, 284. Die Kammerrechnungen der Jahre 1736–1740, die endgültige Klarheit über den genauen Zeitpunkt der Erbauung hätten geben können, fehlen im Bestand des LASH.

20 Braun/Hogenberg (1965/1588), Bd. II, Teil 4 (1588), Tafel 26 (»Öresund«). Hinweise auf dieses Werk explizit schon bei Reinink (1995), S. 143–146, und Lütgert (2000), S. 33–34, 284. Ferner Scheliga (2010), insbes. S. 32.

Eiskeller des Eutiner Schlosses und anderer Residenzen

Der erwähnte Eutiner Eiskeller entspricht in seinen sichtbaren Teilen genau dem für Kronborg beschriebenen Vorbild. Eine Bauzeichnung des damaligen Hofbaumeisters Johan Christian Lewon zeigt den zylinderförmigen Baukörper und den zeltförmigen hölzernen, mit Reet – bzw. »*Rohrschoof*«, wie es in den Quellen überwiegend heißt – gedeckten Oberbau, dessen Zugang über einen Vorbau erfolgt (Abb. 2). Seine Errichtung fällt in die Regierungszeit (1727–1750) von Fürstbischof Adolf Friedrich von Schleswig-Holstein-Gottorf, unter dem der Barockgarten und mit ihm die höfische Kultur in Eutin ihre Vollendung fanden.[21] Die Lage des Eiskellers unterhalb der Vorburg und an der Mauer zum damaligen Küchengarten – vor der heutigen Einfahrt zum Schlossparkplatz – ist durch einen ebenfalls von Lewon stammenden Plan von Eutin dokumentiert, welcher die Schloss- und Gartenanlage im Jahre 1751 zeigt. Dort ist auch zu erkennen, dass der Oberbau nach Norden und Westen durch einen halben Baumkranz sowie nach Osten und Süden durch die hohe Gartenmauer und den Giebel des unmittelbar davor stehenden Waschhauses vor Sonneneinstrahlung geschützt ist (Abb. 3). Das Eis konnte in unmittelbarer Nähe dem Großen Eutiner See entnommen werden.[22] Die Ausführung des den Zylinder abschließenden und den Oberbau tragenden Balkenrahmens als Pentagramm hat zu der Vermutung Anlass gegeben, dass dieser Formgebung symbolische Bedeutung im Sinne freimaurerischen Gedankenguts zugrunde liege; es kann aber auch konstruktive Gründe dafür gegeben haben.[23]

Im Zusammenhang mit dem Schlosseiskeller ist ein weiteres Anwesen der Fürstbischöfe anzusprechen, das Gut Stendorf, welches sich zwar schon knapp jenseits des Eutinischen Hoheitsgebiets befand, jedoch in räumlicher und höfisch-kultureller Hinsicht in enger Beziehung zum Schloss stand. Das zum Fideikommiss des Fürstenhauses gehörende und in reizvoller Lage am Stendorfer See gelegene ehemalige adelige Gut war 1639 erworben worden und hatte überwiegend in der Regierungszeit von Fürstbischof Adolf Friedrich einen Ausbau zu einer großzügigen barocken Anlage erfahren. Wie in Eutin zeichnete auch hier Hofbaumeister Johan Christian Lewon für eine Gestaltung ähnlicher Art, aber kleineren Umfangs verantwortlich, die 1723 mit den Arbeiten zu einem »Lustgarten« begann und 1747 mit dem Bau eines neuen Herrenhauses zunächst weitgehend abschloss, indes unter Fürstbischof Friedrich August (Regierungszeit 1750–1785) wieder fortgesetzt wurde.[24] Die offenkundige Parallelität beider zeitlich ein wenig versetzten Vorgänge

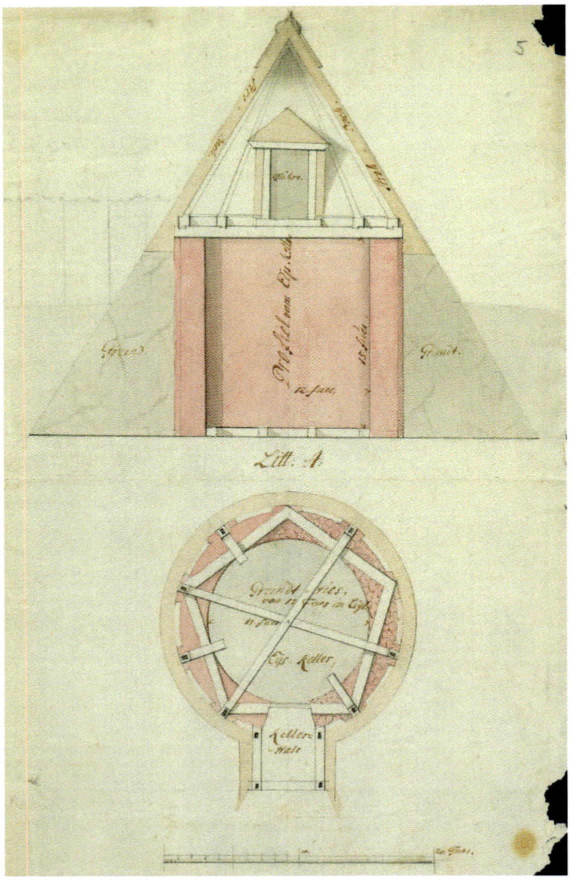

2 Johan Christian Lewon, »Grundtries« und »Profiel vom Eys-Keller« am Eutiner Schloss, um 1736 (LASH, Abt. 260 Nr. 16817, fol. 5).

21 LASH, Abt. 260, Nr. 16817, fol. 5. Generell dazu Thietje (2003), S. 122 u. 187, Abb. 150; Lütgert (2000), S. 174.

22 Plan abgedruckt bei Thietje (2003), S. 126, Abb. 101, und Schulze (1991), S. 91, sowie dort S. 85–86.

23 Darauf weist schon Thietje (2003), S. 188, hin, doch neigt sie der Symbolik im Prinzip zu.

24 Thietje (1996); Böger (1975); Lafrenz (2015), S. 564–566.

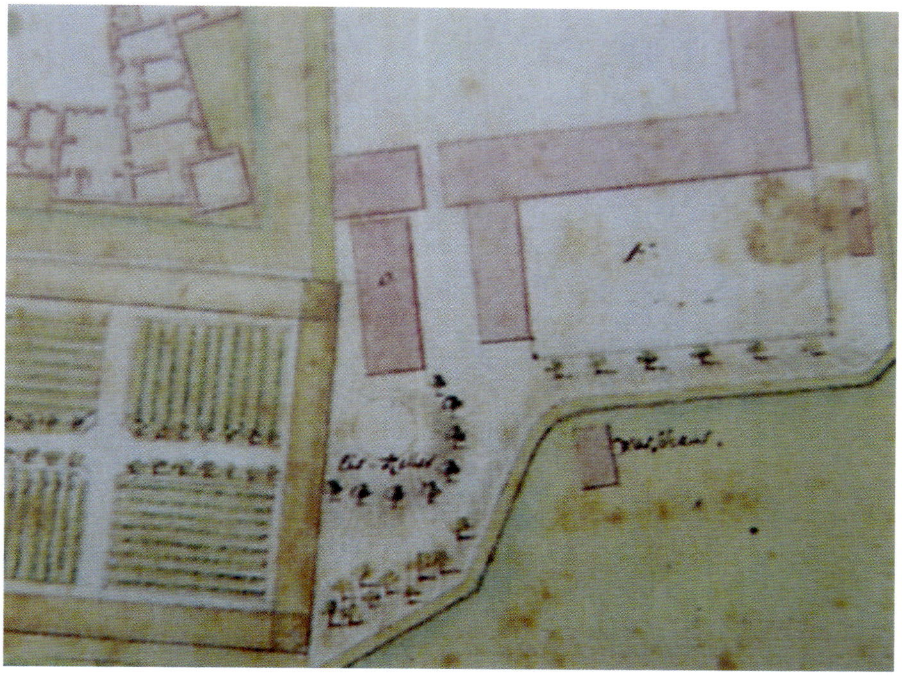

3
Lage des Eiskellers des Eutiner Schlosses im Gartenplan von Johan Christian Lewon, 1751, Ausschnitt (aus: Schulze, 1991, S. 86, Abb. 80).

lässt darauf schließen, dass der jeweilige Hausherr auch dort während seiner sommerlichen Aufenthalte nicht auf den gewohnten höfischen Standard zu verzichten beabsichtigte, zu dem auch ein Eiskeller, zugleich Statussymbol, gehörte. Ein solcher ist tatsächlich für 1775 nachgewiesen;[25] seine Erbauung dürfte auf die 1760er Jahre, vielleicht schon auf einen früheren Zeitpunkt zu datieren sein und könnte daher eventuell sogar auf den 1760 verstorbenen Lewon zurückgehen. Auch in diesem Fall wird man von dem damals üblichen Gebäudetypus eines im Erdreich verborgenen Eiszylinders mit zeltförmigem Reetdach ausgehen können, für dessen Lage der Hang jenseits der den Park begrenzenden Straße nach Kasseedorf in Frage käme. Eine 1847 veröffentlichte detaillierte Beschreibung des wenige Jahre zuvor verpachteten Wirtschaftshofs des Gutes führt jedoch keinen Eiskeller auf, möglicherweise, weil dieser nicht Bestandteil des Pachtvertrages war.[26]

1783, noch in der Ära Friedrich Augusts – der seit 1773 in Personalunion auch das damals neukonstituierte Herzogtum Oldenburg regierte, aber weiterhin in Eutin residierte – wurde durch den Nachfolger Lewons, Hofbaumeister Peter Richter, für das Eutiner Schloss ein zweiter Eiskeller errichtet, der dem ersten zwar im Prinzip ähnelte, jedoch zwei entscheidende Verbesserungen aufwies, nämlich ein gemauertes Gewölbe über dem feldsteinernen Zylinder und einen Abfluss für das Schmelzwasser. So ist in der Maurer-Rechnung jenes Jahres folgender Auftrag formuliert:

1) die Ausgrabung des Erdreichs zu beschaffen, den Keller mit Feldsteinen auszusetzen und oben mit Mauersteinen zu wölben,
2) den Canahl auszugraben und mit Felßen auszusetzen,
3) den äußeren Absatz mit Feldsteinen aufzusetzen, die Erde hierbei zu schieben, auch die feldsteinerne Treppe zu machen pp.[27]

25 LASH, Abt. 260 Nr. 1483, Kammerrechnung 1775, fol. 61 Nr. 56 (Reinigung des Eiskellers zu Stendorf).

26 Berg (1847). Auch auf der zwischen 1789 und 1796 entstandenen sog. Varendorfschen Karte (»Topographisch Militärische Charte des Herzogtums Holstein«), Blatt 35, ist kein Eiskeller zu erkennen.

27 LASH, Abt. 260 Nr. 1507 (Kammerrechnung 1783), Beilagen zu den Gartenbaukosten, Pos. 5, 24.11.1783. Insgesamt zu diesem Eiskeller: ebd., Kammerrechnung 1783, fol. 69 (Gartenbaukosten) Pos. 5, 6, 7, 15, sowie Schloßbaukosten, Beilagen Nr. 52–57, 59, 70, 81, 85, 87, und Gartenbaukosten, Beilagen Nr. 5, 6, 7, 12, 15, 16.

Diese bisher nicht beachteten Details weisen auf mehrere Unzulänglichkeiten des Vorgängerbaus hin. Denn dieser besaß, anders der neue mit dem »Kanal«, offensichtlich keinen Abfluss für das Schmelzwasser, was er im Prinzip auch nicht benötigte, sofern ein Untergrund aus Sand oder Kies das Versickern der Flüssigkeit gewährleistete; ob dies der Fall war, wäre zu überprüfen. In der Bauzeichnung für den alten Eiskeller (Abb. 2) ist über der offenen, also nicht befestigten Sohle nur ein Lattenrost zu erkennen, der üblicherweise verhindern soll, dass das Eis auf dem Boden aufliegt und mit Wasser in Berührung gerät.[28]

Einen ebenso großen Fortschritt bedeutete die Überwölbung des Kellers. Sie ermöglichte nicht nur eine zusätzliche Isolierung des Eiszylinders nach oben, sondern gestattete auch – wie aus späteren englischen Beispielen ersichtlich, aber auch schon um 1740 für das Kieler Schloss nachgewiesen ist – in der Decke Haken anzubringen, an denen etwa Körbe mit Fleisch oder anderen Lebensmitteln aufgehängt werden konnten. Der 1736/37 errichtete Jersbeker Eiskeller verfügte sogar schon über eine Vorkammer zur Kühlung von Lebensmitteln, bildete damit aber damals eine Ausnahme. Insofern konnte der neue Eiskeller durchaus, wenn auch in beschränktem Umfang, Kühlfunktionen übernehmen. Tatsächlich finden sich in der Kammerrechnung des Jahres 1783 unter den Schmiedearbeiten mehrere Positionen, u.a. ein eiserner Kran und drei Haken, die sich in diesem Sinne deuten lassen. [29] Ferner sind unter den Schlosserarbeiten detaillierte Angaben zur Eingangstür – einer als Kälteschleuse dienenden Doppeltür – und ihrer Verriegelung aufgeführt, die erkennen lassen, dass man nicht nur auf eine möglichst gute Kälteisolierung, sondern auch auf die Sicherheit des kostbaren Gutes bedacht war.[30]

Damit hatte Eutin Anschluss an einen schon länger währenden Erkenntnis- und Modernisierungsprozess gefunden, denn in der Frühphase hatten Eiskeller nur zur Kühlung von Wein und anderen Getränken sowie zur Herstellung von Speiseeis gedient, wozu schon der englische König Charles II. einen Eiskonditor beschäftigte, welcher 1671 anlässlich eines Festbanketts seinem Herrn öffentlich einen Becher dieser neuartigen kulinarischen Spezialität servierte. Spätestens seit dieser Zeit gehörte die Erzeugung von Speiseeis oder, wie man es damals nannte: »Gefrorenem«, zum Konditorhandwerk, das sich auf teilweise kunstvolle Kreationen für die fürstlichen Tafeln verstand. Letzteres dürfte auch in Eutin der Fall gewesen sein, wo neben dem Hofkonditor zwei weitere Kräfte auf der Lohnliste standen.[31] Es ist davon auszugehen, dass für den Tagesbedarf an Natureis im Schlosskeller, im Bereich von Küche und Konditorei, kleinere Eisfächer oder -behälter bereitstanden und dass auch bei Tisch geeignete Kühlbehältnisse aus Porzellan oder anderem Material verwendet wurden (Abb. 46 u. 47). Spätestens mit dem Bau des zweiten Eiskellers muss die Konservierung von Lebensmitteln mittels Natureis also auch im Eutiner Schloss gebräuchlich gewesen sein.

Der dritte Aspekt, die Aufmauerung über dem Erdboden, verweist auf die Tiefe des Eisraumes. Der alte hatte – bei einem Durchmesser von 12 Fuß (ca. 3,45 m) – eine Höhe von 15 Fuß (ca. 4,30 m), wovon 1 Fuß (ca. 30 cm) über Bodenniveau lag, so dass der Zylinder ungefähr 4 m in den Erdboden hinabreichte. Bei einem Höhenniveau des Geländes von ca. 3 m über dem Spiegel des Eutiner Sees, wie es sich gegenwärtig darstellt, lag die Kellersohle also 1 m unter Seeniveau, was das Fehlen eines Abflusses erklärt. Dementsprechend musste der Abfluss des neuen Eiskellers mindestens eine Fußbreite über dem Seespiegel liegen, sodass der Zylinder bei gleicher Kapazität und Abmessungen (ca. 40 cbm) das Erdniveau um etwa 2 m überragt haben dürfte; dazu wäre noch die Höhe des gemauerten Gewölbes hinzuzurechnen. Mit diesem Faktum erschließt sich der Sinn der

28 Zu den konstruktiven Erfordernissen des Schmelzwasserabflusses vgl. Nöthling (1896,) S. 43–44, 59; dort auch Hinweis auf die Notwendigkeit eines Holzrosts.

29 LASH, Abt. 260 Nr. 1507 (Kammerrechnung 1783), Schloßbaukosten, Beilagen Nr. 87. Zur Kühlfunktion in England vgl. Buxbaum (2002), Frontispiz u. S. 4–5. Zu Kiel vgl. Lütgert (2000), S. 54–55, 204; der Kieler Eiskeller hatte allerdings noch kein Gewölbe. Zu Jersbek vgl. Hennigs (1985), S. 207–208. Zur Kühlfunktion in der Theorie des 18. Jahrhunderts vgl. Reinink (1995), S. 197–199.

30 LASH, Abt. 260 Nr. 1507 (Kammerrechnung 1783), Gartenbaukosten, Beilagen Nr. 12.

31 LASH, Abt. 260 Nr. 1483 (Kammerrechnung 1775), fol. 45, Nr. 34, 35, 74. Zu Charles II. vgl. Day (2011), S. 10–12. Ferner Reinink (1995), S. 122–123, dort Hinweise zur Eisnutzung an Fürstenhöfen und Adelssitzen.

Erdaufschüttung sowie der steinernen Treppe, die zur Eingangsschleuse des Kellers hinaufführte. Von dort aus konnte der Zylinder, wie bei Konstruktionen dieser Art üblich, durch eine seitliche Öffnung unterhalb der Gewölbekuppel betreten werden.

Dieser oberirdische Teil des Zylinders bedurfte nun einer zugleich der Isolierung dienenden Umhüllung und Überdachung, welche, einer Beschreibung aus der bisherigen Literatur gemäß, aus einem hölzernen, auf einem Feldsteinfundament ruhenden sechseckigen Ständerwerk bestand, welches auch das Dach trug.[32] Zwar findet sich diese konkrete Beschreibung – mit Ausnahme des in der Maurerrechnung aufgeführten Feldsteinabsatzes – in den von den Autoren angegebenen Quellen nicht wieder, doch kommt ihr große Plausibilität zu. In der Tat weist die Zimmermannsrechnung des Jahres 1783 umfangreiche, sich über mehrere Wochen hinziehende Arbeiten am Sockel der Umkleidung und der Eingangsschleuse sowie an der Dachkonstruktion aus, denen diesbezügliche Holzlieferungen unterschiedlicher Art entsprechen.[33] Gleichwohl bleibt offen, wie sich der Oberbau dem Betrachter insgesamt darbot. Denkbar wäre die Gestalt einer Hütte mit Vorbau und aufgesetztem Kegeldach, ähnlich dem späteren Eiskeller des Schlosses Louisenlund an der Schlei.[34] Größere Wahrscheinlichkeit dürfte jedoch – worauf die Lieferung von 28 und 24 Fuß (8 bzw. 6.9 m) langen Sparren hindeutet – ein die gesamte Konstruktion überspannendes, vom Boden aufsteigendes Zeltdach beanspruchen, aus dem lediglich die Eingangsschleuse hervortrat. Dies wäre auch kältetechnisch, wegen der durchgängigen Verwendung von Rohrschoof, die einfachste Lösung gewesen. Zudem hätte man bei einer hüttenähnlichen Konstruktion den Sockel mit anderem Material, beispielsweise Torfstreu, isolieren müssen, wofür sich in den Rechnungen aber keine Belege finden.[35] Der Oberbau selbst war von einem 2 m hohen Stakettzaun mit einem ebenso breiten verschließbaren Gatter umgeben. Eine solche Einfriedigung muss auch schon der Vorgängerbau von 1736 besessen haben, womit dieser ebenfalls dem Kronborger Vorbild folgte.[36]

Die bisherige Forschung verortet den Eiskeller von 1783 an der Stadtbucht,[37] was eine Verwechselung mit späteren Eishäusern des Schlosses zu sein scheint und was auch in technischer Hinsicht unmöglich gewesen wäre, da es sich dort um nur geringfügig über Seeniveau gelegenes Gelände handelt. Gemäß der hier beschriebenen Konstruktionsweise konnte der Bau nur auf hohem Gelände stehen. Seinen Standort fand er vielmehr, wie verschiedene Angaben der Kammerrechnung verraten, an der Schlossbucht, und zwar an der Ostseite des Schlosses hinter der sog. »Altfrauenkammer«.[38] Diese lässt sich unweit der Schlosskapelle im Dachgeschoss des Ostflügels verorten.[39]

32 Zur bisherigen Forschung vgl. Thietje (2003), S. 188, u. auf ihr fußend Lütgert (2000), S. 174–175. Beide beziehen sich auf LASH; Abt. 260 Nr. 1507 (Kammerrechnung 1783).

33 LASH, Abt. 260 Nr. 1507 (Kammerrechnung 1783), Schloßbaukosten, Beilagen Nr. 70 (Fuhrkosten): 12.–13. Nov. 6 Fuder Holz vom Holzhof zum Eiskeller; Beilagen Nr. 81 (Zimmerarbeiten): Arbeiten vom 20. Okt. bis Ende November; Beilagen Nr. 85 (Holzlieferung Jensen & Co., Neustadt).

34 Zu Louisenlund vgl. Lütgert (2000), S. 199 u. 303 (Abb. 42).

35 LASH Abt. 260 Nr. 1507 (Kammerrechnung 1783), Beilagen zu den Schloßbaukosten, Nr. 85 (Holzlieferung Jensen & Co., Neustadt): 20 Stück *»gute gothl(ändische) Sparren«* zu 28 Fuß, dgl. 16 Stück zu 24 Fuß; Baukosten beim Garten, Nr. 69, Pos. 15 führt 2.200 Einheiten Rohrschoof auf.

36 LASH, Abt. 260 Nr. 1507 (Kammerrechnung 1783), Gartenbaukosten, Beilagen Nr. 12 (Schlosser), Nr. 13 (Maler) u. Nr. 16 (Tischler). Ferner ebd., Schloßbaukosten, Beilagen Nr. 81 (Zimmerarbeiten): im April und Mai 1783 Reparaturarbeiten am Stackett und Tor des alten Eiskellers. Die entsprechenden Arbeiten für den neuen Eiskeller erfolgten erst im Oktober und November.

37 Thietje (2003), S. 188, und Lütgert (2000), S. 174–175.

38 LASH, Abt. 260 Nr. 1507 (Kammerrechnung 1783), Gartenbaukosten, Beilagen Nr. 13 u. 16; dort wird der Eiskeller etwas unbestimmt im »Philosophischen Gang« bzw. in der »Philosophischen Allee« verortet; wahrscheinlich war es ungefähr dort, wo dieser auf die spätere Lindenallee, also auf höheres Gelände, hinaufführt. Eine Anweisung der Rentekammer vom 19.9.1783 legt fest, dass die Feldsteine für den Eiskeller »am Ende der großen Allee« abgeladen werden sollen; LASH, Abt. 260 Nr. 16705. Vgl. auch LASH, Abt. 260 Nr. 1530 (Kammerrechung 1794), Schloßbaukosten, Beilagen Nr. 73 (Maurerarbeiten); dort wird von Reparaturen beim »Eiskeller hinter der Altfrauenkammer« gesprochen.

39 Die Bezeichnung »Altfrau« bezieht sich im Allgemeinen auf eine Wirtschafterin; vgl. Gerholz-Kartei (2005), S. 4. Im Besonderen ist bei fürstlichen Haushalten damit eine Person gemeint, in deren Verantwortung die Besorgung der Bett- und Tischwäsche liegt und die die Aufsicht über die hierfür eingesetzten Dienstmägde führt. So etwa beim Schloss Gottorf, wo die Altfrau zum Hofstaat der Herzogin zählte; vgl. Wiesinger (2015), S. 128–133, 520, 525. Vergleichbare Untersuchungen über das Eutiner Schloss liegen bisher nicht vor, doch werden Lage und Funktion der Altfrauenkammer durch eine Position im Bauetat von 1735 angedeutet, wo eine Reparatur des

1794 waren erneut Arbeiten an beiden Eiskellern auf dem Wege. Inzwischen, 1785, hatte Peter Friedrich Ludwig als Fürstbischof von Eutin und Herzog von Oldenburg die Regierung übernommen und mit der Umwandlung des französischen Gartens in einen englischen Landschaftspark begonnen. Die schon 1788 vorgelegten, vom Fürsten selbst inspirierten Pläne des einer renommierten Lübecker Kunstgärtnerfamilie entstammenden Hofgärtners Daniel Rastedt (1761–1836)[40] sahen u.a. einen Eiskeller im Landschaftsgarten vor. Der Herzog hatte als Prinz in den Jahren 1775–1776 eine Studienreise nach England unternommen und hierbei vielfältige Anregungen zur Umgestaltung des Schlossparks erhalten. Der Eiskeller bildete dabei nur ein Element innerhalb einer Inszenierung, die unterschiedliche Gebäude und Geländearrangements – Sonnentempel, Tuffhaus, Brücken, Wasserfälle, Wald – in eine gestaltete Landschaft einbezieht. Der sichtbare Oberbau mit dem üblichen reetgedeckten, vom Erdboden aufsteigenden Zeltdach sollte in diesem Sinne – so jedenfalls die bisherige Interpretation – als Einsiedlerhütte der »ländlichen Gegend«, dem nordöstlichen Teil des Schlossparks, einen spezifischen Charakter verleihen. Dabei konnten sich der Herzog und Rastedt u.a. auf den zeitgenössischen, an der Grenze zum Eutinischen aufgewachsenen und an der Universität Kiel lehrenden Gartenbautheoretiker Christian Cay Lorenz Hirschfeld (1742–1792), einen Verfechter des englischen Landschaftsgartens, berufen.[41] Möglicherweise hatten aber auch die Defizite des ersten Eiskellers zu der Idee beigetragen, ihn an einer geeigneteren Stelle durch einen neuen zu ersetzen.

Bis es soweit war, vergingen jedoch noch mehrere Jahre, und so wurden 1790 die vorhandenen Eiskeller vorerst noch einmal instandgesetzt.[42] 1793 begannen dann die Arbeiten für den Landschaftspark. Im deren Rahmen wurde im Herbst 1794, nachdem noch zu Beginn des Vorjahres an beiden Objekten erneut Reparaturen vorgenommen worden waren, der ältere abgebrochen und an der im Rastedtschen Plan vorgesehenen Stelle, nahe der heutigen Seebühne, neu aufgebaut (vgl. Abb. 4). Zugleich wurde er, wie spätere Pläne des Schlossparks erkennen lassen, von einem Kranz von Bäumen umsäumt. Im Zuge der Arbeiten erfuhr auch der Eiskeller hinter dem Schloss nochmals eine Auffrischung.[43]

Um eine Translozierung, wie in der bisherigen Literatur dargestellt,[44] handelte es sich im eigentlichen Sinne nicht. Vielmehr entstand – weitgehend unter Wiederverwendung eines Teils des durch den Abbruch gewonnenen Materials – nach bekanntem Muster, aber mit veränderten Maßen, ein neuer und deutlich größerer zylinderförmiger Eisraum, was zwangsläufig auch einen völlig neuen Oberbau einschließlich des tragenden Balkenrahmens nach sich ziehen musste, zumal der vorhandene nach fast 60jähriger Existenz unter ständiger von innen aufsteigender Feuchtigkeit ohnehin stark gelitten haben dürfte. Eine 1999 in Auftrag gegebene archäologische Untersuchung hat in dieser Hinsicht Klarheit geschaffen, zugleich aber manche Frage, vor allem die nach einem Schmelzwasserabfluss, unbeantwortet gelassen;[45] das Höhenniveau, ca. 5 m über dem Wasserspiegel des Sees, hätte einen solchen durchaus erlaubt.

Der neue Zylinder war leicht konisch geformt und hatte einen Durchmesser von ca. 5 m (gegenüber 3,60 m des Vorgängerbaus), während er 4 m tief ins Erdreich reichte, woraus sich ein Fassungsvermögen von 78 cbm errechnet. Offenbar hat die Grabung die Sohle, die Auskunft über einen Abfluss hätte geben können, nicht erreicht. Rätsel gibt zudem ein äußerer Feldsteinring von 10 m Durchmesser und unbekannter Tiefe auf, der möglicherweise später entstanden ist, denn für die dazu erforderlich gewesenen umfangreichen Steinlieferungen finden sich in den Kammerrechnungen von 1794 keine Anhaltspunkte. Einen Hinweis darauf mag ein bei Thietje wiedergegebener, 1878 als

Daches *»über der Altfrauenkammer«* sowie die Anschaffung einer neuen Mangel und eines Streichtisches für diese Kammer aufgeführt sind; vgl. LASH, Abt. 260 Nr. 16697 (Bauetat 1735), Nr. 7.

40 Zu ihm vgl. Thietje (2009).

41 Thietje (2003), S. 133–149, 187; Thietje (2012), S. 43–45, 96–109. – Hirschfeld (1973).

42 LASH, Abt. 260 Nr. 1521, Beilagen zu den Schloßbaukosten 1790, Nr. 87 u. 88.

43 LASH Abt. 260 Nr. 1528 u. Nr. 1530: Beilagen zu den Schloßbaukosten 1793, Nr. 69, 70, 91, bzw. Beilagen zu den Schloßbaukosten 1794, Nr. 42–46, 50–52, 61, 64, 73, 75, 90. Zu den späteren Planzeichnungen vgl. Thietje (2003), S. 148.

44 Thietje (2003), S. 122, 187–188; darauf fußend Lütgert (2000), S. 174.

45 Rekonstruktionskonzept Jan-Peter Witte und Ada Ranschau für Arbeitsgruppe Plandreieck, Nov. 2001. Der Verfasser dankt Brigitta Herrmann (Stiftung Schloss Eutin) für diesbezügliche Auszüge aus dem Konzept.

4 Lage des neuen Eiskellers im Gartenplan von Daniel Rastedt, Gartenentwurf IV, 1788, Ausschnitt (aus Thietje, 2003, S. 53, Tafel 6, Original im Ostholstein-Museum Eutin).
Roter Kreis am Steilabhang = Eiskeller, darunter Rotes Rechteck am Wasser = Bootshaus.

Zeichnung angefertigter, jedoch nicht ausgeführter »Vorschlag zur Umgestaltung des Nordgartens« geben, auf welchem ein Ring von tatsächlich etwa 10 m Durchmesser zu erkennen ist, der den Eiskeller und einen dazwischen liegenden Wassergraben umschließt.[46] Dieser Vorgang könnte zudem darauf hindeuten, dass man zu dieser Zeit den Eiskeller stillzulegen beabsichtigte.

Im Lichte dieser Erkenntnisse wäre die Anlage des neuen Eiskellers, die bisher lediglich unter gartengestalterischen Aspekten Aufmerksamkeit gefunden hat, noch einmal unter technischem Blickwinkel zu erörtern und neu zu bewerten. Dem Herzog mussten ja die Verbesserungen, die der Eiskeller von 1783 gegenüber dem Vorgänger erfahren hatte, bekannt sein, und in England, wo er eine Reihe von adeligen Gartenanlagen besichtigt hatte, wird er – allerdings ohne dies in seinem Reisebericht zu erwähnen – wohl auch die dazugehörigen Eiskeller kennengelernt haben.[47] Und schließlich war, wie 1783, für die Ausführung wiederum der für die Schlossbauten zuständige

46 Thietje (2003), S. 55, Tafel 10.

47 Thietje (2012), S. 50–84 (Reisestationen).

Hofbaumeister Richter verantwortlich.[48] Warum also sollte der Herzog den Stand der Technik missachtet und damit auf die Vorteile eines für die Funktionsfähigkeit wichtigen Schmelzwasserabflusses verzichtet haben? Vielmehr ließe sich argumentieren, dass er für den Abfluss eine bestimmte Höhenlage benötigte, wie sie am seewärtigen Abhang des Landschaftsgartens oberhalb des Philosophischen Ganges – am zweithöchsten Punkt dieses Gartenteils – gegeben war. Tatsächlich findet sich der Eiskeller in allen vier von Rastedt vorgelegten Planvarianten an genau dieser Stelle wieder;[49] sein Standort war also, unabhängig von den mehrfach veränderten gartengestalterischen Elementen, von Anfang an vorgegeben (vgl. Abb. 4). Dafür war der Herzog offenbar bereit, für den Transport des zu nutzenden Eises nicht nur einen recht langen Weg zum Schloss in Kauf zu nehmen, sondern auch, sofern ihm tatsächlich die Anmutung einer Einsiedlerhütte vorschwebte, eindeutige Empfehlungen Hirschfelds auszuschlagen. Hatte dieser doch geraten, Einsiedeleien keinesfalls auf einer Anhöhe, sondern in *»verwachsenen Winkeln und schattigen Vertiefungen«* anzulegen. Dies traf weit mehr auf das am Ende des Philosophischen Ganges gelegene reetgedeckte Bootshaus zu, welches als »Hüttenarchitektur« wahrscheinlich eher den Vorstellungen Hirschfelds entsprochen haben dürfte, so wie dieser sie auch bildlich skizziert hat.[50] Ihm zufolge gehörte eine Einsiedelei in *»eine einsame und sanft melancholische Gegend«*,[51] während die Szenerie am Steilufer zum See – wie sie sich vor allem von unten, vom Philosophischen Gang, her darbietet, aber auch am Höhenweg mit seinen Blickbeziehungen zum Wasser und zur umgebenden Landschaft erlebbar ist – einer gewissen Dramatik nicht entbehrt. Insofern fragt sich, ob der Eiskeller mit dem ihn später überragenden Baumkranz überhaupt als Verkörperung einer Einsiedelei taugte und ob er nicht einfach als belebendes Element des Landschaftsgartens ohne spezifische oder für uns heute erkennbare Symbolkraft konzipiert war.

Es spricht also vieles dafür, dass in die Wahl des Standortes – neben landschaftsplanerischen Vorstellungen – vor allem bautechnische Überlegungen eingeflossen sind, die nahelegen, dass der neue Eiskeller tatsächlich über einen Schmelzwasserabfluss verfügte. Anders wäre es auch kaum vorstellbar, dass dieser bis weit ins 19. Jahrhundert hinein seine Funktion erfüllen konnte. Leider haben sich bisher keine bildlichen Darstellungen des Oberbaus finden lassen, doch dürfte der 1775 errichtete Eiskeller des Gutes Schierensee bei Kiel (Kreis Rendsburg-Eckernförde) in seiner späteren Gestalt dem Aussehen des Eutiner Pendants nahegekommen sein.[52]

Rein bautechnisch gesehen, erscheint die Geschichte der älteren Eiskeller des Eutiner Schlosses als eine Abfolge von Verbesserungen, die zunächst zu einem neuen Bautypus führten, die aber durch eine Rückkehr zum ursprünglichen Konstruktionsprinzip an einem günstigeren Standort gekennzeichnet war.

Eine neue Phase des Eiskellerbaus kündigte sich in der ersten Hälfte des 19. Jahrhunderts an. Denn im Rahmen der zwischen 1826 und 1840 vorgenommenen Umgestaltung des Schlossplatzes, die auch die Gartenanlage im näheren Schlossbereich einbezog, musste neben der Vorburg auch der Eiskeller von 1783 weichen. Somit war ein Ersatzbau erforderlich. Inzwischen hatte sich beim Eiskellerbau ein Paradigmenwechsel vollzogen. Seit der Wende zum 19. Jahrhundert galten unter dem Einfluss nordamerikanischer Entwicklungen in Theorie und Praxis oberirdische Eishäuser als das Nonplusultra; auch in Russland waren unterirdische Eisbehälter traditionell wenig verbreitet. Der Vorteil wurde in besseren Isoliermöglichkeiten, vor allem aber auch in geringeren Baukosten gesehen, was den Besitzern kleiner Anlagen entgegenkam. Infolgedessen gab man zunächst Holzkonstruktionen den Vorzug, bei denen sich der Zwischenraum zweier Ständerfachwerke leicht mit kälteabweisendem Material wie Torf, Torfmull, Stroh, Blättern, Moos, Seegras oder Sägemehl füllen ließ.[53]

48 Zu Richter vgl. Pietsch (1985).

49 Thietje (2003), S. 53, 141–146.

50 Hirschfeld (1973), Bd. 3, 1780, S. 103; generell zu Einsiedeleien S. 96–104, bildliche Darstellungen von Hüttenarchitektur S. 97, 102, 105, 108. Zum Bootshaus vgl. Thietje (2003), S. 188–189.

51 Hirschfeld (1973), Bd. 3, 1780, S. 97.

52 Lütgert (2000), S. 289, Abb. 16 (Foto von 1935), Beschreibung S. 202–203. Diesen Eiskeller erwähnt schon Hirschfeld in seiner »Theorie«; vgl. Hirschfeld (1973), Bd. 2, 1780, S. 140.

53 Lütgert (2000), S. 36–40; Reinink (1995), S. 198–199.

5 Johann Friedrich Limpricht, »Entwurf zu einer Eishütte« für das Eutiner Schloss, 1836 (LASH, Abt. 260 Nr. 16863, fol. 82).

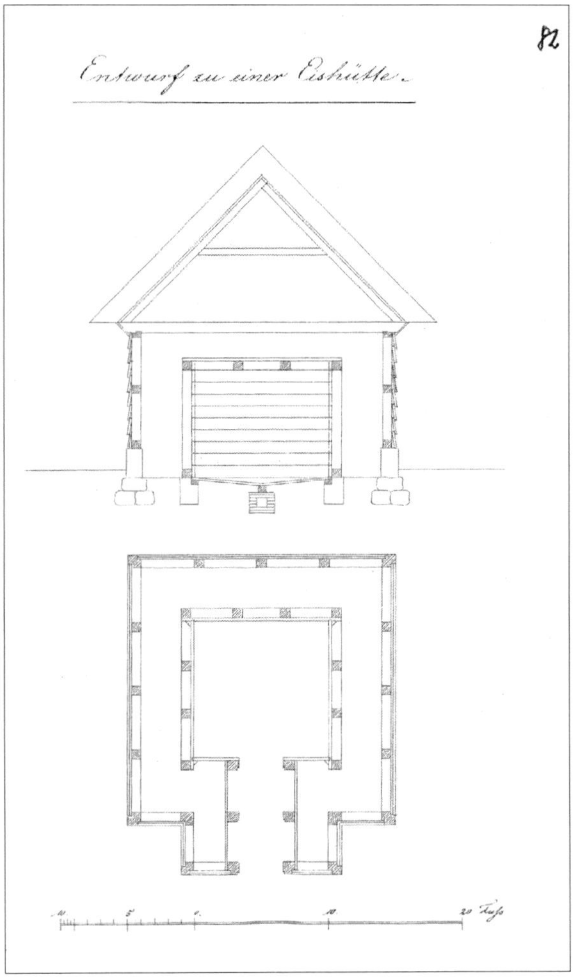

Als Muster für den Neubau des Eutiner Schlosseiskellers diente eine sog. »Russische Eishütte«, für die es ein Referenzprojekt auf der Insel Wangerooge gab. Dass Wangerooge ins Spiel kam, hatte damit zu tun, dass die Nordseeinsel seit 1818 zum Großherzogtum Oldenburg gehörte und dass dort 1804, damals als Teil der Herrschaft Jever noch unter russischer Hoheit, eines der ersten deutschen Seebäder gegründet worden war, welches allerdings eine zunächst recht bescheidene Einrichtung blieb, deren Betrieb zudem durch die napoleonischen Kriege unterbrochen wurde. Seit 1819 unter der Regie der oldenburgischen Staatsregierung stehend, hatte das Seebad einen neuen Aufschwung genommen, und mit der Erweiterung der Baulichkeiten um Logierhäuser, Konversationsräume, Gartenanlagen und eine Saline sowie Konditorei- und Restaurationsbetrieb[54] hatte sich auch das Bedürfnis nach einem Eiskeller geltend gemacht. So wurde 1835 vonseiten der oldenburgischen Verwaltung zunächst der Entwurf einer freistehenden »Russischen Eishütte« vorgelegt, der dann aber zugunsten einer kostengünstigeren, demselben Konstruktionsprinzip verpflichteten Variante – Einbau des Eiskellers in den Turm der Wangerooger Kirche – zurückstehen musste.[55]

Als sich die Großherzogliche Regierung, die zugleich die Geschicke des Fürstentums Lübeck mit der Nebenresidenz Eutin lenkte, im selben Jahr mit dem Nachfolgebau des alten Schlosseiskellers befasste, entschied sie sich diesmal für den ursprünglichen Wangerooger Entwurf. Entsprechend erging im November 1835 aus Oldenburg der Auftrag an die Eutiner Schlossbaukommission, den Eiskeller von 1783 abzureißen und einen Neubau nach diesem Muster zu veranlassen. Hofbaumeister Johann Friedrich Limpricht legte daraufhin eigene, geringfügig modifizierte Entwürfe mit Kostenanschlägen vor, ehe er im Sommer 1836 die Ausführung des Gebäudes bewerkstelligte, das seinen Platz an der Stadtbucht unterhalb der ebenfalls damals errichteten neuen Reithalle fand; ursprünglich sollte es neben der Schlossmauer, also ungefähr am Standort des ehemaligen ersten Eiskellers, platziert

54 Jürgens (1954), S. 17–22; Jürgens (2014), S. 49–53, 115–135, 158, 165, 182–183, 197–206, 210–216.

55 Niedersächsisches Landesarchiv, Abteilung Oldenburg (künftig: NLA OL), Best. 70 Nr. 2682-1, Quadr. 441–445 (Jan-Febr. 1835).

6
Die »russische Eishütte« des Eutiner Schlosses, Foto 1887; Detail aus: »Eutin. Partie v. d. Stadtbucht«, Fotograf Albert Giesler (Kabinett-Karte im Besitz des Verf.). Links davor im See das Waschhaus des Schlosses. Die Perspektive des Gesamtfotos entspricht in etwa derjenigen von Abb. 7.

7
Blick auf die Eutiner Stadtbucht, ca. 1918 (aus: Giesler, 2006, S. 28). Bei dem weißen Gebäude vor der Mauer des Schlossparks handelt es sich um das neuere Eishaus. Der Standort des Fotografen ist links vor dem Garten des Voß-Hauses.

werden.[56] Somit hatte die freistehende »Russische Eishütte« nunmehr im Fürstentum Lübeck erstmalig Gestalt gewonnen; sie blieb, wie sich später zeigen wird, nicht die einzige.

Bei einer »Russischen Eishütte« handelt es sich um ein auf Steinfundamenten ruhendes doppeltes Holzständerwerk mit äußerer und innerer Bretterverschalung. Das Spezifikum der Konstruktion liegt darin, dass das innere und äußere Ständerwerk – außer über die notwendige Innenverschalung des Vorraums – keine Berührung miteinander haben, sodass der eigentliche Eisraum ein separates Haus im Haus bildet und der breite Zwischenraum von 80 cm mit aufgeschichteten Torfsoden ausgefüllt wird, die dem Gebäude wie eine Mauer zusätzliche Stabilität verleihen.[57] Abweichend von dem Wangerooger Entwurf, der eine Fundierung aus Mauersteinen vorsah, wählte Limpricht für Eutin Feldsteinfundamente.[58] Die Isolierung über dem Eisraum erfolgte in Form des leichteren Torfmulls sowie zusätzlich durch die Dachbedeckung von etwa 50 cm Stärke, in diesem Fall wiederum Rohrschoof. Der als Kälteschleuse dienende Vorraum ist so angelegt, dass zwei bis drei isolierte Türen den Kälteverlust minimieren. Im konkreten Fall endete der Vorraum in einem Vorbau (vgl. Abb. 5 u. 6), und das Dach war als Walm ausgebildet.[59] In Bezug auf das Isoliermaterial wich Limpricht allerdings von dem ursprünglichen Konzept ab, indem er statt des Torfes Stroh in die Zwischenräume zwischen den Ständerwerken einbringen ließ.[60]

Die Eutiner Hütte besaß eine Kapazität von nur 19 cbm, was sich wohl aus dem geringeren Bedarf erklärt, seitdem Eutin nur noch Nebenresidenz war. Selbst diese Kapazität wie auch die des Eiskellers im Landschaftsgarten wurde während der kurzen jährlichen Aufenthaltsperiode des Hofstaats, die sich meist auf die ohnehin durch milde Temperaturen gekennzeichnete Zeit von Ende August bis Oktober beschränkte, häufig nicht ausgeschöpft, sodass ein Teil des Eises den Einwohnern der Stadt Eutin für den eigenen Bedarf, überwiegend zu medizinischen Zwecken, zur Verfügung gestellt wurde.[61]

Später entstand noch ein weiteres, etwas größeres Eishaus, dessen Bauzeit auf etwa 1890 datiert werden kann und das vermutlich den Eiskeller im Landschaftspark ersetzte, um dessen Umgestaltung man sich offenbar schon seit Ende der 1870er Jahre Gedanken gemacht hatte.[62] Dem Stand der Technik gemäß handelte es sich um ein zwei- und dreischaliges massives, weiß gestrichenes Gebäude mit flach gewalmten Pappdach und einem nach Süden, also zur Landseite hin, ausgerichteten Vorbau mit Eingangsschleuse. Es bildete – wie schon zuvor die »russische Eishütte« (Abb. 6) – zusammen mit dem Waschhaus des Schlosses lange Zeit einen Blickfang in der Stadtbucht, wie mehrere Fotografien des Hoffotografen Albert Giesler aus dem späten 19. und frühen 20. Jahrhundert belegen. Sein Standort befand sich ganz in der Nähe der »Russischen Eishütte«, direkt unterhalb der heute noch erhaltenen feldsteinernen Stützmauer des Schlossgartens (Abb. 7). Das Gebäude wurde augenscheinlich später zu anderen Zwecken umgestaltet, was darauf hindeuten könnte, dass das Schloss noch vor dem Ersten Weltkrieg mit einer maschinellen Kühlanlage ausgestattet war.[63] Die »Russische Eishütte« verschwand um 1920, im Zusammenhang mit der Neugestaltung der Uferpromenade an der Stadtbucht und dem Bau des ersten Bootshauses für den Ostholsteinischen Seglerverein. Das massive

56 LASH, Abt. 260 Nr. 16863, fol. 1–3, 15, 26, 52–55, 71–74, 81–86. Die Lage an der Stadtbucht wird durch mehrere spätere Stadtpläne bestätigt, auf denen die Umrisse der Eishütte zu erkennen sind, so bei Thietje (2003), S. 107 u. 148.

57 Der Wangerooger Eiskeller folgte demselben Prinzip; dort ersetzten zwei Wände des Kirchturms das äußere Ständerwerk samt einer Fundamentierung. Auch hier war für den breiten Zwischenraum eine Torffüllung vorgesehen. Vgl. NLA OL, Best. 70 Nr. 2682-1, Quadr. 441; dort Entwurfsskizze.

58 Ebd. Der Entwurf liegt ferner den Akten des Landesarchivs Schleswig (wie Anm. 56) bei. Beide Zeichnungen auch abgedruckt bei Lütgert (2000), S. 286 (Abb. 9) u. 287 (Abb. 12).

59 LASH, Abt. 260 Nr. 16863, fol. 61–65 u. 81–84. Dem Auftrag der oldenburgischen Hofverwaltung ist eine ausführliche Beschreibung der Konstruktionsprinzipien und der Funktionsweise einer russ. Eishütte beigegeben. Kurze Beschreibung auch bei Lütgert (2000), S. 175. Generell dazu auch Menzel-Schubert (1903), S. 18–22.

60 LASH, Abt. 260 Nr. 16877, Bauetat 1836, Notiz vom 5.11.1836.

61 LASH, Abt. 260 Nr. 6767, Quadr. 1: Physikus Eutin an Großhzgl. Reg. Oldenburg, 25.6.1868.

62 Vgl. S. 17 u. Anm. 46. 1887 war, wie Abb. 6 belegt, das Eishaus noch nicht vorhanden.

63 Zwei Aufnahmen finden sich in Giesler (2006). S. 26 u. 28; auf S. 26 ist rechts vom Eishaus sogar noch die »Russische Eishütte« schemenhaft zu erkennen. – Auf einen Umbau des Eishauses deutet auf den bei Giesler veröffentlichten Fotos ein Schornstein hin.

Eishaus gab der Erbgroßherzog auf Drängen des Kunstmalers Leonhard Boldt, dem Initiator der neuen Promenade, erst 1933 zur Beseitigung frei. Im Zuge der fotografisch dokumentierten Abbrucharbeiten konnte man erstmals öffentlich die bauliche Struktur des Gebäudes erkennen, welches aus einem in etwa quadratischen Eisraum mit Vor- bzw. Kühlraum bestand sowie mit einer zum Schloss hin ausgerichteten Eingangsschleuse und einer dem See zugewandten Ladeluke ausgestattet war (vgl. Abb. 37).[64] Der Eisraum hatte nach grober Schätzung ein Fassungsvermögen von ca. 40 cbm, also etwa das Doppelte der »Russischen Eishütte«.

Der seit langem nicht mehr genutzte Eiskeller des Landschaftsgartens war ein Jahrzehnt zuvor, Anfang Januar 1922, einem Brand zum Opfer gefallen, bei dem der hölzerne Oberbau zerstört und der Baumkranz beschädigt worden war.[65] Der feldsteinerne Zylinder schließlich wurde, nachdem er ursprünglich vollständig beseitigt werden sollte, 1956 auf Kosten der Stadt Eutin zugeschüttet und im Zuge archäologischer Untersuchungen später wieder ausgegraben. Als Teil des Schlossensembles inzwischen unter Denkmalschutz stehend, wartet er seit Jahren auf seine Wiederbelebung.[66]

Zusammenfassend lässt sich feststellen, dass sich die Eutiner Schlosseiskeller in bautechnischer Hinsicht gemäß dem jeweiligen Stand der Technik von Mal zu Mal veränderten und somit im Prinzip stets auf der Höhe der Zeit waren. Es wird aber auch deutlich, dass sie den Veränderungen folgten, die sich im Bereich des Schlossgartens und zuletzt der Uferpromenade vollzogen. Ihr Verschwinden war insofern auch ein Ergebnis landschafts- und stadtplanerischer Entscheidungen.

Auf eine weitere im Gebiet des späteren Kreises Eutin gelegene Residenz ist an der dieser Stelle hinzuweisen, denn auch bei ihr muss es einen Eiskeller gegeben haben: das Schloss Ahrensbök, ein von 1593 bis 1765 von den Herzögen von Schleswig-Holstein-Sonderburg-Plön überwiegend als Jagdschloss genutzter Nebensitz. Zwar fehlen nach dem frühen Abriss des Schlosses materielle Nachweise hierfür, doch deuten diesbezügliche Flurbezeichnungen im Bereich des ehemaligen fürstlichen Tiergartens sowie der heutige, unweit der Bundesstraße 432 gelegene, zu Ahrensbök gehörige Hof »Iskuhle« nebst einem gleichlautenden Straßennamen auf die frühere Existenz einer Anlage vom Typus der älteren Eutiner Schlosseiskeller hin. Hier wäre der vom Schloss entfernt gelegene Eiskeller – ähnlich wie der der Schlösser in Plön und Reinbek oder wie der ältere von Schloss Gottorf – also als Teil jagdbezogener Hofhaltung der jeweiligen Landesherren anzusehen.[67]

Eiskeller von Gütern und Hofanlagen

Früh hatte sich auch der Adel Eiskeller zugelegt, wie das erwähnte Gut Jersbek bei Bargteheide zeigt, das – wie viele andere – schon zur Erbauungszeit des Eutiner Schlosseiskellers über diesen Luxus verfügte; die Anlage soll allerdings zugleich der Milchwirtschaft gedient haben.[68] Kenner der Materie gehen davon aus, dass im Prinzip jedes größere adelige Gut in Schleswig-Holstein eine solche Einrichtung besaß, doch ist dies schwierig nachzuweisen, da schlichte Funktionsgebäude ohne ästhetischen Anspruch lange Zeit weder die späteren Besitzer noch die Gutshistoriker interessierten. Im Falle des ehemaligen Kreises Eutin

64 LASH, Abt. 260 Nr. 20004, Vorgänge von 1920; Stadtarchiv (künftig StadtA) Eutin, Nachlass Leonhard Boldt, Beitrag zur Geschichte der Eutiner See-Stadtbucht, Abriß des Eiskellers, 1950. Ferner Großherzogliches Hofmarschallamt an Boldt, 22.9.1933, in: Dokumentationsheft zur Eutiner Stadtbucht, zusammengestellt von C. B. Niesen, Ostholstein-Museum, Eutin, Inv.-Nr. EM 2019/7. – Die russ. Eishütte ist zusammen mit dem neueren Eishaus noch auf einem Stadtplan von 1919 im Umriss zu erkennen; dieser ist wiedergegeben bei Thietje (2003), S. 149. – Zu Boldt (1875–1963) vgl. Rönnpag (1979).

65 Anzeiger für das Fürstentum Lübeck, 7.1.1922 (künftig: Anz. FT Lübeck).

66 Thietje (2017), S. 129; Denkmalliste des Kreises Ostholstein, Nr. 32788. Zur Bestandsaufnahme durch das archäologische Landesamt Schleswig-Holstein und geplanten Rekonstruktion vgl. Lütgert (2000), S. 174.

67 Schröder/Biernatzki (1855/1856), Erster Bd. 1855, S. 156, u. Zweiter Bd. 1856, S. 628; Kunigk (1996), S. 96, Abb. 76. Die dort abgebildete Vermessungskarte von 1773 weist an dem damals noch existierenden, später trockengelegten Spannbrook-See gegenüber dem Vorwerk die bewaldeten Flurstücke »Grott Iskuhle« und »Lütt Iskuhl« aus, was auch belegt, wo das Eis gewonnen wurde. Vgl. auch Hunzinger (1988), S. 4. – Zu Plön, Reinbek und Schloss Gottorf vgl. Lütgert (2000), S. 54–56, 169, 191, 212.

68 Hennigs (1985), S. 207–208.

kommt hinzu, dass dort, anders als in den Nachbarkreisen Plön und Oldenburg, die adelige Gutslandschaft von Anfang an nur sehr schwach ausgeprägt war und zudem mehrere adelige Güter schon im 17. Jahrhundert in fürstbischöflichen oder Stiftsbesitz gelangt waren.[69] Eiskeller als Luxusobjekte der Gutsherren waren dort, da diese Güter meist verpachtet wurden, nicht unbedingt zu erwarten.

In einem Falle jedoch könnte ein Adelssitz schon zu einem frühen Zeitpunkt über eine eigene Natureisversorgung verfügt haben: das Renaissanceschloss Redingsdorf des königlichen Statthalters in den Herzogtümern Schleswig und Holstein, Heinrich Rantzau (1526–1598). Das 1575 vollendete Wasserschloss gehörte zu den zahlreichen von ihm neu errichteten oder im zeitgenössischen Stil umgewandelten Baulichkeiten, mit denen er sich in die Geschichte der schleswig-holsteinischen Adels- und Kulturlandschaft eingeschrieben hat. Als höchstem Repräsentanten der schleswig-holsteinischen Ritterschaft sowie engem Berater und Finanzier seines königlichen Herrn – und als solcher in zeitweilig fürstenähnlicher Position – hätte ihm ein Eiskeller als Statussymbol und Medium gesellschaftlicher Repräsentation durchaus angestanden, zumal er als einer der reichsten Männer seiner Zeit auch über die finanziellen Mittel hierzu verfügte. Ihm dürfte nicht nur die eingangs erwähnte Eiskuhle Friedrichs II. von Kronborg/Lundehave bekannt gewesen sein. Vielmehr wird der vielseitig gebildete, an französischer und italienischer Architektur geschulte und generell mit dem Lebensstil und der Kultur der Renaissance vertraute Diplomat und Humanist an verschiedenen europäischen Höfen auch den praktischen Nutzen einer Eisversorgung schätzen gelernt haben.[70]

Ob er hieraus für seine eigenen Residenzen mit ihrer neuartigen Wohnkultur praktische Konsequenzen gezogen hat, wissen wir nicht. Unter seinen Besitzungen sind bisher lediglich für den ererbten Hauptsitz Breitenburg und das 1577 von ihm errichtete Gutshaus Nütschau bei Bad Oldesloe Eiskeller nachgewiesen; diese sind jedoch nicht eindeutig datiert und könnten daher auch aus späterer Zeit stammen. Der heute noch vorhandene Eiskeller von Nütschau entspricht in Gestalt und Lage – auf einer etwa 150 m vom Wasserschloss entfernten Anhöhe – dem ältesten Typus der Eiskuhle, was allerdings ebenfalls wenig über den Zeitpunkt seiner Erbauung aussagt.[71] Für den nach italienischen Vorbildern 1592 erweiterten Familienstammsitz Rantzau im Kreis Plön, bei dem am ehesten ein Eiskeller hätte vermutet werden können, liegt ein Nachweis bisher nicht vor.[72] Eine ähnliche räumliche Situation, wie sie für die damaligen Wasserburgen typisch ist, kann man sich auch für Redingsdorf vorstellen. Doch hier sind seit langem sämtliche historischen Spuren getilgt. Das Anwesen gelangte 1623 durch Verkauf in fürstbischöflichen Besitz und wurde seither als Wirtschaftshof verpachtet, mit der Folge, dass die Repräsentationsbauten so schnell und vollständig von der Bildfläche verschwanden, dass heute sogar die genaue Lage des ehemaligen Schlosses nur vage rekonstruierbar ist.[73] Es wäre eine zu schöne Vorstellung gewesen, wenn für Redingsdorf der erste Eiskeller im Gebiet des Fürstentums Lübeck hätte nachgewiesen werden können.

Umso mehr mag erstaunen, wenn in der Denkmalliste des Kreises Ostholstein für den heutigen Hof Redingsdorf ein Eiskeller aufgeführt ist, welcher nach vordergründigem äußerem Befund Elemente älterer Gutseiskeller aufzuweisen und somit eine frühe Phase der Natureisnutzung zu verkörpern scheint. Er liegt etwa 50 m nordwestlich des Wohnhauses am Rande einer durch eine Feldsteinmauer gestützten Geländeterrasse und ist von einem mittlerweile lückenhaften Kranz von Kastanien umsäumt.[74] So wie er sich heute dar-

69 Vgl. Lafrenz (2015), S. 12; die Karte der dort behandelten adeligen Güter weist für den ehemaligen Kreis Eutin lediglich ein Objekt auf: Dunkelsdorf. Hingegen verzeichnet Lütgert (2000), S. 173–182 u. 188–195, für den ehemaligen Kreis Oldenburg 17 und für den Kreis Plön 15 Gutseiskeller.

70 Zur Person vgl. Lohmeier (2000), insbes. S. 34–48, 65–80. Zu Redingsdorf vgl. Lafrenz (2015), S. 466–468.

71 Lütgert (2000), S. 166 (Nütschau) u. 217 (Breitenburg); Rickert (2017), S. 382–383. Die aus Feldstein gemauerte Grube von Nütschau war trichterförmig ausgestaltet und ursprünglich von einem doppelten Baumkranz umgeben.

72 Hunzinger (1999).

73 Becker/Harms (2003), S. 38–45; Lafrenz (2015), S. 468.

74 Denkmalliste Kreis Ostholstein, Nr. 10855 (Eiskeller) u. 10854 (Böschungsmauer am Kuhhaus); frdl. Auskunft Anke Steputat, Denkmalpflege Kreis Ostholstein. Der Verf. dankt dem Eigentümer des Hofes, Jörg Hüffer, für die Möglichkeit, den Eiskeller besichtigen zu können (17.3.2022), sowie Architekt Joachim Schrader,

8
Blick auf den Sockel des ehemaligen Eiskellers des Hofes Redingsdorf, 2022. Blickrichtung nach Süden. (Foto: Verfasser).

bietet – als eine offene Grube, auf deren Grund die Umrisse eines feldsteinernen Zylinders von gut 5 m Durchmesser ohne Oberbau hervortreten (Abb. 8) – vermittelt er eher ein verzerrtes Bild des früheren Zustandes, denn es ist davon auszugehen, dass das Bauwerk teilweise abgetragen worden ist und ursprünglich mindestens etwa 1,5 m höher war, womit es das Niveau der Geländeterrasse erreicht hätte – eine unbedingte Voraussetzung für den ebenerdigen Zugang zum Oberbau. Auch wäre an dieser Stelle die übliche Ausrichtung der Eingangsschleuse nach Norden gewährleistet gewesen.

Der archivische Quellenbefund stützt diese Annahme, auch wenn er bisher unzureichend ist und nicht in allem den Vorerwartungen entspricht. So sorgt zunächst das Baujahr für eine Überraschung, denn der Eiskeller wurde erst Ende 1887 oder Anfang 1888 durch den damaligen Hofpächter, Hermann Berend Bruns, auf eigene Rechnung errichtet, wofür er bei der Regierung zu Eutin nachträglich um Kostenübernahme nachsuchte. Anlässlich dieses Vorgangs übermittelte der zuständige Bauinspektor Witte der Regierung zu Eutin folgenden Bericht:[75]

»Der Eiskeller ist in der Nähe des Hauses auf einer hohen Koppel hergestellt, sodaß er zum großen Theil in der Erde liegt, und auch noch genügendes Gefälle für die Drainröhren zur Abführung des Thauwassers nach dem nahen Garten, vorhanden ist; er hat 18 Fuß [5,15 m] im Durchmesser, ist solide und rationell hergestellt, über Terrain ist Erde umgeben, und mit Vorbau und 2 Thüren, einer doppelten und einer einfachen, versehen. Das Dach ist sehr stark von Stroh und Reth hergestellt, und unterhalb der Sparren noch eine Schütt Seetang angebracht«.

Kasseedorf, dem Vorbesitzer des Hofes, für frdl. Informationen und Diskussionen zur baulichen und historischen Situation. Schrader hat den Eiskeller im Zuge der Restaurierung des Hofes entdeckt, für die denkmalpflegerische Unterschutzstellung gesorgt und die archäologische Bestandsaufnahme in die Wege geleitet sowie (bisher nicht realisierte) Pläne zur Restaurierung und zu einem architektonisch einfühlsamen Nachbau des Oberbaus entworfen; vgl. hierzu Archiv J. Schrader, Mappe »Eiskeller Hof Redingsdorf«.

75 LASH, Abt. 260 Nr. 13633, Quadr. 143-148, dort (Quadr. 147) auch das Zitat; vgl. NLA OL, Best. 137 Nr. 1619: Reg. zu Eutin an Dep. d.. Finanzen Oldenburg, 23.11.1888, wo sich eine etwas kürzere Beschreibung des Eiskellers findet. – Zum neueren Hof Redingsdorf vgl. Oldekop (1908), Bd. 2, Abt. XVI, S. 22; ein Eiskeller ist dort nicht erwähnt.

Da Bauzeichnungen nicht vorliegen,[76] müssen wir uns mit dieser Beschreibung begnügen, die auf eine schlichte traditionelle Bauweise hindeutet. Demnach ist von einem zylindrischen oder polygonalen Behälter von etwa 3 m Höhe und etwa 4,60 m Innendurchmesser auszugehen, der den Erdboden um etwa 1 m überragte und von einem zeltförmigen, bis auf den Boden reichenden Reetdach überspannt wurde. Archäologische und bautechnische Untersuchungen legen nahe, das der lediglich 0,44 m hohe Granitsockel, der die feldsteinerne, mit einem Schmelzwasserabfluss versehene Sohle umgibt, nur als Fundament bzw. Stütze für einen hölzernen, in den Boden hinabreichenden Einbau gedient hat, der mit einer Torfschicht nach außen isoliert und im oberirdischen Bereich noch zusätzlich mit Erdreich umgeben wurde.[77] Über dem Eisraum könnte sich, worauf die in der obigen Beschreibung erwähnte Verwendung von Stroh hindeutet, in mehr als Kopfhöhe eine mit einer Strohschicht isolierte Balkenlage befunden haben, an der es zudem möglich gewesen wäre, eine Winde zum Einbringen und Aufholen von Eis zu befestigen. Der Dachkegel wird wie üblich mit Reet bekleidet gewesen sein. Die Isolierung des Eisbehälters selbst entsprach aber nicht mehr dem zeitgenössischen Standard, der ein Zweischalenmauerwerk oder eine Innendämmung durch ein zusätzliches Ständerwerk mit Zwischenfüllung erfordert hätte, wie es bei mehreren Gutsanlagen dieser Zeit der Fall war.[78] Insofern dürfte der Baumkranz als zusätzlicher Schattenspender seine Berechtigung gehabt haben. Anscheinend war diese altertümliche, gegen Fäulnis anfällige und einen frühen Verfall begünstigende Konstruktion überwiegend Kostengründen geschuldet.[79]

Insgesamt hat es den Anschein, dass sich der Gutspächter mehr oder weniger bewusst an der Tradition adeliger Güter orientierte. Möglicherweise war dies auch einer der Gründe für die Pflanzung des Baumkranzes, denn solche Methoden der Verschattung waren zur Erbauungszeit, vor allem wegen inzwischen verbesserter Isolierungstechniken, eigentlich nicht mehr üblich und erforderlich, gleichwohl aber auch bei Neubauten im Adelsumfeld, aber auch anderswo gelegentlich anzutreffen, so 1911 noch beim neuen Eiskeller des Schlosses Gottorf.[80] Dies wäre dann als Teil einer nachholenden Adelskultur zu verstehen gewesen.

Eindeutig ist der Bestimmungszweck des Redingsdorfer Eiskellers. Seine Errichtung stand im Zusammenhang mit der Erweiterung des Meiereibetriebs, mit dem Bruns vermutlich Anschluss an den im vorangegangenen Jahrzehnt durch die Gründung zahlreicher Genossenschaftsmeiereien ausgelösten Modernisierungsschub zu finden suchte. Bauliche Veränderungen am Meiereigebäude und am Milchkeller gehörten hierzu ebenso wie die Aufstellung einer Zentrifuge, die allerdings lediglich für einen Göpelbetrieb ausgelegt war.[81] Damit weist dieses Eisreservoir zugleich auf einen Aspekt voraus, der im Kapitel über die Milchwirtschaft ausführlicher diskutiert werden wird.

An dieser Stelle sollte der Hinweis nicht fehlen, dass sich die Verbesserungen, die Bruns 1887/88 durchgeführt hatte, im Vergleich zu anderen Meiereien in Grenzen hielten und dass auch der Eiskeller, was Lage, Dämmung und Kapazität anbetraf, wohl nicht das Optimum darstellte. So ist es zu erklären, wenn der Pächter schon zehn Jahre später die Initiative zu einer neuerlichen Modernisierung ergriff. Diesmal ging es um die Wasserversorgung der Meierei durch einen noch zu erbohrenden artesischen Brunnen, wozu Bruns den

76 In den einschlägigen Bauakten der Regierung zu Schleswig ist eine diesbezügliche Baumaßnahme weder im Register noch unter Bauanträgen zu finden; vgl. LASH, Abt. 260 Nr. 18190 (1887 u. 1888), 18200 u. 18201. Es scheint, dass kein Bauantrag gestellt wurde oder der Bau von anderer Stelle genehmigt wurde.

77 Archiv J. Schrader, Mappe »Eiskeller Hof Redingsdorf«; darin u.a. ein Baubefund von 2004 und ein Gutachten von Stephan A. Lütgert (2007). Für das Gutachten hat Lütgert, wie sich im Nachhinein herausstellt, im LASH die gleichen Quellen eingesehen wie der Verfasser dieses Beitrages.

78 So etwa auf Gut Hohenstein bei Eckernförde (ca. 1880) und auf Gut Seedorf am Schaalsee (1893); ein ähnliches, aber früheres Beispiel (ca. 1858) liefert zudem das adelige Gut Gudow im Kreis Herzogtum Lauenburg; Beschreibungen bei Lütgert (2000), S. 156–157, 159–160, 199;dort auch Abbildungen S. 285, 286, 303, 310.

79 Die Kosten betrugen 700 Mark, vgl. LASH, Abt. 260 Nr. 13633, Quadr. 143. Zum Vergleich: für das Eishaus des Eutiner Bauhofs wandte der dortige Pächter ca. 1.200 Mark auf; vgl. LASH, Abt. 260 Nr. 13393. Die Kosten für ähnliche Baumaßnahmen weiterer Eishausbesitzer lagen in derselben Größenordnung; vgl. Gutachten Lütgert (wie Anm. 77).

80 Lütgert (2000), S. 212 Nr. 163. Auch das Eishaus des Ahsbas-Stifts in Krempe (1911) verfügte über einen Baumkranz; vgl. Malottky (2016), S. 157.

81 NLA OL, Best. 137 Nr. 1619.

Einsatz eines Benzinmotors plante, welcher neben der Wasserpumpe zugleich den Separator und eine Schrotmühle antreiben sollte. In diesem Zusammenhang suchte er die Regierung zu Eutin auch für den Bau eines neuen Eishauses nahe der vor dem Hof gelegenen Meierei zu gewinnen. Die Krongutverwaltung ließ sich jedoch auf die Vorschläge nicht ein, nachdem die von ihr finanzierten Brunnenbohrungen erfolglos verlaufen waren und eingestellt werden mussten.[82] So blieb der Eiskeller von 1887/88 wohl noch eine Reihe von Jahren in Funktion. Wann und unter welchen Umständen der hölzerne Oberbau entfernt wurde, entzieht sich bisher der Kenntnis. Dass auf einem Lageplan von 1929, der den kompletten Gebäudestand des Hofes wiedergibt, an der bewussten Stelle kein Eiskeller verzeichnet ist, deutet jedoch auf einen relativ frühen Zeitpunkt hin; zumindest befand er sich Ende der 1920er Jahre nicht mehr in Gebrauch und im Zustand des Verfalls.[83]

Über ein Eishaus verfügte im 19. und frühen 20. Jahrhundert auch das verpachtete großherzogliche Gut Benz, das, zwischen Herrenhaus, Meierei und Gutsteich gelegen, vermutlich ebenfalls auf die Milchwirtschaft ausgerichtet war.[84] Bei einem der sog. Lübschen Güter, dem bei Stockelsdorf gelegenen, seit 1970 nach Eingemeindung zur Hansestadt Lübeck gehörigen Gut Mori, wird in den Grundmauern des ehemaligen Bergfrieds ein Eiskeller vermutet.[85] Für das adelige Gut Dunkelsdorf, das 1876 nach einem Besitzerwechsel ein neues Herrenhaus, später auch neue Wirtschaftsgebäude erhalten hat und daher ein geeigneter Kandidat für ein Eishaus gewesen wäre, ließ sich ein solches nicht ermitteln.[86]

Hingegen hat – neben adeligen Gütern im engeren Sinne – im 19. und frühen 20. Jahrhundert eine Reihe von gutsähnlichen Bauernhöfen neue Besitzer gefunden, die, überwiegend großstädtischem Bürgertum namentlich Hamburgs, Lübecks und Berlins entstammend, ihren gesellschaftlichen Status mit adeligen Lebens- und Wirtschaftsformen anzureichern suchten.[87] Das Fürstentum Lübeck bot mit seinen landschaftlichen Schönheiten von der Holsteinischen Schweiz bis nach Travemünde hierfür hervorragende Voraussetzungen, und Eishäuser waren dabei mehrfach Teil einer solchen nachholenden Adelskultur.

Der erste und zugleich prominenteste, der in diesem Zusammenhang zu nennen wäre, ist der Agrarlobbyist und zeitweilige oldenburgische Landtagsabgeordnete Joachim v. Levetzau (1869–1933, seit 1904: v. Levetzow). Der Spross eines alten mecklenburgischen und holsteinischen, mehrfach in preußischen und dänischen Diensten stehenden Adelsgeschlechts hatte nach Beendigung seines aktiven Militärdienstes 1898 einen größeren, in reizvoller Lage in Sielbeck am Kellersee gelegenen Hof erworben und ging nun sogleich und zielstrebig daran, diesen zu einem Adelssitz auszugestalten, worauf schon sein inoffizieller Namenszusatz »auf Sielbeck« hindeutete. Durch Zukäufe und Grundstücksarrondierungen sowie durch eine umfangreiche Bautätigkeit gelang ihm in der Folge eine erhebliche Vermehrung seines Besitzes. Kernstück war eine 1898/99 auf der Sielbecker Halbinsel errichtete, von ihm ausdrücklich als »Herrenhaus« bezeichnete repräsentative Villa. Es folgten zahlreiche Neben- und Wirtschaftsgebäude, zu denen schon 1899 ein Bootshaus und ein Eishaus gehörten, beides Einrichtungen, die Ausdruck seines Status und einer verfeinerten Lebensart sein konnten. Das Eishaus, eine direkt am Kellersee gelegene und mit reetgedecktem Krüppelwalmdach versehene, aus doppeltem Ständerwerk bestehende Holzhütte mit Torfmullisolierung und

82 LASH, Abt. 260 Nr. 13633, insbes. Quadr. 169–177 (1898/99).

83 LASH, Abt. 402 A 36, Nr. 375. Auch in schriftlichen Verzeichnissen des Gebäudebestands, die für diese Zeit und später vorliegen, ist ein Eiskeller nicht aufgeführt; vgl. LASH, Abt. 309 Nr. 33739. – Eine Augenzeugin kann sich daran erinnern, den eingefallenen Oberbau noch in den 1930er Jahren gesehen zu haben; vgl. Archiv J. Schrader, Mappe »Eiskeller Hof Redingsdorf«.

84 LASH, Abt. 260 Nr. 18307 (160/1923): Lageplan von 1923. Das Gebäude wird vor 1879 errichtet worden sein, da es in den Bauakten der Regierung zu Eutin nicht auftaucht.

85 Lütgert (2000), S. 186. Ob zu einem 1899 durchgeführten Umbau des Herrenhauses ein neuer Eiskeller gehörte, ließ sich nicht ermitteln, da die Akte, die darüber Auskunft hätte geben können, im Bestand fehlt; LASH, Abt. 260 Nr. 18211 (130/1899).

86 Weder bei Neuschäffer (1988), S. 76–81, noch bei Lafrenz (2015) ist ein solches erwähnt; auch in den Bauunterlagen der Regierung zu Eutin fanden sich keine Anhaltspunkte dafür.

87 Zum Erwerb adeliger Güter durch das Bürgertum vgl. Wulf (2021). Die dortigen Ausführungen lassen sich, mit Einschränkungen, sicherlich auch auf nicht-adelige Gutshöfe übertragen.

Bretterverkleidung, war im traditionellen Stil ländlicher Nebengebäude gehalten. Der Eiskammer mit 48 cbm Fassungsvermögen war eine Kälteschleuse vorgelagert, es fehlte jedoch ein Kühlraum.[88]

Erscheint somit das Eishaus zunächst als Medium gesellschaftlichen Repräsentationsbedürfnisses, so diente es vermutlich auch anderen Zwecken, denn der Gutsherr hatte von Anfang an auch die touristische Entwicklung Sielbecks im Auge, das wegen seiner herrlichen Lage zwischen Keller- und Ukleisee zu den frühen Besuchermagneten der Holsteinischen Schweiz zählte. So erwarb er ein Hotel, verbesserte die Infrastruktur des Ortes durch einschlägige Arrangements und platzierte mitten im Touristenstrom, nämlich am Abzweig des Weges zum Ukleisee von der Hauptstraße, eine Milchhalle, die er bald zu einem Café erweiterte.[89] Andere Gastronomen des Ortes, auf die noch zurückzukommen sein wird, verfügten damals bereits über eigene Eishäuser.

Mit seinen baulichen Aktivitäten hatte sich Levetzow allerdings übernommen, weswegen er 1907 seine Villa verpachten und 1913 sogar veräußern musste. Dieser Teil seines Anwesens gelangte so schon früh in die Hand des Nervenarztes Dr. Jaroslaw Marcinowski, der es zu einem Sanatorium ausbaute. Levetzow verlegte seinen Wohnsitz auf seinen gegenüberliegenden, etwas schlichteren Wirtschaftshof, nicht jedoch ohne sich am Seeufer noch ein Sommerhaus im Stil eines kleinen Barockschlösschens zu gönnen – wohl eine Anspielung auf den nahegelegenen großherzoglichen Jagdpavillon am Ukleisee, den es in der Raumfolge und in der Kubatur, allerdings nicht in der Fassaden- und Dachgestaltung imitierte. Damit und mit dem durch das Eishaus wohl auch dort vermittelten Kühlangebot konnte sich der ebenso streitbare wie selbst- und standesbewusste Hofbesitzer weiterhin auf Augenhöhe mit dem Großherzog fühlen. Doch schon zwei Jahre später verkaufte er das Gebäude an den aus Kiel gebürtigen, in München wirkenden Reiseschriftsteller und Maler Ernst Vollbehr, der es als heimatliches Sommerdomizil nutzte. Hintergrund des Verkaufs dürfte die nicht ganz im Sinne Levetzows verlaufende touristische Entwicklung des Ortes gewesen sein, welche seit 1907 den Genuss seiner Sommerresidenz erheblich schmälerte. Denn damals entstand auf dem Nachbargrundstück die Pension »Seeburg« (später »Seeblick«), während zur gleichen Zeit an der anderen Grundstücksseite die Planungen der im Gastronomie- und Tourismusgewerbe aktiven Eutiner Unternehmerfamilie Janus für das 1913 eröffnete »Uklei-Fährhaus« begannen.[90]

Weitere quasi-gutsherrliche Eishäuser entstanden nach 1900 ebenfalls im Zuge des Neu- oder Umbaus größerer Hofanlagen. 1901 ließ der Besitzer des 160 ha umfassenden Hofes Heuerstubben bei Gnissau, welcher über ein ansehnliches Herrenhaus verfügt, nach erheblichen Sturmschäden neben mehreren neuen Wirtschaftsgebäuden auch ein größeres Eishaus errichten. Dieses bildete zusammen mit einem Schweinestall und einem Holzlager einen zusammenhängenden, schuppenähnlichen Komplex, der zur Hälfte von dem Eisraum und einem dazugehörigen Vorraum eingenommen wurde. Der aus dreischaligem Mauerwerk bestehende und durch zwei Doppeltüren gesicherte Eishausteil konnte 83 cbm Eis aufnehmen (vgl. Abb. 39). Die Einbringung des Eises erfolgte offenbar über eine Dachluke, die über eine zum Dachboden führende, im Bereich des Holzlagers angeordnete Treppe zu erreichen war. Der Eigentümer, Carsten Andreas Haycken, entstammte einer Hamburger Familie, die in Caracas (Venezuela) im Überseehandel tätig gewesen war.[91]

88 LASH, Abt. 260 Nr. 18211 (214/1898) u. Nr. 18212 (103 u. 223/1899): Wohnhaus bzw. Bootshaus u. Eishaus. Levetzow vertrat das Fürstentum Lübeck im Oldenburgischen Landtag 1908–1911 und 1914–1919. 1902–1928 war er Vorsitzender des Bundes der Landwirte (BdL) für das Fürstentum Lübeck bzw. den oldenburgischen Landesteil Lübeck und in den späteren Jahren auch stellv. Vorsitzender des Gesamtverbandes; zeitweise saß er auch im Aufsichtsrat der vom BdL getragenen nationalkonservativen »Deutschen Tageszeitung«. Zu seiner Person vgl. Oldenburgischer Landtag (2014), S. 347–348 (Nr. 361); Geisen (2005); Ostholsteinischer Anzeiger, 3.8.1933 (Nachruf).

89 Geisen (2005). Scheer (2005), S. 121, 125–127.

90 LASH, Abt. 260 Nr. 18234 (324/1906) u. Nr. 18249 (181/1909): Sommerhaus Levetzow bzw. Umbau Vollbehr (Erweiterung durch ein Atelier). Geisen (2005); Scheer (2005), S. 129–131, 134. Zu Vollbehr vgl. Molzow (2012), insbes. S. 463.

91 LASH, Abt. 260 Nr. 18216 (144 u. 148/1901); es liegen zwei ein wenig voneinander abweichende Entwürfe vor. Zum Hof vgl. Oldekop (1908)) Bd. 2, Abt. XVI, S. 52, Art. »Hohenhorst«. Zu Haycken vgl. Brather (1990), S. 155–165; Haycken und seine Frau, die kinderlos geblieben waren, errichteten 1919 eine Armenstiftung, deren Vermögen in der Inflation teilweise verloren ging. Ferner frdl. Auskunft Jan Krause, Förderverein Heimatmuseum Ahrensbök, zur Familiengeschichte.

Einer grundlegenden Neugestaltung wurde 1911/12 nach einem Besitzwechsel das als Drehort für die drei älteren »Immenhof«-Filme der 1950er Jahre bundesweit bekannt gewordene und kürzlich zu einer erinnerungsträchtigen Hotelanlage mit Reiterhof umgewandelte Gut Rothensande bei Malente unterzogen. Neuer Eigentümer war der Kieler Ziegelei- und Kiesgrubenbesitzer Franz Bleßmann. Dem im Stil einer barocken Gutsanlage vorgenommenen Neubau des Herrenhauses, eines Torhauses und eines Kuhstalls folgte auch der Bau eines Eishauses. Es handelte sich um ein leicht eingetieftes quadratisches massives Gebäude mit integriertem Vorraum und zwei spiegelbildlich angeordneten Kühlräumen, in denen Fleisch und andere Produkte getrennt voneinander gelagert werden konnten. Die Befüllung der Eiskammer erfolgte von der Rückseite durch eine Ladeluke. Der schlichte zweischalige, nach modernen Kältegesichtspunkten optimierte Putzbau lag etwas abseits vom Herrenhaus in einer parkähnlichen Umgebung nahe dem Kellersee und fügte sich mit seinem reetgedeckten Walmdach gut in das leicht ansteigende Gelände ein (Abb. 9 u. 10). Die ungewöhnlich große Kapazität der Eiskammer von 127 cbm lässt darauf schließen, dass das Eis außer für Haushalts- und Repräsentationszwecke zugleich für die benachbarte Meierei Verwendung fand, wozu der mittig angeordnete Vorraum eine Eisentnahme ohne Betreten der Kühlräume gestattete. Ob das heute nicht mehr existierende Eishaus die ihm zugedachte gesellschaftliche Funktion hinreichend erfüllte, ist, nachdem bereits 1917 ein erneuter Besitzwechsel eintrat und diesem weitere folgten, fraglich.[92]

Im Frühjahr 1911 war in dem am Hemmelsdorfer See gelegenen Warnsdorf mit dem »Lindenhof« quasi auf der grünen Wiese ein völlig neues gutsähnliches Anwesen entstanden, dessen Eigentümer, Arthur Donner, in kältetechnischer Hinsicht neue Wege einschlug. Der einer bekannten Hamburger und Altonaer Kaufmannsdynastie entstammende Geschäftsmann (1849–1923) hatte in den Vereinigten Staaten im Überseehandel, im Bankgeschäft und in der Zuckerindustrie ein beträchtliches Vermögen erworben und eröffnete sich nun am Ende seines Berufslebens in der Landwirtschaft und der Pferdezucht ein neues Aufgabenfeld, das er mit gewohntem luxuriösem Lebensstil und gesellschaftlicher Repräsentation verbinden konnte. Das in der Bauzeichnung schlicht als »Landhaus« ausgewiesene Gebäude war in Wirklichkeit ein im englischen Herrenhaustil des 18. Jahrhunderts gestaltetes schlossähnliches Gebilde, weswegen es bis heute gemeinhin als »Schloss Warnsdorf« bezeichnet wird.[93] Der Entwurf, bei dem an nichts gespart wurde, entstammte dem Bostoner Architekten Alexander Wadsworth Longfellow Jr., welcher sich zur Bauausführung des Hamburger Architekten Ernst P. Dorn bediente.

Das auf den Hemmelsdorfer See ausgerichtete Gebäude ließ Donner von dem Lübecker Gartenarchitekten Erwin Barth in eine gestaltete Landschaft einbetten, die nach Osten hin einen mit mehreren Hausgärten verbundenen Park und zum See hin eine offene, von Hohlwegen begleitete Pferdekoppel umfasst. Das zweistöckige, mit allen erdenklichen Annehmlichkeiten und aufwändigen technischen Einrichtungen versehene Herrenhaus, das der unverheiratete Hausherr zeitweise zusammen mit seinem Bruder und seiner Schwester bewohnte, enthielt auch eine Reihe von Gästezimmern, was auf einen regen gesellschaftlichen Verkehr hindeutete, während ein fast ebenso großer Seitenflügel die Wirtschaftsräume und großzügig ausgestattete Wohnräume für umfangreiches Personal beherbergte. Ein separates Eishaus oder einen integrierten Eiskeller suchte man allerdings vergebens, denn dort, wo man einen solchen hätte erwarten können, befand sich ein Akkumulator, sozusagen das Herzstück einer elektrischen Gleichstromanlage, die von einem in einem Nebengebäude untergebrachten motorgetriebenen Dynamo gespeist worden sein dürfte. Dieses, ein wiederum in bemerkenswertem Understatement als »Stallgebäude« bezeichneter, sich zu einem halben Sechseck mit gläserner Innenhofüberdachung formierender Komplex, der selbst hätte als »Landhaus« durchgehen können, umfasste nichts weniger als eine Autogarage, eine Wagenremise, Pferdeboxen, einen Maschinenraum mit Benzintank und einen weiteren »*Akkumulatorenraum*« sowie im

92 LASH, Abt. 260 Nr. 18266 (418/1911). Zum Gut und zu den Filmen vgl. Bartels (2008), S. 100; Klatt/Labrenz (2004), S. 80–84, 87, 175–176, 180; »Bald wieder Ferien auf dem Immenhof«, Lübecker Nachrichten, 3./4.1.2021.

93 Baupläne in LASH, Abt. 260 Nr. 18252 (334/1909). Zu Donner vgl. Agstner (2012), S. 143–144; 100 Jahre Schloss Warnsdorf (2010).

9/10
Umgestaltung des Gutes Rothensande bei Malente-Gremsmühlen, Bauzeichnungen, 1911 (LASH, Abt. 260 Nr. 18266: 418/1911). Oben: Grundstücksplan mit Lage des Eishauses; unten: Eishaus mit Grundriss, Schnitt und Ansicht.

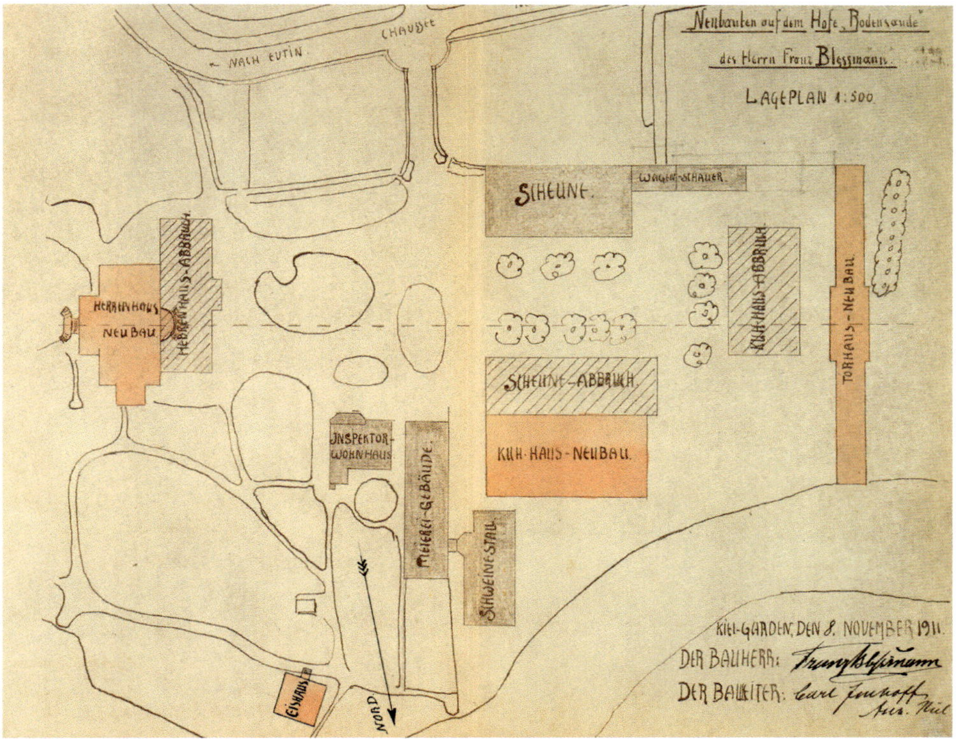

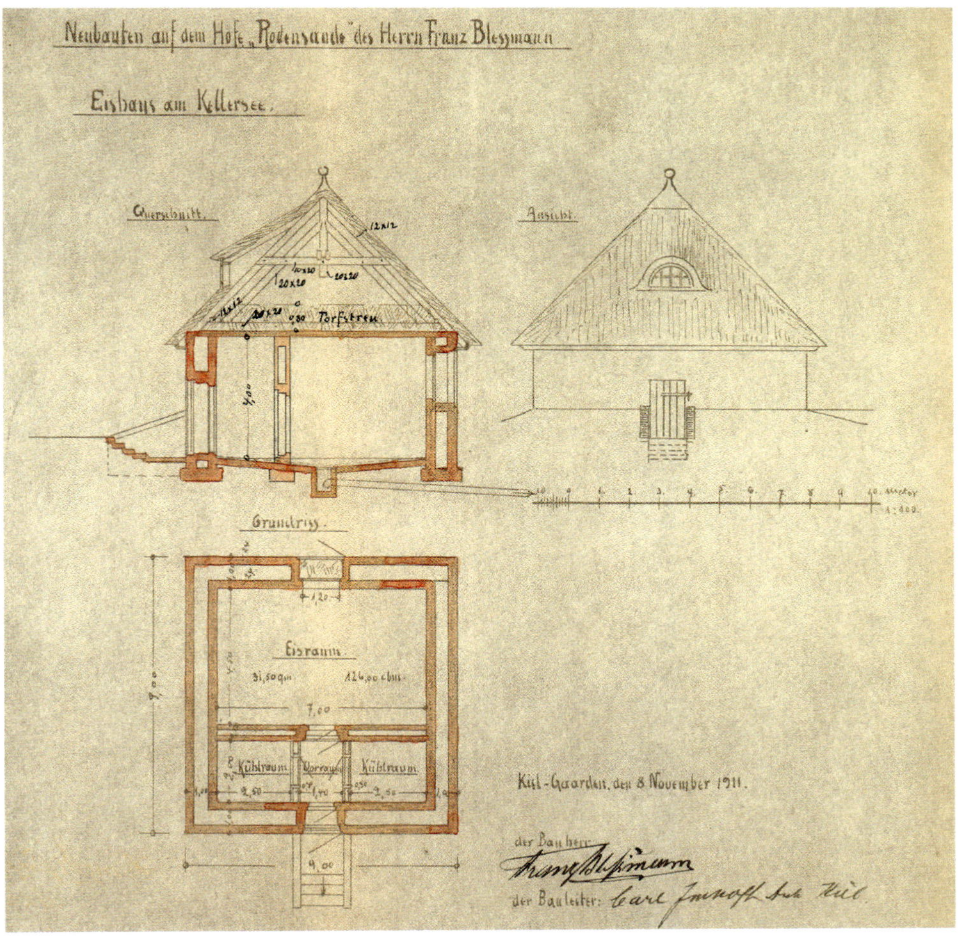

Dachgeschoss eine Wohnung für den Chauffeur und Schlafräume für Pferdeknechte.

Somit verfügte das Anwesen, drei Jahre bevor das Fürstentum Lübeck nach Anschluss an die Überlandzentrale Lübeck-Herrenwik eine flächendeckende Stromversorgung erhielt, nicht nur über eine elektrische Lichtanlage, sondern auch über künstliche Kühleinrichtungen und eine eigene Versorgung mit Kunsteis. Dementsprechend weisen die Baupläne im Keller neben dem Weinkeller einen *»Kühlraum«* und im Erdgeschoss des Wirtschaftstrakts neben Küche und Speisekammer einen durch ein Fenster belichteten *»Eisraum«* aus, der mit gut 3 qm Grundfläche genügend Platz zur Aufstellung eines Kunsteiserzeugers bot. Zu dieser Zeit waren im Handel schon seit längerem auch für Privathäuser geeignete elektrische Kühlaggregate und Eismaschinen unterschiedlicher Größe erhältlich. Dieser luxuriösen Einrichtungen konnten sich Donner und seine Geschwister wegen ihres frühen Todes (1922–1924) jedoch nur wenige Jahre lang erfreuen.[94] Das unter Denkmalschutz stehende »Schloss Warnsdorf«, welches Mitte der 1920er Jahre in den Besitz eines Zweiges der Familie von Rumohr überging, bevor es nach dem Zweiten Weltkrieg zunächst vom Deutschen Gewerkschaftsbund zum Schulungs- und Erholungsheim umgewidmet wurde, beherbergt heute eine Privatklinik für Naturheilverfahren, die sich auch mit der Geschichte des Hauses befasst.[95]

Einem letzten Zeugnis nachholender Adelskultur begegnen wir in dem südlich von Ahrensbök auf einer Ebene oberhalb des unteren Flörkendorfer Mühlenteichs gelegenen »Birkenhof«. Dort hatte der im Kolonialwaren-Großhandel tätige Hamburger Kaufmann Heinrich Haas in den Jahren 1916–1924, unterbrochen durch den Ersten Weltkrieg, anstelle eines älteren Hofes eine neue gutsähnliche Anlage mit Herrenhaus und Verwalterhaus sowie mehreren Wirtschaftsgebäuden errichtet, wobei er sich selbst auf die Pferdezucht konzentrierte. Die überwiegend von dem renommierten Hamburger Architekten Franz Jacobssen entworfenen Anlagen greifen mit einer spätbarocken Grundhaltung und klassizistischen Elementen auf die Tradition holsteinischer Gutsarchitektur zurück, was vor allem für das Verwalterhaus und das Herrenhaus (beide 1921) gilt. Innengestaltung und Raumaufteilung des Letzteren verraten – abgesehen von der zeitgemäßen technischen Ausstattung – noch gesellschaftliche Vorstellungen der Vorkriegszeit.[96]

In anderer Weise traditionell stellte sich das 1924 errichtete Eishaus dar, nämlich als »Russische Eishütte«. Doch anders als bei derjenigen des Eutiner Schlosses war an das etwas größere innere Holzständerwerk der Eiskammer (33 cbm) ein aus massivem Mauerwerk bestehender kleiner Kühlraum angeschlossen (Abb. 11). Diese Bauweise wurde vermutlich aus Stabilitäts- und Hygienegründen gewählt, musste die Trennwand zum Eisraum doch die aus je drei oberen und unteren Durchlässen bestehende Anlage zur Regulierung der Luftzirkulation aufnehmen, und zudem dürfte festes Mauerwerk erforderlich gewesen sein, um Wandhaken oder Regale zur Aufnahme des Kühlgutes zu befestigen und den Raum zu fliesen, in etwa so wie es auf Abb. 17 zu sehen ist. Tradition und zeitgemäße technische Anforderungen ließen sich so geschickt miteinander verbinden. Von außen war die Eishütte mit reetgedecktem Walmdach und Bretterverschalung wohl kaum von ihrem Eutiner Pendant zu unterscheiden. Auf der Rückseite des Herrenhauses neben einem Teich gelegen, dem das Eis entnommen wurde, bildete sie zusammen mit einem traditionellen, zum Altbestand gehörenden Backhaus und einer ebenfalls 1924 fertiggestellten modernen, von einem Zollbau-Lamellendach überspannten Reithalle ein kontrastreiches Ensemble. Das Eishaus wurde bis in die 1950er Jahre als solches genutzt, war noch

94 100 Jahre Schloss Warnsdorf (2010); Denkmalpflegeliste Kreis Ostholstein, Nr. 998 u. 999 – Zu Barth vgl. Land/Wenzel (2005), insbes. S. 162–166. Zum Anschluss des Fürstentums Lübeck an die Überlandzentrale, die am 19. Nov. 1914 erfolgte, vgl. Griese (1990). Zu Eis- und Kühlmaschinen vgl. Menzel-Schubert (1903), S. 69–70.

95 100 Jahre Schloss Warnsdorf (2010); Schloss Warnsdorf Journal, H. 1/2011. Die in H. 2/2011, S. 2, zu findende Aussage, dass Donner ein Eishaus zur Lagerung von Natureis errichtet habe, welches später zum »Rosenhaus« umgewandelt worden sei, ist wenig überzeugend. Abgesehen davon, dass die Bauakten der Regierung zu Eutin hierfür keine Quellengrundlage bieten, widerspräche dies vehement dem oben geschilderten Befund und dem mit technischem Fortschritt verbundenen Charakter des Anwesens.

96 LASH, Abt. 260 Nr. 18290 (47/1916): Pferdestall und Kuhhaus mit Lageplan der Vorgängerbauten (Dreiseithof), sowie Nr. 18299 (76/1921) u. Nr. 18301 (210/1921): Verwalterhaus bzw. Herrenhaus.

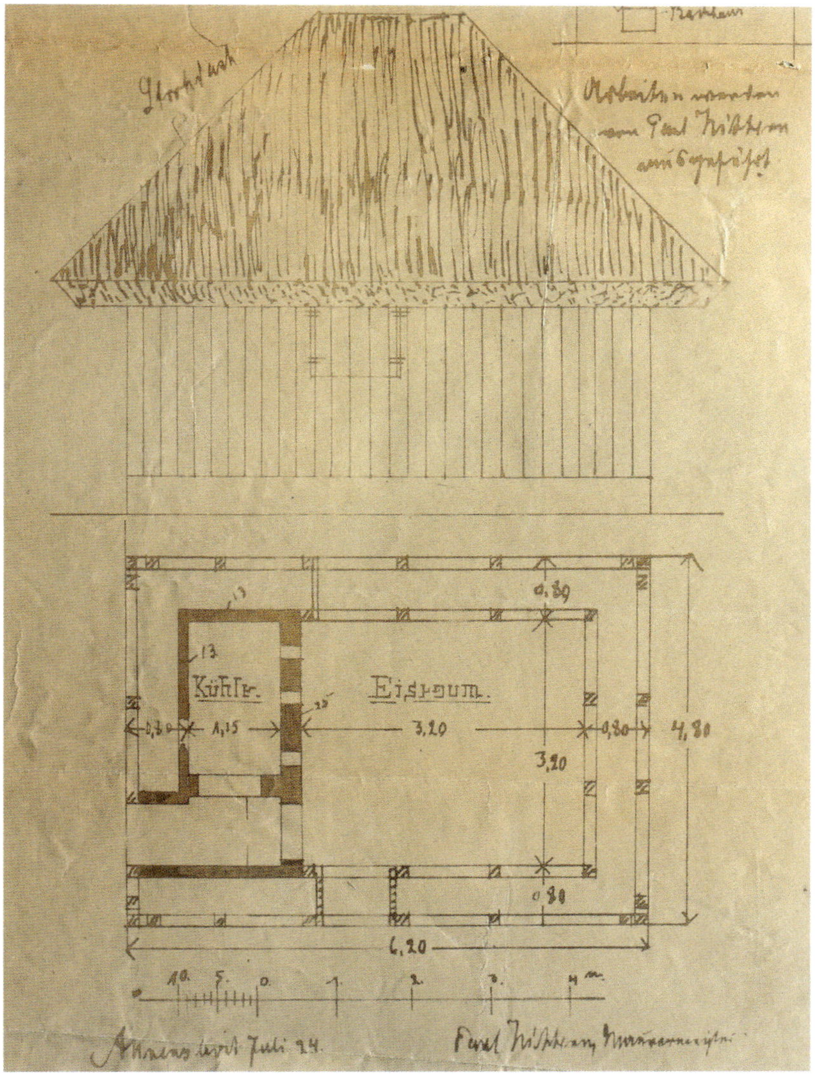

11
Eishaus des »Birkenhofes«, Bauzeichnung Grundriss und Ansicht, 1924 (LASH, Abt. 260 Nr. 18309: 131/1924). »Russische Eishütte« mit integriertem massivem Kühlraum. Zwischen Eisraum und Kühlraum oben und unten je drei regulierbare Öffnungen für den Kälteaustausch. Ladeluke zum Eisraum an der Seite.

um 1995 vorhanden, ist inzwischen aber offenbar verschwunden.[97]

Noch weiter zurück in die Vergangenheit – zumindest dem Anschein nach –, nämlich zu den Ursprüngen des Eiskellerbaus, wies ein 1915 in Gronenberg bei Scharbeutz errichtetes, vom Erdboden aufsteigendes zeltförmiges Reetdach, unter dem sich eine Eisgrube verbarg. Es gehörte zum Hof Schmiedekamp, den sich der einer Unternehmerfamilie entstammende, zuvor in Berlin lebende Hauptmann a.D. Johannes Ohrtmann in der Zeit von 1913 bis 1921 durch das renommierte Lübecker Architekturbüro Schöss & Redelstorff auf freier Flur hoch über dem kleinen Pönitzer See als Ruhesitz hatte erbauen lassen – eher eine die exponierte Lage nutzende bürgerliche Villa mit einem als Liebhaberei verstandenen Landwirtschaftsbetrieb als ein gutsähnliches Anwesen. Die in Form eines abgestumpften Trichters ausgegrabene, relativ flache Eiswanne, bei der Außenmauern und Schmelzwasserabfluss fehlten, war lediglich mit einer starken Isolierschicht, vermutlich Torfsoden, ausgekleidet und innen mit Holzbohlen abgedichtet; der Zugang zum Dachkegel erfolgte über eine gemauerte Schleuse. Die das

97 LASH, Abt. 260 Nr. 18309 (131/1924) u. Nr. 18310 (146/1924): Eishaus bzw. Reithalle; beide stammten nicht von Jacobssen. Zum gegenwärtigen Zustand frdl. Auskunft Anke Steputat, Denkmalpflege Kreis Ostholstein, Dez. 2020. Ferner Lütgert (2000), S. 52. Lütgert hat das Anwesen im Rahmen seiner Forschungen noch besichtigt. Seine Einschätzung als »amerikanisches« Eishaus widerspricht jedoch dem aus den Bauunterlagen zu gewinnenden Befund.

Dach tragenden Sparren ruhten auf gegossenen Zementfundamenten (Abb. 12). Planung und Ausführung lagen in der Hand eines örtlichen Bauunternehmers. Die Wahl dieser Konstruktion war wohl weniger der Orientierung an älteren Schlosseiskellern als Kostengesichtspunkten geschuldet. Für solche recht schlichten Bauten hielten einschlägige Handbücher unterschiedliche Beispiele bereit. Zwar vertrug sich die altertümlich wirkende Gestaltung äußerlich mit den im Heimatstil gehaltenen Wohn- und Wirtschaftsgebäuden, doch stand sie zu diesen hinsichtlich des technischen und architektonischen Anspruchs in einem auffälligen Gegensatz.[98]

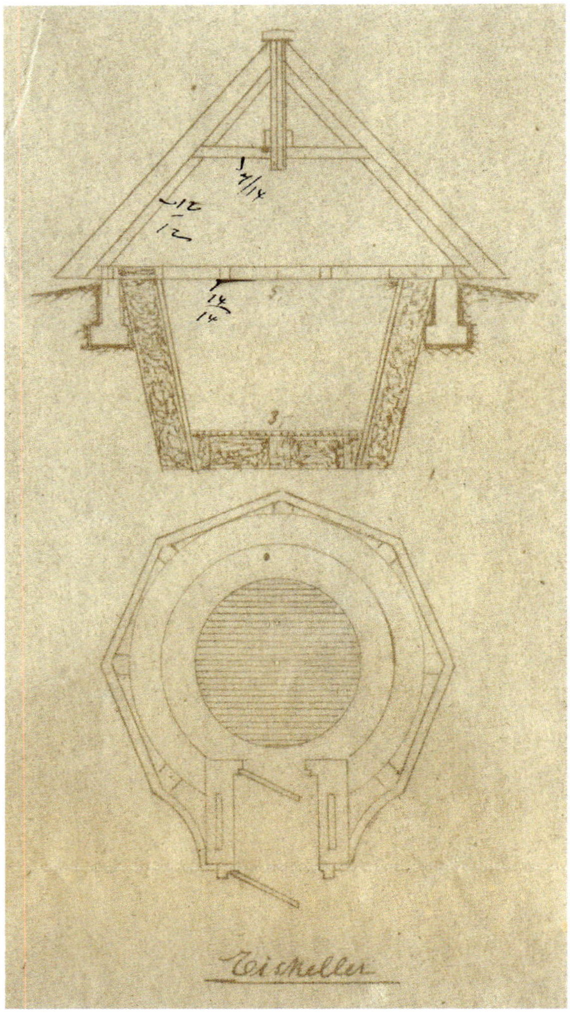

12 Eisgrube des Hofes Schmiedekamp, Bauzeichnung Schnitt und Grundriss, 1916 (LASH, Abt. 260 Nr. 18288: 22/1915).

Eiskeller von Villen

Im Zusammenhang mit gesellschaftlicher Repräsentation sind auch Privathäuser des Adels und bürgerlicher Eliten aus Wirtschaft, Verwaltung und Kultur nicht zu übersehen. Seit den 1880er Jahren entdeckten immer mehr Unternehmer, Kaufleute, höhere Verwaltungsbeamte, Angehörige freier Berufe und wohlhabende Pensionäre die holsteinische Schweiz wie auch die Ostseebäder als Zweit- oder Alterswohnsitz. Viele von ihnen stammten aus Hamburg und Berlin, einige aus Kiel und Lübeck, manche auch aus dem Ausland. Schwerpunkte dieses Interesses waren Malente und Gremsmühlen, wo Kliniken und Kureinrichtungen eine zusätzliche Anziehungskraft entfalteten, sowie, neben dem lübeckischen Travemünde, die oldenburgischen Ostseebäder von Haffkrug bis Niendorf. Unter diesem Personenkreis, der sich vielfach luxuriöse Villen mit dem dazugehörigen Ambiente und teilweise erheblichem technischen Aufwand leistete,[99] befand sich eine Reihe von Kandidaten, denen man – außer dem unverzichtbaren Weinkeller – einen eigenen Eiskeller zugetraut hätte. In Wirklichkeit jedoch blieb der diesbezügliche Bedarf relativ begrenzt.

Kenner der Region würden hierbei wohl zuerst an das in Malente am Nordhang des Kellersees gelegene, ehemals weithin sichtbare, seit längerem jedoch als »lost place« in einem Dornröschenschlaf versunkene »Schloß Eggersdorf« denken, ein aus einer Bauernstelle hervorgegangenes Wohnhaus, das nach seiner burgartigen Umgestaltung im neugotischen Stil mit Zinnen, Turm, großzügigen Terrassen mit Springbrunnen und weitläufigen Parkanlagen für die Ergänzung durch ein Eishaus geradezu prädestiniert gewesen zu sein scheint. Doch dazu kam es nicht; möglicherweise

98 LASH, Abt. 260 Nr. 18288 (22/1915 u. 47/1915). Der Trichter (23 cbm) maß nur 2,5 m in der Tiefe. Weitere Bauunterlagen: LASH, Abt. 260 Nr. 18278 (263/1913, Villa mit Lageplan), Nr. 18290 (51/1916, Viehhaus u. Scheune) u. Nr. 18294 (94 u. 95/1919, weitere Wirtschaftsgebäude). Ferner frdl. Auskunft Judith M. Ohrtmann M.A., Bad Schwartau, zur Familiengeschichte, Mai 2021. – Zur Beschreibung von Eisgruben in Handbüchern vgl. Menzel-Schubert (1903), S. 16–18, Nöthling (1896), S. 58–66, u. Hellwig (1921), S. 8–20.

99 Zimmermann (1960), S. 24, 43; Bartels (2008), S. 67–107.

verhinderte häufiger Besitzerwechsel ein solches Vorhaben.[100]

Einer der ersten, dem tatsächlich eine derartige Anlage zugeschrieben werden könnte, war der Hamburger Näh- und Schreibmaschinenfabrikant Heinrich August Hermann Guhl. Er soll seiner 1887 auf einem parkähnlichen Hanggrundstück am Gremsmühlener Mühlenberg erbauten stattlichen Villa »Hermannshöh« einen freistehenden, in den Hang gesetzten Eiskeller hinzugefügt haben, der den Unterbau für eine Terrasse gebildet haben soll; dessen Existenz konnte allerdings durch archivische Quellen bislang nicht verifiziert werden, was auch die Datierung offenlässt. Guhl wird als der erste im Ort angesehen, der über eine eigene elektrische Beleuchtung verfügte.[101] Auch hinsichtlich dreier weiterer benachbarter herrschaftlicher Villen, bei denen man eine eigene Eisversorgung hätte voraussetzen können, schließen die einschlägigen Quellen einen positiven Befund aus. Zu ihnen gehört auch das Sommerdomizil des für die Entwicklung Malente-Gremsmühlens als Kurort nicht unbedeutenden Leibarztes der Kaiserin, Prof. Dr. Rudolf von Renvers.[102] Dies verwundert umso mehr, als es in solchen luxuriös ausgestatteten Häusern der *belle epoque* nicht nur um persönlichen Wohnkomfort, sondern auch um Statusfragen und um gesellschaftliche Repräsentation ging. Vielleicht genügten hierfür genehmigungsfreie – und somit schwierig nachzuweisende – bauliche Adaptionen für eine begrenzte Lagerkapazität in den Kellerräumen, worauf an späterer Stelle noch einmal zurückzukommen sein wird. Hingegen lässt sich der im gleichen Zeitraum errichteten Villa des Hamburger Apothekers Carl Hansen tatsächlich ein separates Eishaus zuordnen, dessen Details jedoch im Unklaren bleiben. Der Besitzer soll sein Vermögen der Herstellung medizinischer Pflaster verdankt haben.[103]

Ein Eisreservoir modernerer Art besaß der wohlhabende, überwiegend in Berlin wirkende österreichische Porträtmaler Otto von Krumhaar (1859–1915), der sich nach dreijährigem Aufenthalt in den Vereinigten Staaten 1905 ebenfalls in Gremsmühlen niedergelassen hatte. Dieser erweiterte sechs Jahre später seine großzügige, im Stil eines englischen Farmhauses gestaltete Villa um einen Flügel, der neben zusätzlichen Wohnräumen einen Bildersaal zur Ausstellung der eigenen Werke und einen Eisraum umfasste. Letzterer war in den Keller integriert und wie üblich mit einer Isolierung durch doppelschaliges Mauerwerk versehen. Mit beiden Neuerungen setzte der Künstler dem ohnehin schon seit seiner Erbauung außergewöhnlich opulent ausgestatteten Haus, das u .a über eine Autogarage und eine Dynamoanlage zur Strom- und Wasserversorgung verfügte, die Sahnehaube auf.[104] Unter solch luxuriösen äußeren, aber für ihn persönlich eher belastenden Umständen – häufiger Abwesenheit der Eltern – verbrachte wenige Jahre später der Komponist Gottfried von Einem (1918–1996), dessen Vater das Anwesen 1922 erworben hatte, seine Jugend- und Schulzeit.[105]

100 Weder in der Literatur noch in den archivischen Quellen ließ sich ein Hinweis auf einen Eiskeller finden. Vgl. Wagner/Rother (2006); Bartels (2008), S. 67–69; ferner LASH, Abt. 260, 18238 (305/1907), Nr. 18299 (66/1922 u. 113/1922) u. Nr. 18371.

101 Bartels (2008), S. 89–90, 324; er bezieht sich dabei auf eine von Hanns Zimmermann verfasste Artikelserie »Eutiner Straße. Eine Straße verändert ihr Gesicht«, Ostholsteiner Anzeiger, 17.3.1987 (2. Forts.); ferner Zimmermann (1976), Nr. 43. – Zur Villa und zu Nebengebäuden vgl. LASH, Abt. 260 Nr. 18200 (20/1887) und 18209 (84/1896). Auf einem Lageplan von 1896 ist kein Eiskeller eingezeichnet. Möglicherweise liegt eine Verwechslung mit dem Eishaus von Carl Hansen vor (vgl. unten Anm. 103). Ein 1896 erbautes Blockhaus, das einen 3 PS starken motorgetriebenen Dynamo beherbergte, diente Guhls Angaben zufolge lediglich dem Betrieb einer Wasserpumpe. Wahrscheinlich wurde die Anlage später für die Beleuchtung der Villa und für andere Zwecke erweitert. – Guhl (Fa. Guhl & Harbeck) erfand die erste deutsche Typenschreibmaschine.

102 Villa Rosa des Hamburger Großkaufmanns Georg Vogtmann; LASH, Abt. 260 Nr. 18202 (75/1889) u. Nr. 18204 (152/1891). Villa Hellahöh, Max Frhr. v. Pechmann; LASH, Abt. 260 Nr. 18211 (165/1898), Nr. 18212 (55/1899) u. Nr. 18231 (152/1906). Zu beiden vgl. Bartels (2008) S. 90, 104. Villa von Renvers: LASH, Abt. 260 Nr. 18231 (257/1906); zu ihm vgl. Bartels (2008), S. 347–348, 263–265.

103 Bartels (2008), S. 105; Zimmermann, Eutiner Straße (wie Anm. 101); Ostholsteiner Anzeiger, 18.3.1897 (4. Forts.). – Das drei Jahre später errichtete Eishaus ist im Bauregister der Regierung zu Eutin zwar aufgeführt, doch fehlt die zugehörige Akte; vgl. LASH, Abt. 260 Nr. 18205 (118/1892, Villa) u. Nr. 18208 (145/1895, Eishaus u. Stallgebäude).

104 LASH, Abt. 260 Nr. 18229 (240/1905) u. Nr. 18261 (128/1911); Zimmermann (1976), Nr. 45; Bartels (2008), S. 106–107. Zu Krumhaar generell Thieme/Becker (1928), S. 9.

105 Bartels (2008), S. 335–336; Eickhoff (1998), S. 18–27. Das am Ende der Eutiner Straße gelegene, in der Kubatur noch erkennbare, allerdings in seinem Charakter verfremdete Gebäude wurde später als Sportheim genutzt und ist heute noch Teil des Sport-und Bildungszentrums Malente.

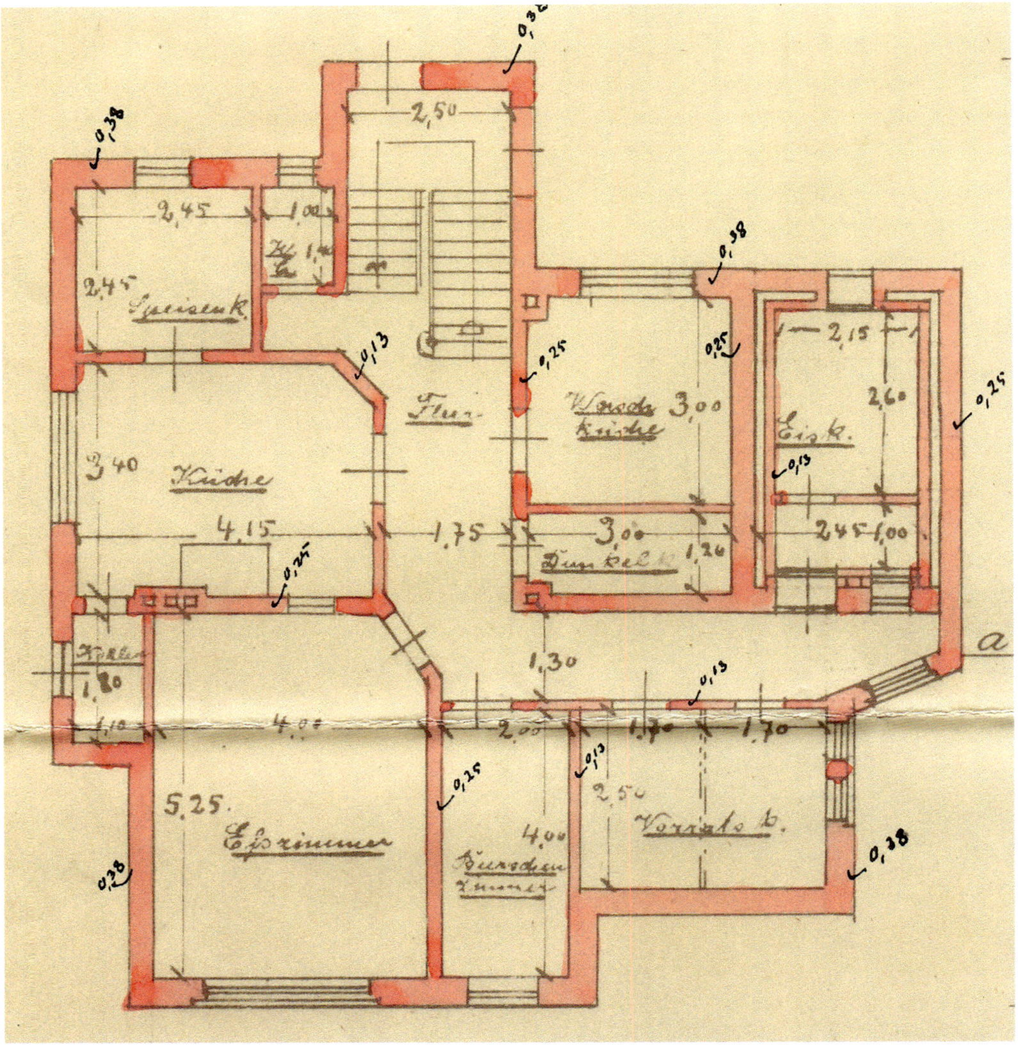

13
Souterrain der Villa van Groningen in Timmendorfer Strand, Bauzeichnung Grundriss, 1906 (LASH, Abt. 260 Nr. 18232: 230/1906). Rechts oben der Eiskeller mit durch eine Doppeltür gesichertem Vorraum.

Die Idee, den Eisraum im Kellergeschoss des Wohnhauses statt in einem separaten Gebäude unterzubringen, war nicht neu; sie war schon 1906 in zwei einander benachbarten Villen in Timmendorfer Strand realisiert worden, deren Bauherren anscheinend miteinander bekannt waren. Einer von ihnen war der Großkaufmann und spätere deutsche Honorarkonsul in Glasgow (Schottland), Oscar van der Briele. Beide Objekte stammten aus der Hand des desselben Bauunternehmers, waren von ähnlichem architektonischem Zuschnitt und in Bezug auf die jeweiligen Eiskeller nahezu identisch. Diese verfügten über einen zusätzlichen Vor- bzw. Kühlraum und dienten jeweils als Unterbau zu einem Balkon bzw. einer Veranda, von wo aus sich das Eis leicht einbringen ließ.[106] Ein Vorteil dieser integrierten Lösung bestand darin, dass sie kurze Wege zu der damals üblicherweise im Keller oder Souterrain gelegenen Küche und anderen Funktionsräumen wie Vorrats- und Weinkeller ermöglichtem, wie Abb. 13 sehr schön illustriert. Hier bestand sogar eine große Nähe zum Esszimmer, welches aufgrund der Hanglage des Grundstücks im Souterrain platziert werden konnte.

106 LASH, Abt. 260 Nr. 18232 (230/1906, Eigentümer S. W. van Groningen) und Nr. 18233 (285/1906, Eigentümer Oscar van der Briele, Glasgow). Zu van der Briele vgl. Manz (2003), S. 42, 71, 254.

Über eine eigene Eiskammer verfügte auch der renommierte Schiffbauingenieur und Werftdirektor Robert Zimmermann (1851–1912), der sich 1907/08 in Pulverbeck bei Eutin auf einem ausgedehnten Seegrundstück eine repräsentative, mit zahlreichen Annehmlichkeiten – u. a. einem Landungssteg mit Bootshaus für eine Segelyacht – sowie mit Personal wohl ausgestattete Villa als Alterssitz hatte erbauen lassen. Der in halber Höhe in den Boden eingetiefte und mit Erdreich überhügelte Eiskeller ohne Kühlraum und Ladeluke (21 cbm) gehörte zu einem architektonisch ungewöhnlichen, in Massivbauweise aufgeführten Nebengebäude, dessen anderer Teil aus einem Holzschuppen und einem Hühnerstall bestand. Die Natureisversorgung rundete den Komfort ab, dessen sich Zimmermann infolge seines frühen Todes nur für kurze Zeit erfreuen konnte.[107]

Ein spätes Beispiel privater Natureisnutzung findet sich schließlich 1925 in Scharbeutz, wo der Hamburger Kaufmann Siegfried Grünewald seine drei Jahre zuvor errichtete Sommervilla um ein oberirdisches Eishaus bereicherte. Dieses war Teil eines größeren Bauvorhabens, das einen Gartenpavillon und einen ansprechend gestalteten freistehenden Seitenbau zum Haupthaus umfasste, welcher eine großzügige Veranda geschickt mit dem ein wenig abgesetzten, aus zweischaligem Mauerwerk bestehenden Eisreservoir verband, das je zur Hälfte in eine Eis- und eine Kühlkammer unterteilt war.[108] Die Kapazitäten des Eisraumes wie auch die des etwa gleich großen Krumhaarschen Eiskellers (7 bzw. 10 cbm) und der ein wenig größeren Eisräume der beiden Timmendorfer Villen (11 bzw. 15 cbm) vermitteln eine ungefähre Vorstellung davon, in welchem Umfang ein großbürgerlicher Einzelhaushalt Eis für den Sommer benötigte.

Die gesellschaftlichen Rahmenbedingungen und Implikationen für die Eisnutzung lassen sich am deutlichsten in einem sehr viel älteren Fall erkennen, der zugleich das erste bekannte Beispiel für einen privaten Eiskeller im Fürstentum Lübeck darstellt. 1890 ließ sich die Berliner Geheimratswitwe Auguste Wahlländer im Garten ihrer am Timmendorfer Strand gelegenen Sommervilla ein Eishaus errichten, welches das erste am Orte gewesen zu sein scheint. Es bestand aus einem mit Erdreich überhügelten Betonwürfel mit vorgebauter Eingangsschleuse. Dem Baustoff entsprechend war hier nur eine Innenisolierung möglich, welche aus doppelten Bretterwänden und breitem, mit Torfmull gefülltem Zwischenraum bestand; einen Kühlraum gab es nicht (Abb. 14). Das ungewöhnliche, wohl bunkerähnlich anmutende Objekt entsprach nicht den Gestaltungsvorstellungen für ein im Entstehen begriffenes mondänes Wohnviertel, und so machte die Bauaufsicht der Eigentümerin zur Auflage, den Eingang entgegen der ursprünglichen Absicht zur straßenabgewandten Seite des Grundstücks zu legen und zusätzlich den Erdhügel mit Bäumen oder Sträuchern abzuschirmen.[109] Die schlichte Bauweise mit einem neuartigen Material stand tatsächlich in einem gewissen Spannungsverhältnis zu der zeittypischen verspielten Villenarchitektur, sie verriet allerdings großstädtischen Einfluss.

Auguste Wahlländers Wohnsitz war Teil eines Ensembles von zwei Sommervillen, die der bekannte Berliner Architekt Hans Grisebach für die mit ihm befreundete Bauherrin und für sich selbst 1887/88 an der Strandallee errichtet hatte. Beide lebten in Berlin in großbürgerlichen Verhältnissen, und insbesondere Auguste Wahlländer, die bald ganzjährig nach Timmendorf übersiedelte, verlegte ihre gesellschaftlichen Aktivitäten an die Ostsee. Sie lud zu geselligen Veranstaltungen und Konzerten ein, und namhafte Künstler gaben sich in ihrem Haus ein Stelldichein, unter ihnen der Komponist Franz Xaver Scharwenka. Hierzu bot die für Grisebachs Wohnbauten charakteristische große, zentral angeordnete und über zwei Stock-

107 LASH, Abt. 260 Nr. 20004, Quadr. 1, Okt./Nov. 1909 (Bootssteg mit Bootshaus), sowie Nr. 20010, Quadr. 13 (Erlaubnis zur Eisentnahme aus dem großen Eutiner See 1912 u. 1914); ferner frdl. Auskunft (mit Bauzeichnung) Karin Ude-Johannsen, Stadtbauamt Eutin. – Zu Zimmermann vgl. Deutsche Biographische Enzyklopädie, Bd. 10. München 2001, S. 671; Jb. d. Schiffbautechnischen Gesellschaft 14 (1913), S. 102–106 (Nachruf); Anz. FT Lübeck, 7./9.1.1912 (Todesanzeige und Nachruf). Zimmermann, der mit einer Engländerin verheiratet war, begründete seine Karriere auf britischen Werften, übernahm 1884 eine Führungsposition bei der Germania-Werft in Kiel, war maßgeblich an der Konstruktion zahlreicher Passagier- und Kriegsschiffe beteiligt und leitete als technischer Direktor seit 1895 die größte deutsche Werft, den Stettiner Vulcan. Dieser eröffnete 1909 einen Zweigbetrieb im Hamburger Hafen und verlegte 1911 seinen Hauptsitz dorthin.

108 LASH, Abt. 260 Nr. 18303 (173/1922) und Nr. 18311 (25/1925).

109 LASH, Abt. 260 Nr. 18203 (169/1890).

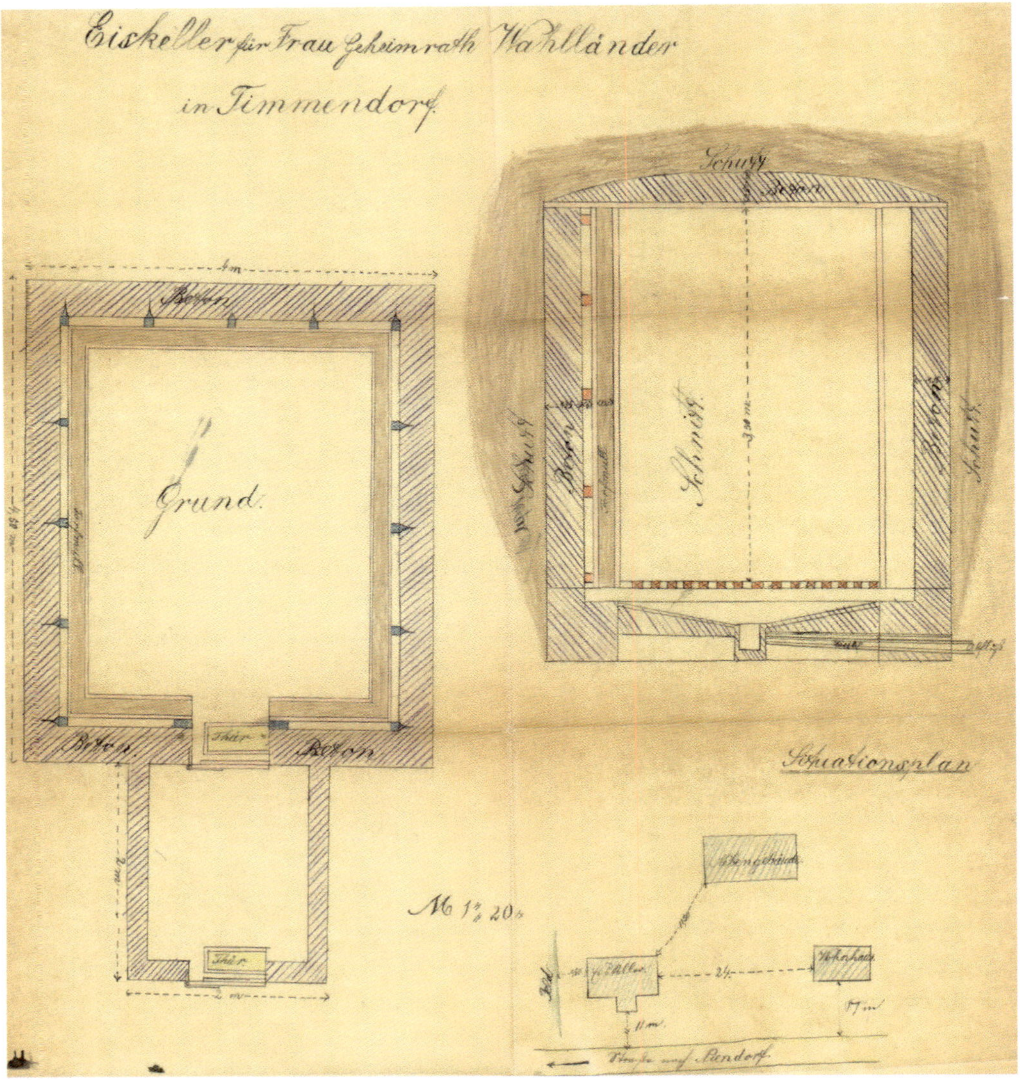

14
Grund- und Aufriss des Eishauses nebst Lageplan für die Villa Wahlländer in Timmendorfer Strand, Bauzeichnung, 1890 (LASH, Abt. 260 Nr. 18203: 169/1890).

werke reichende Halle, um die sich die anderen Räume gruppierten, den geeigneten räumlichen und gesellschaftlichen Rahmen. Man kann sich gut vorstellen, dass die Hausherrin ihre Gäste mit erlesenen Speisen und gekühlten Getränken, vermutlich auch mit Speiseeis verwöhnte. Seit langem waren auch mit Natureis bestückbare Eisschränke in Gebrauch, die in der Regel in der Küche oder im Keller aufgestellt waren, sodass es möglich war, Lebensmittel und Getränke stets im Hause selbst frisch zu halten, wobei das erforderliche Kühlmittel dann bei Bedarf dem Eishaus entnommen wurde. Grisebach benötigte offenbar kein eigenes Eisdepot; es ist anzunehmen, dass der Wahlländersche Eiskeller mit 32 cbm Fassungsvermögen groß genug war, um beide miteinander befreundeten Familien und eventuell noch weitere Nachbarn im sog. »Geheimratsviertel« zu versorgen.[110]

In den Genuss all dieser Annehmlichkeiten kam frühzeitig auch der Bauhausarchitekt Walter Gropius (1883–1969). Da seine Mutter Manon eine Nichte von Auguste Wahlländer war, hielt sich die Familie Gropius dort häufiger auf, und Walter, der zudem mit einem der Söhne Hans Grisebachs befreundet war, verbrachte während der Schulzeit

110 Zu den Baulichkeiten und zum gesellschaftlichen Umfeld vgl. Kromrei (2020), S. 9–17, 92–99. Zu den gesellschaftlichen Aktivitäten Wahlländers vgl.: »Warum die Bauhausmeister nach Timmendorf kamen«, LN-Online, 9.8.2019.

eine Reihe von Ferienaufenthalten bei seiner Großtante. Als die Villa 1911 im Erbgang auf Manon Gropius überging, war ihr Sohn erneut regelmäßig zu Gast, wobei er 1912 nebenbei ein Gartenhaus und eine Pergola entwarf; 1933, nach dem Tod seiner Mutter, wurde er zusammen mit seiner Schwester selbst Eigentümer des Wohnhauses. Im Rahmen dieser Besuche zog Gropius in den 1920er Jahren vorübergehend weitere Künstler der Moderne nach Timmendorf, u.a. Wassily Kandinsky, Marcel Breuer und Lyonel Feininger. Auch die Verbindung zu Hugo Häring, der 1924 das avangardistische Kuhhaus auf Gut Garkau bei Klingberg entwarf, gehört in diesen Zusammenhang. Das großzügige Ambiente und Erfrischungen jeglicher Art dürften die sommerlichen Begegnungen der Künstler gefördert haben.[111] Ob es für solche sporadischen Gelegenheiten allerdings noch der Vorratshaltung durch ein Eishaus bedurfte, ist zu bezweifeln, denn mittlerweile war Kunsteis jederzeit und in beliebigen Mengen auf dem Markt, welcher in den oldenburgischen Ostseebädern vom Kühlhaus Lübeck bedient wurde.[112] Möglicherweise war das Eishaus zu dieser Zeit schon stillgelegt worden oder es wurde, als eines der wenigen am Ort vorhandenen kältetechnischen Funktionsbauten, von anderen privaten oder gewerblichen Eisinteressenten genutzt.

Während das Wahlländersche Eishaus seit längerem verschwunden ist, steht das Villenensemble, obwohl im Innern inzwischen stark verändert – im Falle der Villa Wahlländer übrigens durch Walter Gropius selbst, der schon 1934 die Halle durch Einziehung einer Geschossdecke aufheben ließ –, heute unter Denkmalschutz. Allerdings geben die Selbstbezeichnungen der gegenwärtigen Eigentümer – »Villa Röhl« (ehemals Villa Wahlländer/Gropius) und »Villa Gropius« (ehemals Villa Grisebach) – zu Irritationen Anlass.[113]

111 Hauffe (1979), S. 231–233; Herde (2015), S. 18–20; Chronik Bädergemeinde (1979), S. 231–233; »Ostsee-Urlaub mit den Eheleuten Kandinsky und Gropius«, in: LN online, 4.12.2013, ferner LN online, 9.8.2019 (wie Anm. 110); Nerdinger (2019), S. 18–19. – Zum Gartenhaus vgl. LASH, Abt. 260 Nr. 18271 (287/1912). – In der ortsgeschichtlichen Literatur zu Timmendorfer Strand finden sich verschiedentlich fehlerhafte familiäre Zuordnungen zu Auguste Wahlländer und der Familie Gropius; richtig bei Nerdinger. – Zu Hugo Häring vgl. Möllers (2021), S. 89–94.

112 Bickelmann (2023), S. 229–230.

113 Zum Umbau von 1934 vgl. LASH, Abt. 260 Nr. 18349 (18/1934); Chronik Bädergemeinde (1979), S. 233. Dadurch wurden drei zusätzliche Zimmer im Obergeschoss gewonnen. – Die Denkmalliste des Kreises Ostholstein, Nr. 8992 u. 8993, verwendet die historisch korrekten Bezeichnungen.

15 Das Wilhelmsburger Block-Eiswerk der Fa. Wiedenbrüg & Oelke, ca. 1890 (aus: Lütgert, 2000, S. 294).
Typisches »amerikanisches« Eislagerhaus.

Von Amerika in die deutsche Provinz

Die Ausweitung der Natureisnutzung im 19. und frühen 20. Jahrhundert

Das Eishaus der Villa Wahlländer bezeugt, dass um 1890 nicht nur großstädtische Lebensformen, sondern auch moderne Techniken des Eiskellerbaus in die Provinz Eingang gefunden hatten. Dies war das Ergebnis eines Ende des 18. Jahrhunderts beginnenden, von den Vereinigten Staaten von Amerika ausgehenden Prozesses.

Dort hatte die Natureisnutzung vor allem für private Zwecke schon eine längere Tradition, bevor sich zu Beginn des 19. Jahrhunderts im Zuge von Urbanisierung und allgemeiner Steigerung des Lebensstandards eine Eisindustrie zu entfalten begann, die die Grundlage für eine enorme Ausweitung des privaten Eiskonsums bildete und zugleich für den Produktionssektor unentbehrlich wurde. Mit ihr entwickelte sich ein von den Vereinigten Staaten ausgehender weltumspannender Natureishandel, der bald bis weit in den pazifischen Raum reichte und daneben auch England erfasste. Namentlich an den großen Flüssen der Ostküste der USA errichteten kapitalkräftige Unternehmen Eislagerhäuser riesiger Dimensionen, in die großflächig mit rationellen Methoden geerntete Natureisblöcke mittels dampfbetriebener Elevatoren eingebracht wurden.[114]

Zwar erstreckte sich dieser Handel nur peripher auf den europäischen Kontinent, doch bildeten die amerikanischen Eishäuser, Holzkonstruktionen mit doppeltem Ständerwerk und Isolierfüllung, das Muster für Anlagen, die – in weitaus kleineren Dimensionen – im Umkreis der europäischen Großstädte entstanden. So entwickelte sich bereits seit den 1840er Jahren im Raum Berlin-Brandenburg und in Hamburg jeweils eine eigene florierende Eisindustrie, die in der Lage war, mit Eiswerken ähnlicher Konstruktion den wachsenden Bedarf an Natureis zu befriedigen, und die in den1890er Jahren ihren Höhepunkt erreichte (Abb. 15). »Amerikanische« Eislagerhäuser solcher Art waren um diese Zeit – allerdings in noch bescheideneren Dimensionen – auch in Kiel und in Lübeck zu finden, wovon möglicherweise auch das Umland profitierte. In Kiel waren zunächst der Schreventeich und später der Drachensee bevorzugte Orte der Natureisgewinnung, unter deren Betreibern vor allem die Firma Mordhorst (später Kieler Kristalleisfabrik) herausragte; in der Hansestadt unterhielt, in Nachfolge zweier privater Vorläufer, die 1896 gegründete Lübecker Eisgenossenschaft zwei größere Speichergebäude, welche mit Eis aus der Wakenitz gefüllt wurden. Daneben hatte sich um die Mitte des 19. Jahrhunderts ein reger Eishandel mit Norwegen, teilweise auch Schweden etabliert, der sich vornehmlich auf England richtete, der aber seit etwa 1880 auch Häfen wie Hamburg, Bremerhaven, Kiel und Lübeck einbezog (Abb. 16). Mit solchen Lieferungen konnte vor allem nach milden Wintern der Ausfall der heimischen Eisernte kompensiert werden, eine Situation, die vor allem in den Jahren 1883/84, 1896–1898, 1905/06 und 1910/11 eintrat. Auf dieser doppelten Basis vollzog sich der Natureishandel bei steigender Nachfrage weitgehend unvermindert bis zum Ersten Weltkrieg.[115]

Norwegen-Eis erreichte schließlich auch das Fürstentum Lübeck, wo speziell für die Versorgung

114 Hierzu und zum folgenden Absatz vgl. Reinink (1995), S. 177–192; Hellmann (1990), S. 46–57. Zu Berlin, Hamburg, Kiel und Lübeck vgl. Lütgert (2000), S. 82–88.

115 Reinink (1995), S. 149–163; Täubrich (1991), S. 62–67. Zu Hamburg, Kiel und Lübeck vgl. Lütgert (2000), S. 88–92, 183–185, 238–241, 256–257, 290–295, Heide (2012), S. 56–62, und Bickelmann (2023), S. 185–194, 199–208.

16 Verladung von norwegischem Eis am Soberg-Fluss bei Oslo, ca. 1900 (aus: Unter Null, 1991, S. 67).

Eutins der uns noch mehrfach begegnende Hotelier Wilhelm Janus, Inhaber des Voß-Hauses, zeitweise eine aktive Rolle wahrnahm. Auch die später zu behandelnde Lychenheim-Brauerei in Schwartau bezog mehrfach Eis aus Norwegen.[116] Standort eines solchen Umschlags war der Lübecker Hafen, wo nicht nur die Kontingente von Direktbestellern gelöscht wurden, sondern wo sich Eisinteressenten über einheimische Eisimporteure auch mit kleineren Mengen versorgen konnten. Hieran konnte vor allem der südliche Teil des Fürstentums partizipieren. Lieferungen dieser Art wurden meist wenige Tage zuvor in der Presse angekündigt und teilweise im Auktionswege vermarktet.[117]

Die Aufwärtsbewegung der Natureisnutzung hatte auch dann noch angehalten, als um 1860 das Zeitalter künstlicher Kühlung und Eisproduktion angebrochen war und dann 1875 mit der Lindeschen Kältemaschine eine neue Reifestufe erreicht hatte. Anschaffung und Unterhaltung solcher Geräte waren kostspielig, und infolgedessen schwenkten zunächst nur kapitalkräftige Unternehmen wie etwa Großbrauereien auf die neue Technik ein. Selbst Massenverbraucher wie die Hochseefischerei setzten noch lange auf die Nutzung von Natureis, bevor sie sich zu Beginn des 20. Jahrhunderts schrittweise der Kunsteisherstellung zuwandten.[118] Und manche Unternehmen, die schon über Eismaschinen verfügten, griffen,

116 Zur Lieferung von Norwegen-Eis nach Eutin vgl. Anz. FT Lübeck, 16.2.1898, 30.3.1898. Zur Lychenheim-Brauerei vgl. Zeitschrift für Eis-Handel und -Fabrikation, Lübeck, Nr. 16 (März 1899), S. 147, sowie Lüb. Anz., 15.9.1898 u. 17.3.1899.

117 Vgl. hierzu Lüb. Anz., 13.3.1884, 23.9.1884, 18.10.1884, 9.2.1902, 18.3.1906, 9.10.1908.

118 Hard (1991), S. 69–86; Dittrich (2012), S. 9–36.

17 Moderner Kühlraum eines Eishauses, Werbeprospekt, um 1910 (AHL, Hochbauamt 1053). Im Hintergrund regulierbare Lüftungsöffnungen.

um Kosten zu sparen, zeitweise wieder auf Natureis zurück. Auch die Tatsache, dass wirtschaftliche Ballungszentren zunehmend über großbetriebliche Eisfabriken, Schlachthöfe und Kühlhäuser verfügten, in denen Kunsteis erzeugt und Kühlgut wie Fleisch, Eier, Milchprodukte, Fisch und Gemüse eingelagert werden konnten, stellte die Natureisverwendung im Prinzip nicht in Frage, vor allem dort nicht, wo sich derartige Einrichtungen nicht in der Nähe befanden. So war Hamburg zwar schon 1879 als einer der ersten deutschen Standorte mit einer Kunsteisfabrik vertreten, der bald weitere sowie mehrere Kühlhäuser folgten, doch bedurfte es in Lübeck noch einer Zeitspanne von fast 40 Jahren nach Lindes Erfindung, bis 1913 ein mit einer Eisfabrikation verbundenes Kühlhaus in Betrieb gehen konnte. So liefen, getragen von einem insgesamt wachsenden Markt, Natureisgewinnung, Eiskellerbau und Natureishandel als traditionelle Gewerbezweige und moderne Kältetechnik bis zum Ersten Weltkrieg nebeneinander her. Möglicherweise stimulierten sie sich sogar gegenseitig.[119]

Die zeitliche Parallelität beider Entwicklungen spiegelt sich auch darin wider, dass nicht nur die Kältetechnik Fortschritte machte, sondern dass auch der Eiskellerbau in der zweiten Hälfte des 19. Jahrhunderts einem fortgesetzten Modernisierungs- und Optimierungsprozess unterlag, was u.a. an der Zahl einschlägiger Publikationen ablesbar ist, von denen einige als Standardwerke bis in die 1930er Jahre immer wieder neue Auflagen erfuhren. Hierzu gehörten theoretische Abhandlungen ebenso wie praxisorientierte Hand- und Lehrbücher, in denen ausführlich bauliche und kältetechnische Grundlagen erörtert sowie Hinweise zur Material- und Standortwahl oder zur

119 Lütgert (2000), S. 98-102, 239-244, 250, 253-254; Bickelmann (2023), S. 206-220, dort vor allem auch zum langjährigen Nebeneinander von Natureis, Kunsteis und maschineller Kühlung.

optimalen räumlichen Anordnung verschiedenster Gebäudetypen gegeben wurden. Ebenso kamen neue Verfahren des Kälteaustauschs zwischen Eiskammern und Kühlräumen zur Anwendung, mit denen die inneren Klimabedingungen optimiert, die Betriebskosten gesenkt und Schmelzverluste vermindert werden konnten (Abb. 17).[120]

Am Natureiskonsum partizipierten naturgemäß zunächst die urbanen Zentren, wo die großflächige Eisgewinnung in Verbindung mit dem Eishandel die für einen steigenden Lebensstandard erforderlichen Infrastrukturen geschaffen hatte, welche insbesondere bürgerliche und großbürgerliche Kreise nutzten. In der Provinz und namentlich auf dem Lande setzte dieser Prozess mit einer Verzögerung von 10 bis 20 Jahren ein, und dort waren es die traditionellen Eiskeller und Eishäuser, die die Bevorratung von Natureis für unterschiedliche Zwecke trugen. Dabei konnte sich im kleinstädtischen Rahmen sogar ein begrenzter Eishandel entfalten.

Im Fürstentum Lübeck wird der wachsende Bedarf an Natureis erstmals 1868 aktenkundig, als die Eutiner Hofverwaltung die bisher den Einwohnern der Residenzstadt gewährte Abgabe von Eis aus den beiden Schlosseiskellern mit der Begründung einstellte, dass für den Bedarf des oldenburgischen Hofstaats, der das Schloss als Sommerresidenz nutzte, in letzter Zeit nur geringe Vorräte übrig geblieben seien. Zu den bisherigen Nutzern hatten hauptsächlich Ärzte und der Hofapotheker gezählt, und daher gab es zunächst Überlegungen, diese Berufsgruppe zur Unterhaltung eines Eiskellers zu verpflichten, so wie dies in der noch zur dänischen Zeit erlassenen holsteinischen Apothekerordnung von 1854 vorgeschrieben war. Die Regierung zu Eutin konnte sich letztlich jedoch nicht dazu entschließen, sodass die Verpflichtung der Apotheker lediglich darin bestand, gewisse Vorräte bereitzuhalten;[121] in welcher Weise dies geschah, bleibt offen. Dementsprechend ist in der Folge auch kein einziger von Apothekerseite unterhaltener Eiskeller nachweisbar, doch zeigt der Vorgang, dass der Bedarf an Eis zu medizinischen Zwecken durchaus ansehnlich gewesen sein muss. Eis wurde u.a. zur Blutstillung, Schmerzbetäubung und Krampflösung sowie bei Nervenkrankheiten, Entzündungen und inneren Verletzungen eingesetzt. So hat dann zumindest das 1879 eröffnete städtische Julien-Hospital – wie fast alle medizinischen Anstalten in Schleswig-Holstein – einen eigenen Eiskeller besessen, der sich in diesem Falle aus dem angrenzenden kleinen Eutiner See speiste. Er soll außerhalb des Krankenhauses gelegen haben und in den seewärtigen Abhang platziert worden sein.[122]

Die Reservierung der Schlosseiskeller für den großherzoglichen Hof führte nun dazu, dass sich in Eutin ein gewerblicher Eishandel etablierte, auf den Apotheker, Ärzte und andere Interessenten künftig zurückgreifen konnten. Ein Bedarf hierfür hatte sich schon seit mehreren Jahren bemerkbar gemacht. Und so nutzte der Eutiner Färbermeister Carl Krafft Anfang 1869 die Gelegenheit, als erster in den örtlichen Handel mit Natureis einzusteigen. Hierfür erhielt er von der Regierung zu Eutin eine auf zehn Jahre befristete Konzession, die mit der Erlaubnis verbunden war, das benötigte Eis aus den beiden Eutiner Seen und dem Kellersee zu entnehmen. Die Regierung legte hierbei besonderen Wert auf die Eisversorgung für medizinische Zwecke, weswegen sie mit Krafft besonders günstige Bedingungen für die Abgabe an Kranke vereinbarte, welche später auch für weitere Eishausbetreiber galten. Der offenbar vielseitig interessierte Geschäftsmann, der sich zu dieser Zeit auch bei anderen Unternehmungen und Projekten engagierte, füllte seine Konzession interessanterweise mit dem Bau gleich dreier Eishäuser aus, deren Standorte sich jedoch bisher leider nicht lokalisieren ließen, von denen aber aufgrund der Konzession anzunehmen ist, dass jeder der drei genannten Seen berücksichtigt wurde. Dass Krafft damit den Bedarf gut eingeschätzt hatte, belegt die Tatsache, dass diese anfänglich voll ausgelastet waren. So lagerte er im ersten Jahr Eis im Umfang von 8.232 Kubikfuß ein, woraus sich eine Kapazität von insgesamt ca. 194 cbm, mithin eine durchaus übliche

120 Generell hierzu Reinink (1995), S. 197–211. Beispiele für einzelne, mehrfach aktualisierte Handbücher: Menzel-Schubert (2003), Nöthling (1896), und Schubert (1931).

121 LASH, Abt. 260 Nr. 6767, Quadr. 1–4, Juni-Nov. 1868.

122 Arndt (1954), S. 10; LASH, Abt. 260 Nr. 6767, Quadr. 31 u. 63 (Genehmigung zur Eisentnahme aus dem See). Zur Lage des Eiskellers vgl. Steine an den Straßen (1962), S. 13 von 39 ungez. Seiten (1 Ex im StadtA Eutin). – Zu den Anwendungsbereichen und zu weiteren Krankenhäusern vgl. Lütgert (2000), S. 73–76, und Bickelmann (2023), S. 178–180. Beispiele auch bei Reinink (1995), S. 122–123.

durchschnittliche Größenordnung von 65 cbm pro Einheit, errechnet.[123]

Der Anfangserfolg Kraffts, wohl mehr aber noch seine bald nachlassende, die Eisversorgung zeitweise beeinträchtigende Geschäftstätigkeit ermutigte fünf Jahre später zwei mit Natureis arbeitende Gewerbetreibende – Gastwirt Adolph Dörring (Hotel »Stadt Hamburg«) und Bierhändler Friedrich Voß –, sich ebenfalls am Eisgeschäft zu beteiligen. Ihnen versagte die Regierung, unter Berufung auf die Krafftsche Konzession, zwar den beantragten Verkauf an Dritte, was aber nicht der Nutzung ihrer Eislager zum Eigenbedarf entgegenstand. Um das Material den beiden Eutiner Seen entnehmen zu dürfen, erhielten sie, ebenso wie zuvor Krafft, eine separate Konzession. Krafft, Dörring und Voß waren jedoch nicht die ersten Eisinteressenten in Eutin; vielmehr hatte schon zuvor der Brauereibesitzer August Leopold Packendorff mit Natureis gearbeitet, allerdings nur zur Eigenversorgung; auf ihn wird im folgenden Kapitel ausführlicher zurückzukommen sein. Während er es bei der Deckung des Eigenbedarfs beließ, beteiligten sich, als 1879 die Konzession für Krafft auslief, Dörring und Voß sowie eine im selben Jahr von Mitgliedern der Brauerfamilie Schlichting in der Elisabethstraße übernommene Brauerei am Eishandel, für den zugleich generell die bisherigen Beschränkungen entfielen.[124] Seither beruhte die Natureisversorgung in Eutin somit auf einer soliden Grundlage.

Sehr schnell folgten weitere Eisinteressenten, sodass bis in die 1930er Jahre hinein regelmäßig weitere Genehmigungen zur Eisentnahme aus den Seen erteilt wurden. Aus ihnen lässt sich für das Gebiet der Stadt Eutin in den ursprünglichen Grenzen – außerhalb des Schlosses und ohne spätere Eingemeindungen – eine Zahl von insgesamt etwa 25–26 Eiskellern und Eishäusern erschließen (vgl. Tab. 1). Betreiber waren überwiegend Schlachter, Bierhändler und Gastwirte, aber auch Bierbrauer, Fuhrleute, ein Fischhändler und ein Kiesgrubenbesitzer befanden sich darunter. Die Baulichkeiten lagen teils in Wassernähe – bevorzugt am Kleinen und Großen Eutiner See im Bereich der Elisabethstraße bzw. der Kieler Straße (heute Riemannstraße), wo ein leichter Zugang zum Wasser bestand –, teils aber auf dem jeweiligen Gewerbegrundstück, was u. a. auf das Bierhändleranwesen Lübecker Str. 8 (Voß), die Brauerei Evers, Lübecker Str. 13–15, und mehrere Schlachtereien in der Lübecker Straße, der Weidestraße und der Bahnhofstraße zutrifft.[125] 1895 errichtete auch der Pächter des großherzoglichen, an den Schlosspark angrenzenden Bauhofs ein Eishaus, dessen Baukosten er sich mit der Krongutverwaltung teilte; dieses, eine Holzkonstruktion, diente dem Betrieb einer Zentrifugenmeierei.[126]

Außerhalb Eutins, vor allem auf dem Lande, setzte ein regelmäßiger Bau von Eiskellern und Eishäusern etwa zehn Jahre später, also um 1880, ein, wie sich aus der nachstehenden Tabelle 2 ersehen lässt und womit der Kern der quantitativen Untersuchung erreicht ist. Dieser Zeitpunkt fällt glücklicherweise zusammen mit der Übernahme der Bauaufsicht durch die Regierung zu Eutin, wodurch erst die Quellengrundlage geschaffen wurde, auf der die vorliegende Studie beruht.[127]

Zunächst lässt sich erkennen, dass der Eiskellerbau anfänglich noch verhalten ist, um Ende der 1880er Jahre an Fahrt aufzunehmen und schließlich von der Jahrhundertwende an in eine bis zum Ersten Weltkrieg anhaltende relativ gleichbleibende Bautätigkeit überzugehen. Der Befund bestätigt somit die oben skizzierte, allerdings bisher zahlenmäßig noch nicht konkretisierbar gewesene allgemeine Entwicklung eines um 1890 beginnenden und sich bis zum Ersten Weltkrieg fortsetzenden Bauschubes, welcher sich ebenso aus den Zahlen für Eutin (vgl. Tab. 1) herauslesen lässt. Man kann also für diesen Zeitraum von

123 LASH, Abt. 260, Nr. 6767, Quadr. 7–10; StadtA Eutin, 3513, Unterakte 1. – Krafft fungierte auch als Vorstand der 1865 gegründeten Neuen Spar- und Leihkasse Eutin; vgl. Anz. FT Lübeck, 22.5.1869 (Jahresabrechnung 1868/69). Ferner war er an einer Mühle beteiligt, setzte sich als Mitinitiator für ein allerdings nicht zustande gekommenes Ziegelei-Projekt ein und betrieb von 1879 bis 1881 eine Gastwirtschaft; 1881 musste er Konkurs anmelden; vgl. LASH, Abt. 355.11 Nr. 646, sowie Abt. 260 Nr. 10500 u. 10801, Unterakte 40.

124 LASH, Abt. 260, Nr. 6767, Quadr. 19–36. Zu Dörrings bei der Badeanstalt in der Elisabethstraße gelegenem Eiskeller vgl. auch Anz. FT Lübeck, 5.9.1874 (S. 343).

125 Ebd., Quadr. 37–81; LASH, Abt. 260, Nr. 20010. Zur Identifizierung der in der Akte erwähnten Grundstücke und Gewerbe war hilfreich: Smith (2015). Ferner StadtA Eutin, 3513, u. Erdbuch 1907–1941, dort Nr. 3, 6, 10, 208, 279, 283, 339, 344.

126 LASH, Abt. 260, Nr. 13393.

127 Zuvor oblagen die Baugenehmigungen den Ämtern. Diese sind im Bestand Abt. 260 des LASH nicht überliefert; vgl. LASH, Merkblatt zur Benutzung der Baugenehmigungen des Bestandes Abt. 260.

Tab. 1: Eiskeller in der Stadt Eutin in den ursprünglichen Grenzen (ohne spätere Eingemeindungen)

Lfd. Nr.	Jahr	Gewerbe	Standort	Bemerkungen
1	**um 1860**	Brauerei	Riemannstr. 111	Packendorff, ab 1897 Bierhandel, später zeitweise Eishandel
2-4	**1869**	Eishandel	unbekannt	3 Eiskeller, Krafft
5	**1875**	Bierhandel	Lüb. Str. 8	Auch Eishandel, später Fischhandel
6	**1875**	Gastronomie	Elisabethstraße, bei Badeanstalt	Hotel »Stadt Hamburg«, Lüb. Str. 6
7	**1879**	Brauerei	Elisabethstr. 26	Schlichting, später Bier- u. Eishandel
8	**1879**	Krankenhaus	Hospitalstraße	Julien-Hospital
9	**1885**	Gastronomie	Voßplatz 6	Voß-Haus
10	**1886**	Bierhandel	Riemannstr. 30	Auch Eishandel, Kohlmorgen, später Heise
11	**1888**	Schlachterei	Bahnhofstr. 2-4	Joh. Carl Schläfke, 1905 Carl Braasch
12	**1893**	Schlachterei	Riemannstr. 27	Schumacher, 1905 Joh. Chr. Wilh. Schläfke?
13	**1894**	Schlachterei	Lüb. Str. 7	Carl W. Keller
14	**1895**	Meierei	Bauhof	Bauhofpächter
15	**1902**	Bierhandel	Riemannstraße	Piehl, Kundeneis
16	**1902**	Schlachterei	Weidestr. 13	Julius von Ahlen
17	1904	Schlachterei	Alb.-Mahlstedt-Str. 47	Heinr. Strahlendorf
18	**1904**	Schlachterei	Riemannstr. 34	Spethmann, 1907 Steer
19	**1904**	Schlachterei	Riemannstr. 22	Bader
20	**1905**	Gastronomie	Großer See bei Riemannstr. 26	»Deutsches Haus«, Riemannstr. 7
21	1905	Schlachterei	Riemannstr. 44	Heinr. Braasch, später Feldmann
22	1906	Schlachterei	Friedrichstr. 10	Wurstfabrik Wilh. Strahlendorf
23	**1906**	Schlachterei	Lüb. Str. 22	Rudolf von Ahlen
24	**1907**	Brauerei	Lüb. Str. 13-15	Evers
25	**1911**	Gastronomie	Voß-Haus	Neuer Eiskeller
26	**1911**	Brauerei	Lüb. Str. 13-15	Evers, 2. Eiskeller (für Kunden)
27	1913	Konditorei	Peterstr. 26	Beuth, später auch Eishandel
28	1913	Lagerung von Dynamit	unbekannt	Kiesgrube Rebenstorf

Quellen: LASH; Abt. 260 Nr. 6767 u. 20010; StadtA Eutin, Nr. 3513, Erdbuch 1880-1906, dgl. 1907-1941 Art. 3, 6, 10, 208, 279, 283, 308, 339, 344, 408, 667. Gewerberegister 1880-1930, Nr. 22/1913.

Erläuterung: Jahreszahlen in Fettdruck = Objekt mehrfach bestätigt, Jahreszahlen in Normaldruck = Objekt unsicher.

Tab. 2: Bauanträge für Eiskeller im Fürstentum bzw. Landesteil Lübeck 1879-1937. Nicht erfasst sind Stadt Eutin sowie Bad Schwartau (ab 1904) und Stockelsdorf (ab 1905).

Jahr	**Gesamt**	Schlachter	Bierhandel	Gastronomie	Meiereien	Güter	Brauereien	Sonstige	Bemerkungen
1879-1883	**2**	-	-	-	2	-	-	-	Ab 1.10.1879
1884-1888	**4**	2	-	1	-	-	1	-	
1889-1893	**20**	7	-	6	5	-	1	1	1 Villa
1894-1898	**13**	3	5	1	3	-	-	1	1 Villa
1899-1903	**20**	7	2	1	5	2	2	1	1 Fabrik
1904-1908	**22**	9	-	4	6	-	-	3	3 Villen
1909-1913	**22**	6	2	7	4	1	-	2	1 Fischerei, 1 Villa
1914-1918	**2**			1		1			
1919-1923	**2**	2	-	-	-	-	-	-	-
1924-1928	**7**	1	1	3	-	1	-	1	1 Villa
1929-1933	**2**	-	1	1	-	-	-	-	
1934-1937	**2**	-	-	2	-	-	-	-	
Summe	**118**	37	11	27	25	5	4	9	

Quelle: Zusammengestellt nach: LASH, Abt. 260 Nr. 11234, 11235, 18190-18265, 18452-18467, 18490-18532.

einer ausgesprochenen Hochphase des Eiskellerbaus sprechen.

Zu Beginn der 1920er Jahre folgt eine Phase stark verminderter, aber immerhin noch deutlicher Bautätigkeit, die sich in der Wirtschaftskrise weiter abschwächt und 1936 endet. Dabei ist zu berücksichtigen, dass, wie im Eingangskapitel erläutert wurde, 1904 bzw. 1905 Bad Schwartau und Stockelsdorf aus der Zuständigkeit der Regierung zu Eutin und daher aus der Statistik herausfallen, sodass für den Zeitraum 1904–1937 von noch etwas höheren Werten ausgegangen werden kann.[128] Somit spiegelt die Tabelle 2 zunächst nur den Konjunkturverlauf des Eiskellerbaus in der Hoch- und Übergangsphase der Natureisnutzung wider. Um ein einigermaßen vollständiges Bild von der Zahl der im ehemaligen Kreis Eutin überhaupt jemals vorhanden gewesenen Eiskeller zu gewinnen, müssen daher zu den in der Tabelle aufgeführten 118 Einheiten noch etwa 60 außerhalb des zugrundeliegenden Aktenbestandes dokumentierte bzw. bisher nicht identifizierbare Bauten hinzugerechnet werden, unter denen die Eiskeller im Bereich der Stadt Eutin den größeren Anteil beanspruchen. Dies alles summiert sich auf eine Gesamtzahl von nahezu 180 Objekten.[129]

128 Vgl. Anm. 15 u. 16.

129 Im Einzelnen wären dies: 30 für die Stadt Eutin (einschließlich der Schlosseiskeller), 10 für Bad Schwartau und Stockelsdorf (seit 1904 bzw. 1905) sowie für die bis 1937 zur Hansestadt Lübeck gehörenden Enklaven Curau, Dissau, Malkendorf und Krumbeck, 10 für vor 1879 nachgewiesene oder zu vermutende Bauten außerhalb der Stadt Eutin und 10 in den Bauakten der Regierung zu Eutin »versteckte« Eiskeller. Bei letzteren handelt es sich um Bauten, die in den zugehörigen Registerbänden nicht explizit als »Eiskeller« oder »Eishaus« ausgewiesen sind, sondern unter anderen Baumaßnahmen, insbesondere größeren Neu- oder Umbauarbeiten, firmieren. Insgesamt sind etwa 30 solcher »versteckter« Eiskeller in die obige Tabelle eingeflossen, doch ist nicht auszuschließen, dass, da eine diesbezügliche Recherche aus arbeitsökonomischen Gründen nur auf gezielten Verdacht hin erfolgen konnte, einige von ihnen dabei übersehen wurden.

18 Skizze eines großen hölzernen Eisschranks mit mittlerem Eisfach, um 1900 (aus: Menzel-Schubert, 1903, S. 64).

Die Zuordnung zu einzelnen Bereichen ergibt eindeutige Schwerpunkte bei Schlachtereien, Meiereien und der Gastronomie (einschließlich des Brauwesens und des Bierhandels), während andere Wirtschaftsbereiche sowie Gutshöfe und Privathaushalte (Villen) nur mit wenigen Nennungen vertreten sind. Die beiden letzteren Kategorien waren Gegenstand des vorhergehenden Kapitels; eine detaillierte Analyse der erstgenannten Bereiche erfolgt in den folgenden beiden Kapiteln.

Dass nach dem Ersten Weltkrieg der Eiskellerbau stark rückläufig war – und in Eutin, so wie es aus Tabelle 1 hervorgeht, sogar zum Stillstand gekommen war –, darf nach dem Bauboom der Vorkriegszeit und angesichts der wirtschaftlichen Unsicherheiten der beginnenden 1920er Jahre nicht überraschen. Zudem hatte sich, zumindest im Süden des Kreisgebiets, mit dem 1913 eröffneten Kühlhaus Lübeck die Wettbewerbssituation zugunsten der Kunsteisproduktion verändert, und die Elektrifizierung des nunmehrigen oldenburgischen Landesteils Lübeck im November 1914, die sich allerdings erst nach dem Ende des Ersten Weltkriegs wirksam entfalten konnte, hatte den Einsatz maschineller Kühlaggregate erleichtert, der zuvor nur in Einzelfällen, wie etwa im »Schloss Warnsdorf«, in Gestalt aufwendiger Eigenanlagen möglich gewesen war.

Gleichwohl bedeutete dies nicht notwendigerweise einen substanziellen Rückgang der Natureisnutzung. Denn die vorhandenen Eisdepots konnten ja weiterhin im ursprünglichen Sinne genutzt werden, wovon auszugehen ist, und nur der Neubau klang allmählich aus. Allerdings war es nun auch möglich, die Behälter mit Kunsteis zu füllen, welches etwa die Eisfabrik des Kühlhauses Lübeck in Form von Stangeneis lieferte und was zumindest in einem später noch anzusprechenden Fall auch geschah. Insofern erfüllten zahlreiche Eishäuser, abhängig von ihrem Anwendungsbereich, bis weit in die 1930er Jahre und eine Reihe von ihnen sogar bis in die beginnenden 1960er Jahre ihre angestammte Funktion. Einen eindeutigen Beweis hierfür liefert die Tatsache, dass die nahezu unverminderte jährliche Eisentnahme aus den Eutiner Seen noch bis zur Auflösung des oldenburgischen Landesteils Lübeck, also bis 1937, dokumentiert ist; vermutlich wird die Nachfolgekörperschaft, der nunmehrige preußische Kreis Eutin, solche Genehmigungen bis in die 1950er Jahre fortgesetzt haben. Die vielfältige Nutzung von Natureis in der Stadt Eutin in den 1930er Jahren wird zudem durch einen Zeitzeugenbericht über den Eishandel bestätigt.[130]

Mit dem Bau und Betrieb von Eiskellern und Eishäusern ist die Natureisnutzung jedoch bei weitem nicht vollständig beschrieben. Denn einerseits gab es für die längerfristige Bevorratung von Natureis jenseits fester baulicher Strukturen in Gestalt sog. Eismieten kostengünstige Alternativen, die sich vor allem auf dem Lande leicht realisieren ließen; auf sie wird später noch mehrfach zurückzukommen sein.

Andererseits stellte die Eisbevorratung in eigenständigen Gebäuden außerhalb der eigentlichen Verwendungsstelle nur die wichtigste Voraussetzung für den Gebrauch des Eises im Alltag dar. Dort, wo dessen Verwendung an anderer Stelle erfolgt, nämlich in Privathaushalten und in der Gastronomie, bedurfte es kleinerer Behälter, in denen die für den Tagesbedarf benötigten Mengen aufbewahrt werden konnten. So verfügten vermutlich schon die Küchen von Schlössern und Herrenhäusern über solche Behältnisse, und seit Mitte des 19. Jahrhunderts wurden von zahlreichen Herstellern mit Natureis bestückbare Eisschränke angeboten, die der Frischhaltung von Lebensmitteln dienten. Solche waren in unterschiedlichen Größen und Ausführungen, von der transportablen Eiskiste über die einfache tischhohe Truhe und die kunstvoll verzierte Glasvitrine bis hin zu kleiderschrankgroßen Modellen erhältlich (vgl. Abb. 18). Üblicherweise wurden diese im Keller, in der Küche oder im Flur aufgestellt.[131] Auch in der Provinz, etwa in Eutin, konnte man Kühlmöbel dieser Art über den örtlichen Handel beziehen, so bei dem Installationsbetrieb und Haushaltswarengeschäft Hellmann (C. H. Herings Nachf.) in der Sackstr. 5 (heute Am Rosengarten).[132] In Lübeck gab es mindestens drei Bezugsquellen, und dort hatten sich Interessenten schon 1895 auf der Deutsch-Nordischen Handels- und Industrieausstellung über verschiedene Fabrikate informieren können.[133]

Darüber hinaus diente Natureis außer in Konditoreien zunehmend auch in Privathaushalten der Herstellung von Speiseeis, wozu nicht nur spezielle Geräte und Kühlbehältnisse u.a. für Kleinverbraucher entwickelt, sondern auch entsprechende Kenntnisse einem breiten Publikum zugänglich gemacht wurden; hierfür wäre vor allem das weitverbreitete, von 1844 bis 1942 in mehr als 60 Auflagen erschienene, von Henriette Davidis begründete Kochbuch zu nennen, das einen eigenen Abschnitt über die Zubereitung von »Gefrorenem« enthielt.[134] Hierauf wird im Zusammenhang mit dem Alltag der Natureisnutzung im abschließenden Kapitel dieses Buches noch näher eingegangen.

Mit Eismöbeln der beschriebenen und anderer Art waren neben Privathaushalten vor allem Hotels, Pensionen und Restaurants, aber auch Schlachtereien und Konditoreien sowie Delika-

130 LASH, Abt. 260 Nr. 20010; 1930 wurden 9 und 1936 noch 6 Genehmigungen erteilt (Quadr. 65–80). Diesbezügliche Unterlagen des Kreises Eutin sind laut Auskunft der Kreisverwaltung Ostholstein, Abt. Gewässerschutz, nicht mehr vorhanden. – Zum Zeitzeugenbericht vgl. Behrens (o.J.), S. 6–7, 10–12, 127–129). Den frdl. Hinweis auf diesen Bericht verdankt der Verfasser Regine Jepp, Eutin.

131 Hellmann (1990), S. 74–86; Nöthling (1896), S. 103–128, 135–136; Menzel-Schubert (1903), S. 60–66.

132 Annonce im Anz. FT Lübeck, 6.6. u. 18.7.1903.

133 Lüb. Anz., 12.5.1890 (Fa. Adolf Wegner), 13.5.1890 (A. Maass) u. 12.5.1895 (Heinrich Pagels); Bickelmann (2023), S. 194–195. Adressen einschlägiger Hersteller finden sich auch in Handbüchern über den Eiskellerbau, u.a. bei Menzel-Schubert (1903), S. 63–64.

134 Davidis (1872), S. 308–311. Generell dazu: Methler (2001).

tessengeschäfte, Milch- und Butterhandlungen, vermutlich auch Apotheken ausgestattet. In der Übergangsphase zum elektrisch betriebenen Kühlschrank wurden Eisschränke auch mit Kunsteis bestückt.[135] Das Kühlhaus Lübeck unterbreitete seinen Kunden sogar ein spezielles Angebot, indem es Mieteisschränke bei einer Mindestabnahme von Stangeneis kostenlos zur Verfügung stellte. Hieran dürften Haushalte im Süden des Untersuchungsgebiets, namentlich in der überwiegend von Lübeckern besiedelten, zu Bad Schwartau gehörigen Villenkolonie Cleverbrück partizipiert haben, sofern sie nicht schon zuvor über eigene Eistruhen verfügt hatten.[136]

An dieser Stelle ist wichtig festzuhalten, dass Eisschränke einerseits eine notwendige Ergänzung des jeweiligen Eiskellers oder Eishauses bildeten, dass sie andererseits jedoch ermöglichten, das Eis aus anderen Quellen, namentlich über den Eishandel zu beziehen und somit die Unterhaltung eines eigenen Eisdepots entbehrlich zu machen. Die tatsächliche Eisnutzung ging also weit über den Besitz eines eigenen Eiskellers hinaus, worauf vor allem im Rahmen der Milchwirtschaft, der Gastronomie, des Eishandels und der Alltagsnutzung noch einmal zurückzukommen sein wird.

135 Hellmann (1990), S. 87.
136 Kühlhaus Lübeck (1987), S. 9. Zu Cleverbrück vgl. Steen (1973), S. 109–112.

Meiereien, Schlachtereien, Brauereien, Fischhandel, Warenlagerung

Eishäuser in der Produktion und im Handel

In der gewerblichen Produktion und im Handel, namentlich der Lebensmittelbranche, haben Kühlfunktionen schon früh eine Rolle gespielt und gegen Ende des 19. Jahrhunderts weiter an Bedeutung gewonnen. Dieser Sektor verfügte über eine überraschend große Bandbreite. Von der Kühlung von Medikamenten in Apotheken, Krankenhäusern und ärztlichen Praxen sowie medizinischen Anwendungen für bestimmte Krankheiten war im vorigen Kapitel bereits kurz die Rede. Ein gewisser weiterer Kühlbedarf eröffnete sich bei der Mineralwasserproduktion, bei der Herstellung von Schokolade, Zucker und Alkohol oder chemischen Produkten wie Margarine, Stearin, Paraffin und Leim, ferner bei der Speiseeiszubereitung in Verbindung mit Konditoreien sowie im Einzelhandel mit Milchprodukten, Fisch und Delikatessen, wobei letztere oft zum Angebot von Wild- und Geflügelhandlungen gehörten.[137] Für die Hochseefischerei bildete die Eisversorgung an Bord sowie für den Transport und die Verarbeitung an Land einen unverzichtbaren, mit außerordentlichem Volumen verbundenen Teil des Produktionsprozesses.[138]

Gärtnereien und der Blumenhandel waren in Bezug auf bestimmte Pflanzensorten ebenfalls auf niedrige Temperaturen angewiesen. Schließlich bedurfte auch die Lagerung von Sprengstoff der Kühlung, sodass auch die Dynamitindustrie und mit Sprengstoffen arbeitende Unternehmen über Eiskeller verfügten, bevor diese auf künstliche Kühlverfahren umschwenkten. In Schleswig-Holstein traf dies auf die Dynamit-Actien-Gesellschaft Krümmel bei Geesthacht und im Fürstentum Lübeck auf ein Kiesgrubenunternehmen zu, auf welches später noch einzugehen ist.[139]

Im Bereich des ehemaligen Kreises Eutin konzentrierte sich der Eiskellerbau allerdings auf wenige Produktionssparten, welchen im Folgenden ausführlicher nachgegangen wird.

Meiereien

Nach der Mitte des 19. Jahrhunderts befand sich die schleswig-holsteinische Milchwirtschaft im Umbruch. Bis dahin war die Butter- und Käseerzeugung eine Domäne der Güter gewesen, welche im 16. Jahrhundert damit begonnen hatten, ihre Milchwirtschaft im Wege der Verpachtung an sog. Holländereien auszulagern, in denen ehemals aus den Niederlanden stammende Fachkräfte diesen Geschäftszweig in Eigenregie übernahmen. Diese Holländereien waren räumlich den Gütern zugeordnet und konnten von deren Infrastruktur profitieren, wozu vermutlich auch die Nutzung von Natureis gehörte. Eis zur Kühlung der Rohmilch war nicht zwingend erforderlich, doch ist davon auszugehen, dass im Sommer in gewissem Umfang davon Gebrauch gemacht wurde. Hierfür wird immer wieder das Gut Jersbek zitiert. Ob dies auch im ehemaligen Kreises Eutin der Fall war, muss angesichts des Fehlens diesbezüglicher Informationen offenbleiben. In der Regel genügten zur Kühlung jedoch die üblichen baulichen Vorkehrungen, die darin bestanden, dass Milchkeller sowie Butter- und Käseräume in das Erdreich eingetieft und durch eine sonnenabgewandte Lage

137 Lütgert (2000), S. 72, 77.
138 Generell hierzu Dittrich (2012).
139 Lütgert (2000), S. 76–77, 152; Müller-Wusterwitz (1994), S. 33–34. Zu Krümmel vgl. LASH, Abt. 231 Nr. 874, 1881/82 Nr. 27: Wiederaufbau der Produktionsstätten einschl. des Eiskellers nach Explosion.

vor Erwärmung abgeschirmt waren.[140] Zusätzliche Kühlung konnte die Benetzung des Fußbodens dieser Räume mit Wasser erbringen; dieses stand zuweilen mehrere Zentimeter hoch, sodass in bestimmten Abständen ausgelegte Ziegelsteine es ermöglichten, sich trockenen Fußes im Raum zu bewegen.[141]

Für Bauernhöfe, die sich neben dem Ackerbau der traditionellen Milcherzeugung widmeten, spielte Eis zunächst keine Rolle. Dies änderte sich, nachdem der schwedische Gutsbesitzer Gustav Swartz um 1860 ein Verfahren erfunden hatte, mit dem die bisher üblichen Satten bzw. Bütten, in denen die Milch über Nacht abkühlen konnte, bevor der für die Butterherstellung erforderliche Rahm abgeschöpft wurde, durch eiswassergekühlte Behälter ersetzt wurden. Dadurch ließ sich der Kühlungsprozess beschleunigen und die Qualität der Butter verbessern. Einen noch wichtigeren Entwicklungsschritt bedeutete die Erfindung der Zentrifuge, denn mit ihr konnten weitaus größere Mengen von Milch verarbeitet werden; zugleich jedoch mussten die durch den Produktionsprozess erhitzten Flüssigkeiten wieder abgekühlt werden. Hierzu war Eis in weitaus größerem Umfang als bisher unabdingbar.

Die Bauernhöfe, die sich zu dieser Zeit dem Markt öffneten, mussten sich auf beide Entwicklungen einstellen. Dies geschah, indem sie, ähnlich wie zuvor die Gutsbesitzer, die Milchverarbeitung teilweise in andere Hände gaben. Dies waren zunächst spezialisierte Sammelmeiereien, an die sie die Milch lieferten, bevor sie sich insbesondere nach Einführung der Zentrifuge – auch Separator genannt – selbst betrieblich neu organisierten. Indem sich Bauern aus einem oder mehreren Dörfern zu Genossenschaftsmeiereien zusammenschlossen, konnten sie einerseits das für den Betrieb einer Zentrifuge und anderer Aggregate erforderliche Kapital aufbringen, zugleich aber den Produktionsbetrieb und die Vermarktung ihrer Produkte – durch einen dem Vorstand verantwortlichen Verwalter – in der Hand behalten.[142]

Nachdem 1877 erstmals eine Zentrifuge in Schleswig-Holstein zur Anwendung gekommen war, setzte eine Gründungswelle von Genossenschaftsmeiereien ein, wodurch diese für die nächsten 40 Jahre die Milchwirtschaft dominierten. Und in diesem Zusammenhang entstanden zahlreiche Eishäuser. Dieser Prozess verlief im Fürstentum Lübeck allerdings zunächst eher zögerlich. Zwar etablierte sich mit der Genossenschaftsmeierei Neudorf schon 1880 ein für die Versorgung der Residenzstadt wichtiger und ansehnlicher Pionierbetrieb, zu dem neben einer Dampfzentrifuge auch ein freistehendes Eishaus gehörte, doch folgte diesem erst zehn Jahre später in Benz ein weiterer genossenschaftlicher Meierei-Neubau, der von vornherein ein Eisreservoir vorsah.[143] Für die dazwischenliegenden Jahre ließen sich lediglich drei weitere Eishäuser ermitteln; diese waren nachträglich den bestehenden Anlagen hinzugefügt worden. Zu ihnen gehörte auch der zuvor im Zusammenhang mit Gutsanlagen beschriebene und in Resten heute noch erhaltene Eiskeller des Hofes Redingsdorf. Hingegen weist die Statistik für diesen Zeitraum die Gründung von 17 Dampfzentrifugen-Meiereien aus.[144] Erst in den 1890er Jahren fand der Eiskellerbau zu einem regelmäßigen, allerdings weiterhin verhaltenen Rhythmus.

Bei einigen Eiskellern, insbesondere der Anfangszeit, handelte es sich um separate, vorwiegend hölzerne Gebäude auf dem Meiereigrundstück; die meisten waren jedoch als Anbauten an das Haupthaus mit direktem Zugang zu den Betriebsräumen konzipiert, mehrere auch in den Keller oder das Erdgeschoss selbst integriert, und insofern überwiegend in massiver Bauart errichtet, wobei sie in der Regel über zwei Stockwerke vom Erdgeschoss bis auf die Kellersohle hinabreichten. Die bevorzugte Lage war in diesen Fällen neben dem Butterraum, der so in der Regel als Kühlraum fungierte (vgl. Abb. 19 u. 38). Wie zuvor schon die Milchkeller wurden integrierte Eiskeller nach Möglichkeit an der Nordseite

140 Middelhauve (1949), S. 11–27.
141 Dörfler (2024), S. 97.
142 Tillmann (2001), S. 5–7; Hill (1983), S. 209–210. Ferner Rehder (1991), S. 46–47; dort auch, S. 48–53, anschaulicher Einblick in die Arbeitsweise einer Genossenschaftsmeierei zwischen 1880 und 1900.
143 LASH, Abt. 260 Nr. 18192 (23/1880): Neudorf; ohne Bauzeichnung, Eiskeller aber bestätigt durch Lageplan in Nr. 18220 (75/1903); zur Dampfmaschine vgl. Abt. 260 Nr. 10309, Kesselrevision 1883. Zu Benz vgl. Abt. 260 Nr. 18203 (54/1890).
144 LASH, Abt. 260 Nr. 18193 (133/1881): Schwartau, u. Nr. 18202 (129/1889): Meinsdorf. Zu Redingsdorf vgl. oben S. 23–26. Zur Statistik vgl. LASH, Abt. 260 Nr. 10309, Dampfkesselrevision 1891 (Auszählung der Einträge).

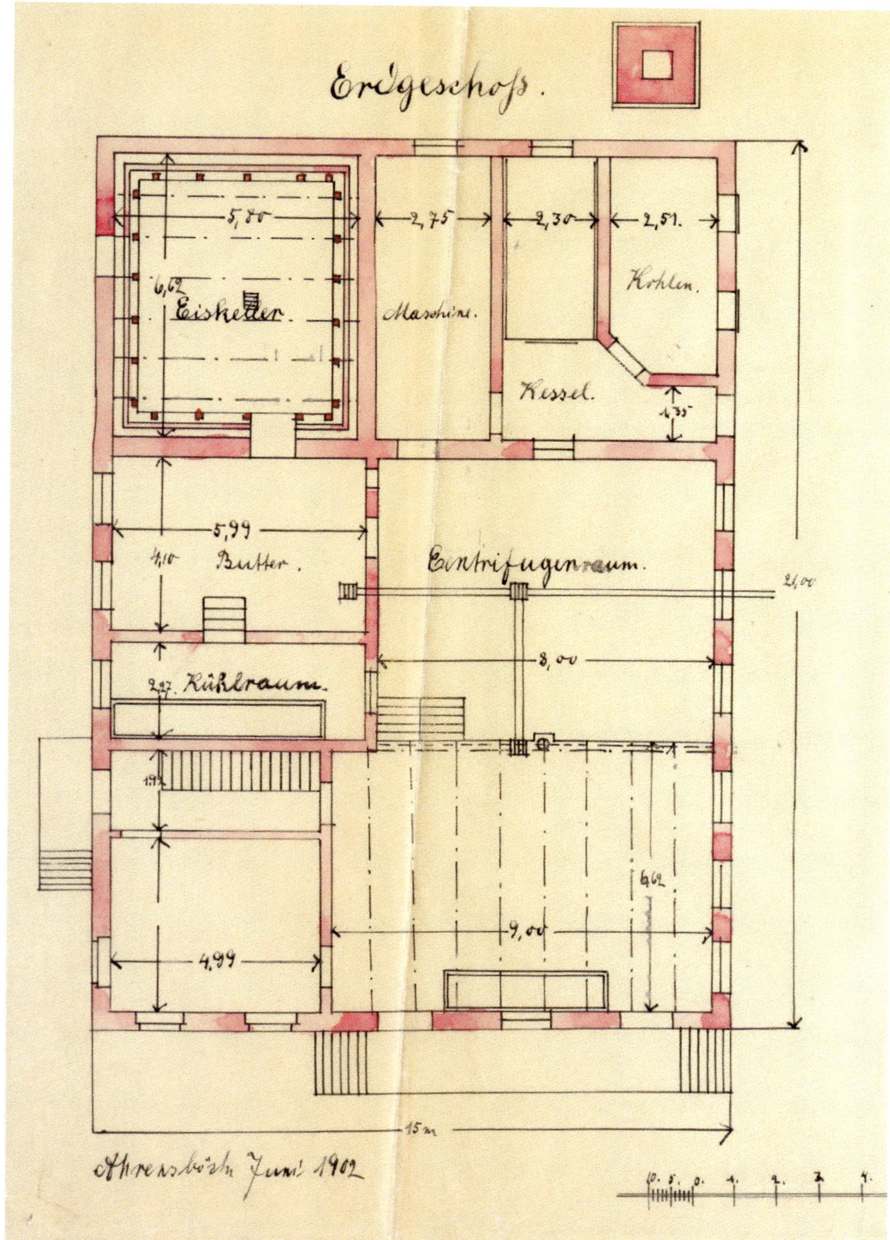

19
Vereinsmeierei Ahrensbök, Bauzeichnung Grundriss, 1902 (LASH, Abt. 260 Nr. 18218: 182/1902). Eisraum mit Ladeluke (links) und Zugang über den Butterraum. Rechts oben: Schornstein. Unten: Laderampe und Eingang zur Meierei. Nordseite: links. Der 1 m ins Erdreich eingetiefte Eiskeller hatte ein Fassungsvermögen von 120 cbm.

des Betriebsgebäudes platziert, während der häufig ebenfalls als Anbau gestaltete Maschinenteil mit Dampfmaschine, Kesselraum, Kohlenlager und Schornstein der Südseite vorgelagert war. Einen geradezu idealtypischen Einblick in eine solche Raum- und Funktionsaufteilung gewährt der Grundriss der 1902 gegründeten Vereinsmeierei Ahrensbök (Abb. 19). Die Kapazität der Eiskeller bewegte sich in der Regel zwischen 50 und 60 cbm, erreichte mehrfach aber auch das Doppelte und in einem Fall, in Timmendorfer Strand, sogar 243 cbm, was auf einen zusätzlichen Verwendungszweck schließen lässt.[145] Größere Eiskeller besaßen auch die Meiereien in Neukirchen, Ahrensbök, Rensefeld und Fissau-Sibbersdorf mit Kapazitäten von 120 bis 135 cbm.[146]

145 LASH, Abt. 260 Nr. 18207 (116/1894): Timmendorfer Strand.
146 LASH, Abt. 260 Nr. 18216 (126/1901), Nr. 18218 (182/1902), Nr. 18219 (247/1902), und Nr. 18224 (127/1904).

Die Meiereigebäude, die auch die Verwalterwohnung umfassten, waren überwiegend im schlichten ländlichen Stil, meist als eineinhalbstöckige Bauten mit Zwerchgiebel und Satteldach gehalten, und in der Regel an ihrer Laderampe von der Straße her zu erkennen. Im Fall der Genossenschaftsmeierei Scharbeutz, die 1908 in einem neuen Siedlungsgebiet entstand, nahm man Rücksicht auf die künftige Bebauung und gestaltete das Gebäude im Stile eines stattlichen zweistöckigen Wohnhauses. Der bis auf die Kellersohle reichende Eiskeller mit integriertem Butterraum wurde in seinem oberirdischen Teil als geschlossene Veranda ausgeführt, deren hohe Brüstung einen nicht vorhandenen Balkon suggerierte. Zur Straße hin war die Fassade des Anbaus mit einer rechteckigen Ausnehmung versehen, die wohl den Firmenamen oder ein Logo aufnahm und in die zusätzlich noch ein Blindfenster eingefügt war; Maschinenteil und Schornstein befanden sich auf der Rückseite des Gebäudes. So deutete auf den ersten Blick nur die kurze Laderampe auf den Zweck des Gebäudes hin (Abb. 20). Eine Tarnung ähnlicher Art wurde noch 1927 für den Kühlraum der Privatmeierei Körting in Rensefeld gewählt, diesmal in Gestalt eines Vorbaus vor die Giebelfassade des Hauptgebäudes.[147]

Insgesamt sind, wie die Tabelle 2 (S. 45) ausweist, die Meiereien im Fürstentum Lübeck mit 25 Eishäusern und Eiskellern vertreten; davon gehörten 20 zu Genossenschaften und 5 zu Privatmeiereien bzw. Holländereien. Hinzurechnen sind noch – neben älteren Gutsmeiereien – die erwähnten Meiereien des Eutiner Bauhofs und des Hofes Redingsdorf sowie mindestens ein weiterer Betrieb in den Lübecker Enklaven Curau und Malkendorf.[148]

Angesichts der geschilderten Bedeutung des Eises für den Verarbeitungsprozess muss dieser Befund erstaunen, lässt doch die Gesamtzahl der im Fürstentum Lübeck um 1914 vorhandenen Molkereien von etwa 60 einen erheblich höheren Wert erwarten – 1925 waren es in ganz Schleswig-Holstein 900 Betriebe, davon 650 Genossenschaften.[149] Da Eis für den Produktionsprozess sowohl bei dem eingangs dieses Abschnitts beschriebenen Swartzschen Verfahren als auch beim Einsatz von Zentrifugen unverzichtbar war, muss der Natureisbedarf auf andere Weise gedeckt worden sein, und hierfür kommt eigentlich nur eine – quellenmäßig schwer nachweisbare – Alternativbevorratung in Form von Eismieten in Frage, worauf später noch ausführlicher eingegangen wird. In wenigen Fällen mag es noch andere Bezugsquellen gegeben haben; so bediente sich der Pächter des Eutiner Bauhofs für seine Meierei vor dem Bau des Eishauses des örtlichen Eishandels.[150] Daher ist die Annahme berechtigt, dass viele Milchverarbeitungsbetriebe ihre Eisvorräte in Eismieten gespeichert haben und nur ein Teil von ihnen später zum Bau fester Eiskeller übergegangen ist.

Tatsächlich gab es, wie die Bauakten der Regierung zu Eutin erkennen lassen, auch nach der Jahrhundertwende noch eine Reihe von kleineren Betrieben, die ohne Dampfkraft und teilweise mit Göpeln arbeiteten, und andere, die trotz des Einsatzes von Separatoren zunächst ohne Eiskeller auskamen. So legte sich die 1903 nach einem Brand als Dampfseparatorenbetrieb wiederaufgebaute Genossenschaftsmeierei Malkwitz erst 1907 ein freistehendes Eishaus zu.[151] Damals waren im Fürstentum 30 Meiereien mit Dampfkesselanlagen, jedoch nur 19 mit Eishäusern ausgestattet.[152] Die vielfach kolportierte, auf eine Aus-

147 LASH, Abt. 260, Nr. 18246 (Nr. 343/1908) u. Nr. 18322 (164/1927): Scharbeutz bzw. Rensefeld. – Der Scharbeutzer Eiskeller wurde später dem Wohnteil zugeschlagen und aufgestockt; vgl. Jungk (2003), S. 71 (Foto).

148 Dorfchronik Dissau (2015), S. 69–70. Bei der 1887 gegründeten Meierei Malkendorf, die mit Dampfantrieb arbeitete, ist ein Eiskeller zu vermuten. Belege hierfür ließen sich nicht finden, da die im Archiv der Hansestadt Lübeck (künftig: AHL) verwahrten Bauprotokolle, die hierüber hätten Auskunft geben können, wegen Kriegsverlusten 1895 enden. Auch das Genossenschaftsregister führt nicht weiter; vgl. AHL, Genossenschaftsregister 405.

149 Prange nennt für 1917 allein 79 Genossenschaftsmeiereien; vgl. Prange (1987), S. 502. Diese Zahl, deren Quelle unklar ist, wird durch die Bauregister wie auch durch Dampfkesselstatistiken und Angaben in Adressbüchern nicht bestätigt. Realistisch erscheinen 40 Meiereigenossenschaften und 20 Privat- und Gutsmeiereien. Vgl. hierzu LASH, Abt. 260 Nr. 10309 (Dampfkessel), u. Adreßbuch für Schleswig-Holstein, einschließlich Fürstentum Lübeck und Herzogtum Lauenburg, hrsg. von Gustav Adolf Mahrendorf, 8. Aufl. 1904, S. 1230–1233 (Meiereien). – Gesamtzahlen zu Schleswig-Holstein bei Hill (1983), S. 210.

150 LASH, Abt. 260, Nr. 13393.

151 LASH, Abt. 260 Nr. 18235 (13/1907). Zur Meierei vgl. ferner Malkwitz (2012), S. 236–237.

152 LASH, Abt. 260 Nr. 10309, Dampfkesselrevision 1906 (Auszählung).

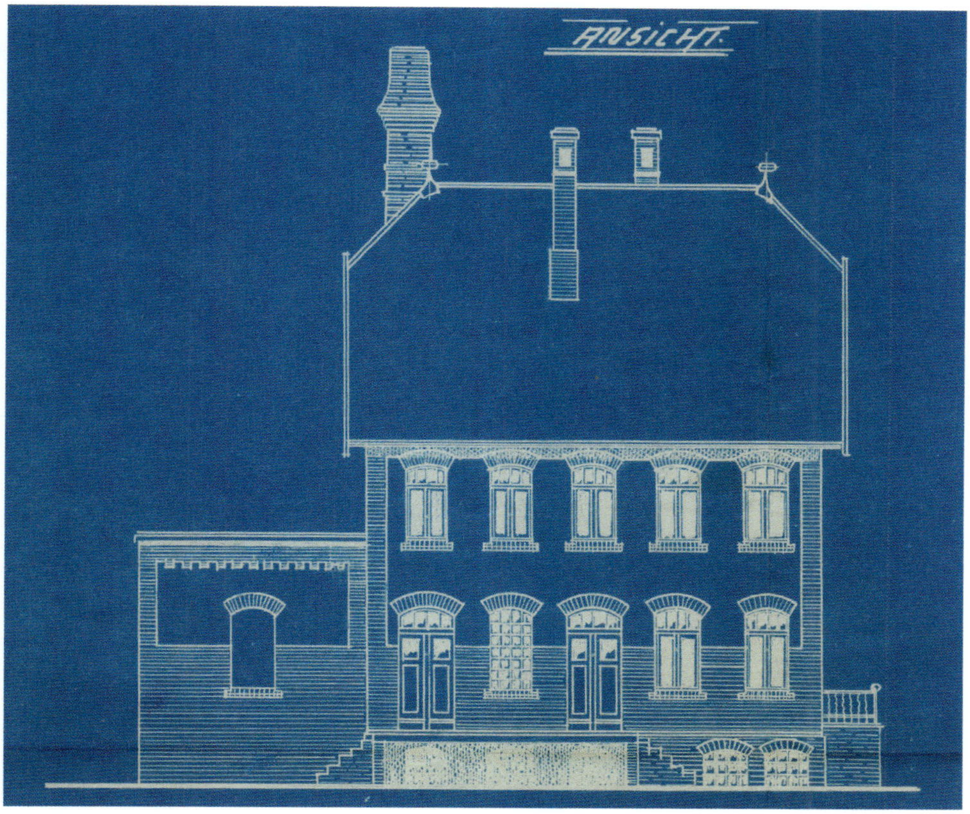

20
Straßenansicht der Genossenschaftsmeierei Scharbeutz, Bauzeichnung, 1908 (LASH, Abt. 260 Nr. 18246: 343/1908). Links der Anbau mit dem Eiskeller, in der Mitte Laderampe.

sage von 1848 zurückgehende Feststellung, dass ein Eiskeller »bei keiner guten Meiereiwirtschaft fehlen darf«,[153] – und die erst recht für die Zeit danach eine zwingende Verbindung von Meierei und Eishaus nahezulegen scheint – findet also in der vorliegenden Untersuchung keine Bestätigung. 1912 ist mit dem Eishaus der Meiereizentrale Malente-Gremsmühlen, einem freistehenden Holzständerbau mit Vor- und Kühlraum, der milchwirtschaftliche Eishausbau bereits abgeschlossen.[154]

Offenbar war die Milchwirtschaft ein Bereich, in dem moderne Kühltechnik relativ früh zur Anwendung kam. Denn während einige Genossenschaften noch dabei waren, ihre Natureisversorgung zu verbessern, hatten die Genossen in Neudorf erneut eine Vorreiterrolle übernommen, als sie schon 1903 zur künstlichen Kühlung übergegangen waren. Dies wurde dadurch erleichtert, dass die vorhandene Dampfmaschine für den Antrieb der Kühlaggregate genutzt werden konnte. So entstand neben dem alten Eiskeller eine technisch aufwendige Anlage mit einer sog. Oberkühlung für einen neuen, in Massivbauweise errichteten Kühlraum, einem großvolumigen Rahmbottich mit Kippvorrichtung sowie mehreren kleineren Kühlaggregaten für spezielle Zwecke.[155] Auch die bereits erwähnte, im selben Jahr als Dampfseparatoren-Betrieb wiederaufgebaute Genossenschaftsmeierei Malkwitz verfügte schon über ein kleineres, durch die Transmission angetriebenes Kühlaggregat, welches jedoch offensichtlich nicht ausreichte, sodass die Meierei 1907 mithilfe eines Eiskelleranbaus überwiegend zu traditionellen Kühlmethoden zurückkehrte.[156] Innovationen dieser Art lagen sozusagen in der Luft, nachdem Großbetriebe wie die im Jahre 1900 gegründete Hansa-Meierei GmbH in Lübeck von Beginn an auf künstliche Kühlung gesetzt hatten.[157] Seit in den 1920er Jahren eine flächendeckende Stromversorgung im Landesteil Lübeck zur Verfügung

153 Zitiert nach Lütgert (2000), S. 62.
154 LASH, Abt. 260 Nr. 18264 (330/1911). Generell zu dieser Meierei vgl. Bartels (2008), S. 222/223.
155 LASH, Abt. 260 Nr. 18220 (75/1903).
156 Vgl. Anm. 151.
157 Hansa-Meierei (1926), S. 3–4; Müller (1984), S. 19–23.

stand, richteten seit Ende des Jahrzehnts weitere Molkereien, unabhängig von Natur- und Kunsteis, neue Kühlräume ein, u.a. die Genossenschaftsmeierei Hutzfeld-Löja, die 1935 zugleich ihre gesamten Anlagen einer umfangreichen Modernisierung unterzog. Die 1937 in Betrieb genommene, mit neuestem Gerät ausgestattete Lehrmolkerei Malente-Gremsmühlen verfügte von vornherein nur über eine künstliche Kühlung.[158]

Dieser Innovationsschub war eine Folge langfristig erhöhter technischer und hygienischer Anforderungen an den Meiereibetrieb wie auch aktuellen wirtschaftlichen Drucks angesichts zeitweise erheblicher Überproduktion, welche zunächst in Lübeck, später auch in Neustadt (Holstein) durch Herstellung von Kondensmilch aufgefangen wurde. Dieser Trend hatte schon vor dem Ersten Weltkrieg die Umwandlung von Genossenschaftsmeiereien in Privatmeiereien begünstigt und eine Reihe kleinerer Betriebe im südlichen Landesteil in Abhängigkeit von Lübecker Milchproduzenten, namentlich der Hansa-Meierei GmbH, gebracht, was sich in den 1920er Jahren fortsetzte und mehrfach Betriebsschließungen zur Folge hatte.[159] Der Konzentrationsprozess verstärkte sich seit 1933 erneut, als unter nationalsozialistischen Vorzeichen damit begonnen wurde, die Milchwirtschaft im nunmehrigen »Reichsnährstand« neu zu organisieren, wobei weitere Meiereien teils geschlossen, teils zusammengelegt bzw. ihre Produktion größeren Unternehmen zugeordnet wurden, die mit künstlicher Kühltechnik arbeiteten; dies waren u.a. die Lehrmolkerei Malente-Gremsmühlen, der seit 1926 in Neustadt ansässige Dosenmilchhersteller »Glücksklee« sowie für den Süden des Landesteils die Hansa-Meierei eGmbH Lübeck, Nachfolgerin der gleichnamigen bisherigen GmbH.[160]

Unter diesen Bedingungen hatte sich die Natureiskühlung endgültig überlebt, und somit ist davon auszugehen, dass die meisten der verbliebenen Eisspeicher schon in den 1920er Jahren, spätestens aber bis zum Beginn des Zweiten Weltkriegs außer Gebrauch genommen wurden und bald von der Bildfläche verschwanden. Dies dürfte u.a. auf die Genossenschaftsmeiereien Fassensdorf und Bujendorf zutreffen, die 1937 bzw. 1939 die Schließung vollzogen. Im lübeckischen Curau war der Betrieb, nachdem er zuletzt nur noch als Kondensmilch-Eindickungsstelle für die Hansa-Meierei eGmbH fungiert hatte, schon 1935 geschlossen worden. Andere stellten die Milchverarbeitung ein und betätigten sich fortan nur als Zulieferer. In diesem Zusammenhang wurden die Anlagen in Gleschendorf 1935 umgebaut, während der Betrieb in Timmendorfer Strand 1939 in den Besitz der Hansa-Meierei eGmbH Lübeck überging und die Genossen in Hutzfeld-Bosau im selben Jahr einen Liefervertrag mit »Glücksklee« schlossen.[161]

Schlachtereien

Die größte Gruppe der Eishausbetreiber findet sich, wie die Tabelle 2 (S. 45) ausweist, unter den Schlachtereien. Dieser Befund ist umso überraschender, als in der bisherigen Literatur nur wenige Schlachtbetriebe, die über einen Eiskeller verfügten, namhaft gemacht werden konnten.[162] Mit 37 Einheiten, zu denen noch etwa fünfzehn in Eutin, Stockelsdorf und Bad Schwartau hinzugerechnet werden müssen, steht dieser Bereich für fast ein Drittel aller Eiskellerbauten im ehemaligen Kreis Eutin. Dies korrespondiert übrigens mit der für die Hansestadt Lübeck zu konstatierenden Tatsache, dass in der 1896 gegründeten Lübecker Eisgenossenschaft, die Natureislieferungen mit einem Kühlraumangebot verband, von Anfang an Schlachter die größte Mitgliedergruppe bildeten und dass diese ihre Position seit 1910 weiter ausbauten.[163] Ebenso lagen die Eutiner Schlachter mit mindestens 10 von etwa 25 Objekten an der Spitze der Eishausbesitzer der Residenzstadt.

158 LASH, Abt. 260 Nr. 18322 (Rensefeld, 164/1927), Nr. 18353 (Hutzfeld-Löja, 29/1935), Nr. 18355 (Gleschendorf, 167/1935), Nr. 18357 (Süsel, 232/1935), Nr. 18362 (246/1936 u. 278/1936, Lehrmolkerei Malente bzw. Genossenschaftsmeierei Liensfeld). Bartels (2008), S. 223–224, 320–322; Hutzfeld (2006), S. 48–49.

159 Müller (1984), S. 25–30, 35–39.

160 Tillmann (2001)), S. 11–12; Hill (1983), S. 211–212; Rehder (1991), S. 47; Timm (1924); Hansa-Meierei (1937), S. 4–7, 13, 17; Malkwitz. (2012), S. 236; Bartels (2008), S. 222–224; Müller (1984), S. 38–49.

161 Vgl. Dorfchronik Fassensdorf (1998), S. 57; Becker/Harms (2003), S. 221; Kummer (2008), S. 119; Hutzfeld (2006), S. 49; Herde (2011), S. 304. Die Genossenschaftsmeiereien Hutzfeld-Löja und Bosau-Kleinneudorf waren 1936 zur Freien Meierei-Vereinigung Hutzfeld-Bosau zusammengeschlossen worden.

162 Lütgert (2000), S. 69–71, dort nur wenige Beispiele.

163 AHL, Genossenschaftsregister 2, Liste der Genossen. Ferner Bickelmann (2023), S. 206–207.

Die kühle Aufbewahrung von Fleisch, insbesondere von Wild, war auf den Schlössern und Gütern schon lange Usus, bevor berufsmäßige Schlachter in den Städten ebenfalls nach Konservierungsmöglichkeiten durch Natureis suchten. In Eutin treten Schlachter quellenmäßig erst recht spät als Eisinteressenten in Erscheinung, was damit zusammenhängen mag, dass sie sich ihren Bedarf zunächst beim örtlichen, seit 1869 offiziell konzessionierten Eishandel besorgen konnten. Eigene Eiskeller sind erstmals 1888 belegt, als einer der Schlachter eine Erlaubnis für sich zum Eisschneiden auf den Eutiner Seen beantragte und sieben andere einen bereits vorhandenen Eiskeller pachteten, um dort gemeinschaftlich ihr Fleisch aufzubewahren. Bis zum Ersten Weltkrieg folgten noch mindestens acht weitere Betriebe, sodass in Eutin von etwa zehn zu Schlachtereizwecken genutzten Eiskellern ausgegangen werden kann (vgl. Tabelle 1). Über deren Ausgestaltung ist bisher jedoch wenig bekannt. Vermutlich ließ der urbane Raum mit seinem dichten Altbaubestand meist nur die Anlage von kompakten freistehenden Eishäusern, eventuell kombiniert mit Schlachtraum, Pferdestall oder Wagenremise, auf dem rückwärtigen Teil des Grundstücks zu.[164]

Etwa zur selben Zeit wie in Eutin legten sich auch auf dem Lande, beginnend 1884 mit Niendorf, die ersten Schlachter eigene Eiskeller zu. Bis 1898 waren im Fürstentum Lübeck außerhalb Eutins zehn Eiskeller entstanden, und von da an fand bis 1913 jährlich mindestens ein Neubau oder eine Erweiterung statt; 1906 wurden sogar vier diesbezügliche Baumaßnahmen registriert. In den 1920er Jahren kam es dann noch einmal zu fünf weiteren Bauanträgen, zuletzt 1925 durch die heute noch florierende Schlachterei Petersen in der Malenter Bahnhofstraße. Als Standorte dienten die größeren Ortschaften, wo meist mehrere Schlachtbetriebe ansässig waren. Die Baumaßnahmen, die mehrfach die Erweiterung bestehender Anlagen einschlossen, verteilten sich wie folgt: Malente 10, Ahrensbök 5, Niendorf 4, Timmendorfer Strand 2, Gleschendorf und Bahnhof Gleschendorf 3, Pansdorf 2, Rensefeld 2, Neukirchen 4, Hutzfeld/Brackrade 2, Süsel 1, Bad Schwartau (bis 1904) 1, Sarkwitz 2, Sereetz 1. Hinsichtlich der Größenordnung lassen sich erhebliche Unterschiede – zwischen 30 und 70 cbm, in einigen Fällen bis zu 125 cbm – feststellen. 22 Objekte verfügten über einen vorgelagerten Kühlraum, 10 kamen ohne einen solchen aus.

Bei den mit Eiskellern ausgestatteten Landschlachtereien handelt es sich nur um die Spitze eines Eisbergs, der hauptsächlich kleinere Betriebe in den Dörfern und auf den Höfen umfasste, in denen nicht regelmäßig geschlachtet wurde und wo sich der Schlachtraum meist nahe der Wohnräume befand. Für die Genehmigung eines Schlachtbetriebes mussten zwar verschiedene Auflagen zur Hygiene erfüllt werden – u.a. Senkgruben und leicht zu reinigende Fußböden –, doch gehörte eine Kühlung nicht dazu,[165] weswegen eine solche bei Kleinschlachtereien fehlte. Dort, wo Eiskeller errichtet wurden, handelte es sich überwiegend um größere Betriebe, die entweder in Orten mit großem Fleischbedarf – neben Eutin und Ahrensbök etwa den Zentren des Tourismus wie den Ostseebädern oder Malente-Gremsmühlen – oder in größeren Dörfern gelegen waren, von denen aus eine Fleischwarenversorgung der Umgegend erfolgte. Hierin spiegelt sich einerseits der Rückgang des Hausschlachtens und anderseits die beginnende Diversifizierung der dörflichen Infrastruktur wider. Denn zunehmend begannen Bäckereien, Schlachtereien, Lebensmittelgeschäfte und Milchläden die bäuerliche Subsistenzwirtschaft abzulösen, womit sich die Landbevölkerung von kostenträchtigen und zeitaufwendigen Tätigkeiten entlasten konnte.[166]

Zugleich entsprach dies der allgemeinen Entwicklung zu wachsendem Lebensstandard, höherer Produktivität und gesteigerten hygienischen Anforderungen, für die moderne Schlachthöfe und Kühlhäuser in den größeren Städten eine Vorreiterrolle spielten, was meist mit einem Schlachthauszwang einherging. In Lübeck wurde ein solcher mit der Eröffnung des dortigen Schlachthauses 1884 erlassen; er galt allerdings nicht für das Landgebiet, zu dem u.a. der Travemünder Winkel

164 LASH, Abt. 260 Nr. 6767, Quadr. 41, 42, 49, 50, 53, 54, 60, 66–69, 79, 80 (Anträge auf Genehmigung zum Eisschneiden auf den Krongutseen; dabei Erwähnung von eigenen Eiskellern). Ferner LASH, Abt. 260 Nr. 11234 (Genehmigung versagt). – Zur Gestaltung der Schlachtereianlagen vgl. u.a. StadtA Eutin, Erdbuch 1907–41, Nr. 208 (Schlachthaus, Pferdestall, Scheune, Eiskeller, Lübecker Str. 7).

165 LASH, Abt. 260 Nr. 18451.

166 Tillmann (1997), S. 23–27; Münkel (2009), S. 206–219.

gehörte.[167] Im Fürstentum Lübeck jedoch fehlte eine Alternative für die Fleischkonservierung, die auch die Lübecker Eisgenossenschaft und später das Kühlhaus Lübeck nur begrenzt, etwa für die angrenzenden Orte Stockelsdorf und Bad Schwartau, bieten konnte. Zwar trug sich der Eutiner Magistrat in den Jahren 1900–1903 kurzzeitig mit dem Gedanken, einen kommunalen Schlachthof zu errichten, verfolgte diesen aber nicht weiter.[168] So fiel auf dem Lande und in den kleineren Städten den traditionellen Eiskellern gerade auch in Bezug auf Schlachtereien noch sehr lange eine tragende Rolle zu.[169]

Die skizzierte Entwicklung zur Professionalisierung und Rationalisierung des Schlachtbetriebs schlägt sich auch darin nieder, dass eine Reihe von Landschlachtereien ihre Eishäuser entweder mit dem Wohnhaus oder den Wirtschaftsgebäuden wie Schlachthaus, Pferdeställen und Wagenremisen, mehrfach auch mit beiden Gebäudekomplexen verband. Wie weit dies ging, hing von Lage und Größe des Grundstücks ab und war im ländlichen Umfeld eher zu verwirklichen als in dichterer Bebauung. Häufig war ein freistehender, aus Schlachthaus, Wagenremise, Pferdeställen und Eishaus bestehender – in einem Fall auch mit einer Räucherei verbundener[170] – Komplex anzutreffen, der im rückwärtigen Teil des Grundstücks gelegen war. Ferner gab es mehrere winkelförmig angeordnete Anlagen, die das Wohnhaus geschickt mit den Wirtschaftsgebäuden verbanden. Eine architektonisch wie funktional besonders gelungene Lösung wurde 1891 für die Schlachterei Stuhr in Niendorf entworfen. Dort bildeten zur Straße hin das Wohnhaus mit integriertem Verkaufsladen, die doppeltorige Hofeinfahrt und das daran anschließende fensterlose Eishaus eine mit einem durchgehenden Knieboden und Dach verbundene, gestalterisch abwechslungsreiche Einheit, während das Eishaus die im rechten Winkel dahinter liegende Gebäudeflucht von Schlachthaus, Pferdestall und weiteren Funktionsräumen verdeckte (Abb. 21).[171]

Anlagen dieser Art belegen, dass Landschlachtereien ihre Ware nicht nur im eigenen Laden verkauften, sondern sie zu Kunden in einen größeren Umkreis lieferten. Pferd und Wagen waren dazu ebenso erforderlich wie zur Abholung des Schlachtviehs und zur Einlagerung des Eises im Winter. Eis wurde dabei nicht nur zur Aufbewahrung des Schlachtguts im Kühlraum, sondern auch für einen Eisschrank im Laden und für ein Kühlfach im Transportwagen benötigt. Konkrete Hinweise hierfür ließen sich für das Fürstentum Lübeck zwar nicht finden, doch waren Schlachterwagen, die mit einem Eisfach im Warenkasten versehen waren, in Schleswig-Holstein durchaus üblich.[172] Wenn man den Annoncen der Wagenfabrik H. W. Westphal glauben darf, dass zu ihrem Programm *»Wagen aller Art«* gehörten, dann könnte durchaus auch dieses renommierte Eutiner Unternehmen solche Schlachterwagen hergestellt haben.[173]

Die Nutzung von Natureis hat sich bei Schlachtereien lange gehalten. Im Unterschied zu anderen Produktionsbereichen scheint bei der Fleischversorgung im ehemaligen Kreis Eutin künstliche Kühlung vor dem Zweiten Weltkrieg noch keine Rolle gespielt zu haben, wie u.a. die späte Errichtung eines Eiskellers durch die Schlachterei Petersen in Malente-Gremsmühlen illustriert. Zu denjenigen, die noch in den 1930er Jahren Eis aus den Eutiner Seen entnahmen, gehörten auch mehrere Eutiner Schlachter. Dass moderne Kühltechniken aber auch in dieser Sparte räumlich

167 Hellmann (1990), S. 61–63. Zum Schlachthauszwang, der Schlachter verpflichtete, kommunale Schlachthäuser zu benutzen, vgl. Meyers Konversations-Lexikon, 5. Aufl., Bd. 15, Leipzig/Wien 1897, S. 481–482 (Art. Schlachthaus). Zu Lübeck vgl. Bickelmann (2023), S. 169–170.

168 Unter den Mitgliedern der Lübecker Eisgenossenschaft fand sich lediglich ein auswärtiger Schlachter, Otto Reining in Stockelsdorf. Die Mitgliedschaft war aber für den Bezug von Eis oder die Anmietung von Kühlräumen nicht zwingend. Im Schnitt gingen etwa 35 bis 50 Prozent des Eises in den freien Verkauf, sodass weitere Interessenten aus dem südlichen Teil des Fürstentums Lübeck das Angebot in Anspruch genommen haben könnten. Vgl. AHL, Genossenschaftsregister 2 (Eisgenossenschaft), Liste der Genossen, Nr. 169 (Reining), sowie AHL, Kühlhaus Lübeck 2 (Geschäftsberichte der Eisgenossenschaft 1896–1911). – Zu Eutin vgl. StadtA Eutin, Nr. 61 (1–4), Erbauung eines Schlachthofs, sowie Nr. 3172, Gemeinderatsprotokolle 1893–1901, Sitzung vom 9.4.1900.

169 Lütgert (2000), S. 103–105.

170 LASH, Abt. 260 Nr. 18219 (233/1902); Schlachterei Barth, Schwartau.

171 LASH, Abt. 260 Nr. 18204 (40/1891). Anlagen ähnlicher Art wurden in Bahnhof Gleschendorf (1898), Pansdorf (1906) und Sarkwitz (vor 1936) errichtet; LASH, Abt. 260 Nr. 18465 Unterakte 3 (47/1898), Nr. 18461 Unterakte 1 (104/1906), Nr. 18456 Unterakte 9.

172 Mehl (1996), S. 61–63. Dort dient ein Wagen der Schlachterei Lohff in Lübeck-Travemünde als Beispiel.

173 Prühs (1992); Mehl (1996) S. 98–99. Ein Nachweis war allerdings bisher nicht möglich. Der erwähnte Wagen der Fa. Lohff (vgl. Anm. 172) stammte aus einer Hamburger Werkstatt.

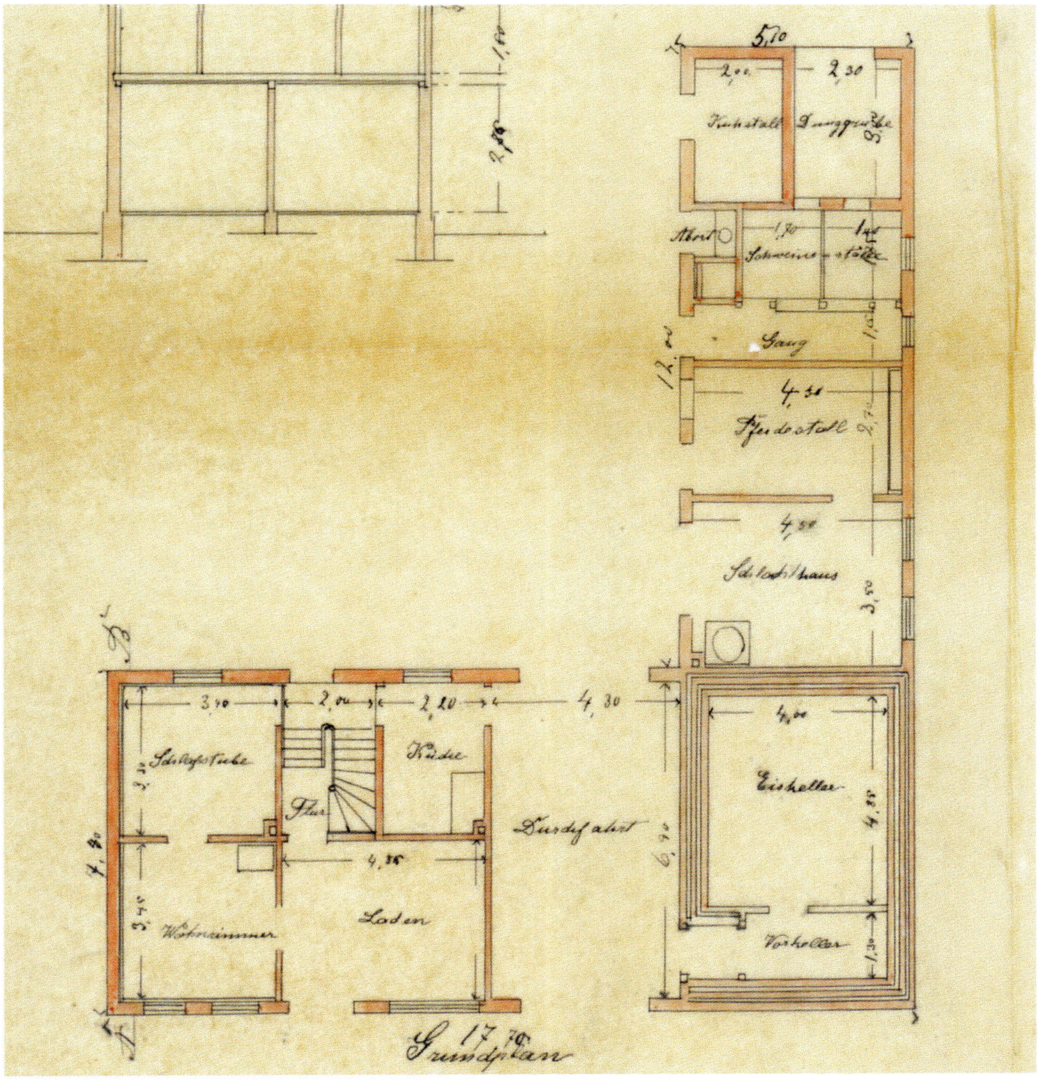

21
Grundriss und Vorderansicht der Schlachterei Stuhr in Niendorf, Bauzeichnungen, 1891 (LASH, Abt. 260 Nr. 18204: 40/1891).

und zeitlich durchaus in Reichweite lagen, ließ sich kurz jenseits der Landesgrenze beobachten. Denn die erwähnte Großschlachterei und Wurstfabrik W. Lohff in Lübeck-Travemünde hatte ihren Eiskeller bereits 1908 zu zwei Kühlräumen mit maschineller Kälteversorgung umbauen lassen, deren Energie sich aus einem von einem Benzinmotor angetriebenen Generator speiste.[174] Ähnliches könnte man sich bei dem einen oder anderen größeren Betrieb in Eutin vorstellen, etwa der in der Friedrichstraße ansässigen Fleischwarenfabrik Wilhelm Strahlendorf. Generell jedoch ist, wie Beispiele auch aus anderen Teilen Schleswig-Holsteins nahelegen,[175] davon auszugehen, dass eine Reihe der im Gebiet des ehemaligen Kreises Eutin ansässigen Schlachtereien noch bis weit in die 1950er Jahre mit Natureis gearbeitet hat.

Brauereien

Die frühesten gewerblichen Natureisinteressenten finden sich unter den Brauereien. Vor der Mitte des 19. Jahrhunderts war die Kühlung durch Eis im Brauprozess nicht erforderlich, da die für die Herstellung von in Norddeutschland üblichem obergärigem Bier (Braunbier) erforderlichen Temperaturen von 7–9 Grad Celsius auch unter sommerlichen Bedingungen leicht in Kellergewölben gehalten werden konnten. Anders war die Situation bei dem in Bayern vorherrschenden untergärigen Bier, das im Gärprozess und für die Lagerung niedrigerer Temperaturen bedurfte, weswegen dort bis 1868 ein Sommerbrauverbot bestand. Ganzjähriges Brauen war daher nur unter Anwendung geeigneter Kühlverfahren möglich. Als das stabilere und länger lagerfähige untergärige Bier – oft als »bayrisches« Bier oder »Lagerbier« bezeichnet – sich um die Mitte des 19. Jahrhunderts überregional zu etablieren und die zu dieser Zeit expandierende Gastronomie zu dominieren begann,[176] hielten daher Eiskeller und Eishäuser Einzug auch in das Braugewerbe Schleswig-Holsteins. Hierzu bedurfte es allerdings einer längeren Übergangsphase, in der sich der ursprüngliche Lagerkeller zum mehrfunktionalen Eiskeller fortentwickelte, wofür sich im Gebiet des ehemaligen Kreises Eutin frühe Beispiele finden.

Der erste, der sich im Fürstentum Lübeck der neuen Brautechnik bediente, war der aus Eutin gebürtige August Heinrich Schlichting, der sein Handwerk in einer prominenten Einrichtung, nämlich im Münchener »Hofbräuhaus«, erlernt hatte. Als er 1838 in seine Heimatstadt zurückkehrte, um im elterlichen Betrieb in der Lübecker Straße »bayrisches« Bier zu brauen, benötigte er geeignete Lagerkapazitäten, weswegen sein Vater bei der großherzoglichen Rentekammer um Überlassung eines *»nahe, aber außerhalb der Stadt«* gelegenen Grundstücks nachsuchte. Als Standort hatte er sich ein höhergelegenes Areal beim Eichenhain südlich des Schlossparks ausgesucht, wo er einen *»Felsenkeller«* zu errichten beabsichtigte. Wortwahl und Lagebeschreibung wecken Assoziationen an damals in Süddeutschland und anderen Regionen übliche, meist in den Fels gehauene Lagerkeller mit einer sich um sie herum entwickelnden Biergartengastronomie; Räume dieser Art ermöglichten gleichbleibende, für die Lagerung untergärigen Bieres geeignete Temperaturen.[177] Und tatsächlich hatte Schlichtings Sohn eine solche Szenerie im Auge, als er seine Planungen vorstellte, die einen vollständig in den Hügel des Eichenhains hineingebauten und von einer kleinen Parkanlage umgebenen Bierkeller vorsahen. Dieser sollte mit einem einstöckigen Häuschen zum Ausschank gekrönt werden, von dem aus man zudem den Blick auf den Schlosspark hätte genießen können.[178] Auch für solche Anlagen gab es süddeutsche Vorbilder, die der innovationsfreudige junge Mann während seiner Lehrjahre vermutlich persönlich kennengelernt hatte.[179] Die Ausführung des Projekts, für das leider nur zwei grobe Planskizzen vorliegen, die keinerlei Einzelheiten erkennen lassen, verzögerte sich allerdings, da Schlichtung im Jahr darauf sein inzwischen

174 AHL, Polizeiamt Nr. 2805.

175 So bei Lütgert (2000), S. 193 (Schlachterei Dethlefsen in Schönberg, Kreis Plön, 1958).

176 Ellerbrock (1993), S. 291–299, 415–424; Hirschfelder/Trummer (2016), S. 170–178; Meußdoerffer/Zarnkow (2016), S. 113–121.

177 Zu Felsenkellern und zur bayrischen Biergartenkultur vgl. Hirschfelder/Trummer (2016), S. 167–168, u. Meußdoerffer/Zarnkow (2016), S. 115. Ferner Neumaier (2005), insbes. S. 7–16.

178 LASH, Abt. 260 Nr. 13568, Schlichting an Rentekammer, 8.8.1838; Anz. FT Lübeck, 2.5.1863 (Annonce »Bairische Bierbrauerei in Eutin« mit Ausführungen zum Werdegang Schlichtings).

179 Neumaier (2005), S. 12, 16, 22–25, 31, 39; Herrmann (2019), S. 50–51, 60–61. Generell hierzu Gunzelmann (2010).

unter verschiedenen Auflagen genehmigtes Vorhaben zugunsten eines anderen, nahe dem kleinen Eutiner See bei der Lübschen Koppel gelegenen Standortes zurückzuziehen suchte, worauf sich die Rentekammer jedoch nicht einließ.[180]

So blieb es beim ursprünglichen Standort, welcher gegenüber dem Carl-Maria-von-Weber-Denkmal auf der Westseite des heutigen Böhmckersweges zu verorten ist.[181] Die Frage, inwieweit Schlichtung seine Vision einer in den Norden translozierten bayrischen Bier- und Gaststättenkultur, die sich genau in diesen Jahren ausprägte, zum Erfolg führen konnte, ob der Bau den ursprünglichen Planungen folgte und ob auch eine Eisversorgung dazugehörte, ist aufgrund der Quellenlage schwierig zu beantworten. Sicher ist, dass Schlichtung dort eine anscheinend beliebte Sommergastwirtschaft unterhielt, die als »Schlichtings Garten« oder »Bierkeller beim Eichenhain«, zuweilen auch als »Felsenkeller« bekannt war und wohin jeweils Anfang Mai zum Bockbieranstich geladen wurde. Die Anlage wurde 1863 um eine Schießbahn für die Eutiner Abteilung des Norddeutschen Schützenvereins ergänzt und bildete, u.a. mit Konzerten und anderen Veranstaltungen, ein stadtnahes Ausflugsziel.[182] Dass dort tatsächlich ein Lagerkeller existierte und dies auch für längere Zeit, lässt sich erstmals 1841einer öffentlichen Einladung zur Saisoneröffnung und sehr viel später einer Zeitungsnotiz entnehmen, wonach *»der Bierbrauer Schlichting, eine allgemein bekannte Persönlichkeit«* am 19. September 1885 *»in seinem Bierkeller am Eichenhain erschossen aufgefunden«* worden sei.[183] Es handelte sich jedoch nicht um August Heinrich Schlichtung – dieser war bereits 1871 verstorben –, sondern um einen seiner drei Söhne. Nachdem Schlichtings Witwe die Konzession zunächst weitergeführt hatte, übernahmen die drei Brüder 1878 den Betrieb der in der Lübecker Straße gelegenen Brauerei und der Gartenwirtschaft. Letztere wurde bis zu Beginn des 19. Jahrhunderts fortgeführt, verzeichnete aber immer weniger Gäste und diente zuletzt noch als Versammlungslokal für die Schützen, bevor die Baulichkeiten spätestens 1903 abgebrochen wurden.[184]

Es irritiert ein wenig, dass der Name Schlichting in Bezug auf eine weitere, in der Elisabethstraße gelegene Brauerei und Gaststätte auftaucht. Diese wurde 1879 von einem Namensvetter erworben, und an ihr waren anscheinend auch die Söhne August Heinrich Schlichtings beteiligt, wobei das Verständnis der geschäftlichen Zusammenhänge dadurch kompliziert wird, dass die Brüder ihren Tätigkeiten weiterhin unter der Firma »A. H. Schlichting« nachgingen. In der Elisabethstraße wurde neben Braunbier auch untergäriges Bier gebraut und ausgeschenkt. Zu dem dortigen Anwesen gehörte ein *»Eis- und Lagerkeller«*, für den im Oktober 1879 die Baugenehmigung erteilt wurde (Abb. 23).[185] Geschäftlich stand die Brauerei jedoch unter keinem guten Stern. Und so diente das in Zeitungsannoncen mehrfach als »Eiskeller« bezeichnete Objekt zeitweise als Kühlraum für mehrere Schlachtereien und nach der 1890 erfolgten Veräußerung der Brauerei unter wechselnden Betreibern noch bis ins 20. Jahrhundert hinein als Depot für den Eutiner Natureishandel.[186]

Der für Norddeutschland ungewöhnlich frühzeitige Übergang zum untergärigen Brauen hatte offenbar anregend gewirkt. Ein Anfang der 1840er Jahre auf dem Gut Mönchneversdorf am Bungsberg im ehemaligen Kreis Oldenburg unternommener diesbezüglicher Anlauf endete allerdings schon nach kurzer Zeit.[187] Wesentlich größeren Erfolg verzeichnete hingegen der Gastwirt

180 LASH, Abt. 260 Nr. 13568, Vorgänge von 1839 (Quadr. 11ff.).

181 Die Lage lässt sich anhand zweier in anderem Zusammenhang entstandenen Situationsskizzen aus dem Jahr 1878 erschließen; vgl. LASH, Abt. 260 Nr.13.718. Das Grundstück grenzte an den südlich gelegenen damaligen Exerzierplatz.

182 LASH, Abt. 260 Nr. 10801, Unterakten 27 u. 29 (1865); Anz. FT Lübeck, 30.4.1864. Die Bezeichnung »Felsenkeller« findet sich im Anz. FT Lübeck, 30.12.1848; zur Schießbahn vgl. Anz. FT Lübeck, 18.7.1863, 1.8.1863. Den frdl. Hinweis auf zahlreiche Fundstellen im Anzeiger für das Fürstentum Lübeck verdankt der Verfasser Regine Jepp, Eutin.

183 Anz. FT Lübeck, 23.9.1885. Annonce mit Einladung zur Saisoneröffnung des »Bierkellers im Eichenhain« in Anz. FT Lübeck, 15.5.1841; das Datum lässt darauf schließen, dass der Bierkeller 1840 fertiggestellt war.

184 LASH, Abt. 260 Nr. 10801, Unterakte 29 (Schankkonzession), insbes. Quadr. 6–9; Anz. FT Lübeck, 13.7.1901, 7.1.1903.

185 Frdl. Auskunft Karin Ude-Johannsen, Stadtbauamt Eutin: Elisabethstr. 26. Ferner Anz. FT Lübeck, 12.2.1879, 15.2.1879. Hinweise auf diese und weitere Fundstellen sowie zusätzliche Informationen zu dem Grundstück verdankt der Verf. freundlicherweise Regine Jepp, Eutin.

186 StadtA Eutin, Erdbuch 1880–1906, Art. 348 u. 349; Anz. FT Lübeck, 27.5.1882, 4.6.1892, 22.6.1895. Ferner LASH, Abt. 260 Nr. 6767, Quadr. 42 (Eisentnahmeerlaubnis für den kleinen Eutiner See 1888); Anz. FT Lübeck, 27.5.1882 (Werbeannonce für Fleischaufbewahrung).

187 Michaelsen (1972).

22
Blick in den Bier- und Eiskeller der ehemaligen Brauerei Packendorff in Eutin im heutigen Zustand (Foto: Johannisloge »Zum goldenen Apfel«, Eutin).

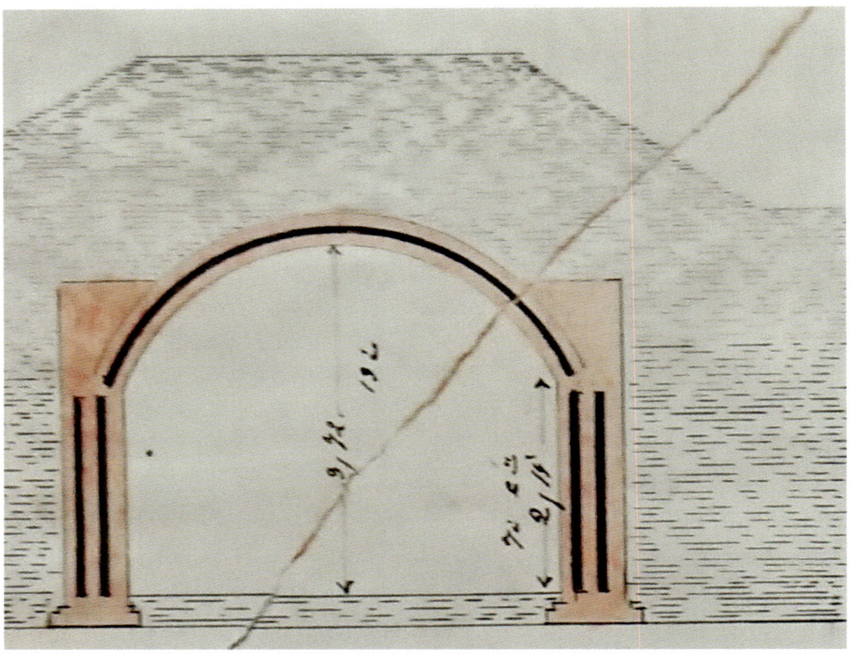

23
Eis- und Lagerkeller der Brauerei Schlichting in der Elisabethstraße in Eutin, Bauzeichnung Querschnitt, 1879 (Stadtbauamt Eutin, Hausakte Elisabethstr. 26).

Ernst Heinrich Böhmcker in Neudorf (heute Stadtteil von Eutin), welcher 1854 eine Konzession zum Brauen *»bayrischen«* Bieres erhielt. Auch hier war es sein Sohn, der sich auf dieses Handwerk verstand, nachdem er in Bayern mehrere Jahre lang als Bierbrauer gearbeitet hatte.[188]

Den beiden Pionierbetrieben von Schlichting und Böhmcker schloss sich schließlich Anfang der 1860er Jahre noch der ehemalige Färber August Leopold Packendorff an, dessen Brauerei in der Eutiner Feldmark kurz vor Fissaubrück (heute Riemannstraße) gelegen war.[189] Alle drei hatten damit schon früh auf eine zukunftsträchtige Entwicklung gesetzt, während beispielsweise in Lübeck untergäriges Bier erst seit Aufhebung der Brauerzunft zum Ende des Jahres 1865 gebraut werden konnte. Seitdem jedoch drängten, beginnend mit der »Brauerei zur Walkmühle« (Lück), in der Hansestadt kapitalkräftige Großbrauereien auf den Markt, wobei sie im letzten Viertel des 19. Jahrhunderts ihr Einzugsgebiet bis weit in das Fürstentum Lübeck hinein ausdehnten.[190]

Im Gegensatz zu den auswärtigen Großbrauereien haben die Schlichtings, Böhmcker und Packendorff bayrisches Bier noch nach alter Tradition, d. h. nur im Winter, gebraut, sodass sie – wie kleine und mittlere Brauereien selbst in Süddeutschland bis ins späte 19. Jahrhundert hinein generell[191] – ohne Eis für den Produktionsprozess auskamen. Dementsprechend wurde das Bier jeweils für den gesamten Sommer bis Ende April hergestellt und von Mai an verkauft; die Produktion neuer Ware, sog. Winterbieres, konnte dann erst wieder im November beginnen. Das jeweilige Eisdepot, das sie sich vermutlich erst einige Jahre nach Betriebseröffnung zulegten, diente daher lediglich der Kühlung der Ware für die Sommermonate, was aber wegen der Notwendigkeit, von vornherein den gesamten Vorrat aufnehmen zu müssen, größere Kapazitäten voraussetzte. Für die Verwendung von Natureis liegen in Bezug auf Böhmcker und Packendorff 1874 erste Hinweise vor; die Familie Schlichting lässt sich erstmals 1879 im Zusammenhang mit dem neuen Eis- und Lagerkeller in der Elisabethstraße mit Natureis in Verbindung bringen.[192]

Die bauliche Beschaffenheit all dieser genannten Anlagen muss man sich – wie ihre süddeutschen Vorbilder – somit als weitgehend unterirdisch in Gestalt von Tonnengewölben angelegte Bierkeller mit angeschlossenem Eisraum, eventuell aber auch ohne zusätzliche Kühlung vorstellen. Ein solches Objekt hat sich in Eutin tatsächlich noch erhalten. Es handelt sich um den ehemaligen »Eiskeller« von Packendorff, der seit etwa 1980 eine sinnvolle Verwendung als Versammlungsraum der Johannisloge »Zum Goldenen Apfel« findet. Das beeindruckende, etwa 20 m lange, durch mehrere verstärkte Bögen gegliederte Tonnengewölbe, dessen Bauzeit auf etwa 1860 datiert werden kann, ist nach äußerem Befund als Lagerkeller konzipiert und enthält im hinteren Teil eine kleinere Abteilung von etwa 30 cbm Fassungsvermögen, die sich als Eiskammer interpretieren lässt (Abb. 22). Die später von einem Wohnhaus überbaute Anlage ist vollständig in eine stark ansteigende, dem großen Eutiner See gegenüberliegende, an die Straße heranführende Geländezunge hineingesetzt und verkörpert architektonisch somit den Typus des »Felsenkellers«, auch wenn es eine idealtypischerweise dazugehörige Gastronomie nie gab. Seine beachtlichen Dimensionen entsprechen dem beschriebenen Zweck der Lagerung des Bieres für den gesamten Sommer.

Der etwa 15 Jahre jüngere Schlichtingsche Eis- und Lagerkeller an der Elisabethstraße folgte dem gleichen Prinzip, wie aus Abb. 23 erhellt. Ähnlich wie bei Packendorff war das in den Dimensionen etwas geringer gehaltene Tonnengewölbe, an dessen Ende sich der Eisraum befindet, in das zum kleinen Eutiner See hin abfallende Gelände

188 LASH, Abt. 260 Nr. 10390.

189 Chronik des Anwesens Riemannstr. 122, S. 1–2, im Besitz von Volker Heymann, Eutin, dem der Verfasser für eine Kopie und für frdl. Auskünfte dankt.

190 Näheres hierzu bei Bickelmann (2023), S. 172–176, 210–215. Zur Aufhebung der Brauerzunft vgl. Lübeck-Lexikon (2006), S. 55 (Brauwesen) u. 128 (Gewerbefreiheit). Ferner Lück (1966) – Generell zur Expansion der meist als Aktiengesellschaften organisierten Großbrauereien vgl. Ellerbrock (1993), S. 291–299.

191 Meußdoerffer/Zarnkow (2016), S. 116.

192 Ankündigungen des Verkaufs erfolgten stets Ende April; vgl. Anz. FT Lübeck, 26.4.1856, 21.4.1961, 6.5.1865. – Erwähnung der Eisnutzung durch Böhmcker und Packendorff in LASH, Abt. 260 Nr. 6767, Quadr. 12; Schlichting ebd., Quadr. 33–35, dort auch Genehmigung zur Eisentnahme aus dem Kleinen Eutiner See. Ein Brauereibetrieb mit Bierkeller für Packendorff ist im StadtA Eutin, Erdbuch 1880–96, Art. 292, dokumentiert. Die Bezeichnung »Bierkeller« schließt nicht aus, dass zu diesem auch eine Eiskammer gehörte.

eingetieft und mit Erdreich zusätzlich überhügelt; der Lagerraum war mit 36 Fuß (10,3 m) und die Eiskammer mit 12 Fuß (3,45 m) Länge vermessen. Es erscheint plausibel, eine in etwa gleichartige Konstruktion auch für Schlichtings »Felsenkeller« am Eichenhain – die sozusagen als Mustervorlage gedient haben könnte – und Böhmckers Bierkeller in Neudorf anzunehmen, obwohl sich letzterer bisher jedoch weder lokalisieren noch in seiner Bauweise identifizieren ließ. Der von Böhmcker zusammen mit seiner Brauerei bewirtschaftete »Neudorfer Krug« war an der Westseite der Plöner Straße gelegen. Der Bierkeller muss sich, ähnlich wie Schlichtings Bierkeller beim Eichenhain, nicht unbedingt auf demselben Grundstück befunden haben; auch hier handelt es sich um eine Hanglage, die eine Eintiefung und Überhügelung möglich erscheinen lässt.

Einen kleinen Hinweis auf die Größe und die Gestaltung seines »Felsenkellers« gibt August Heinrich Schlichtung selbst, indem er eine *»oblonge Figur«* von 24 Fuß (6,9 m) Länge und eine beabsichtigte *»Aufhöhung des Terrains«* ankündigt. Zu Beginn der geschilderten Entwicklung und angesichts der damals noch nicht absehbaren Akzeptanz des neuartigen Brauverfahrens dürften diese im Vergleich zu den späteren Eutiner Felsenkellern geringen Abmessungen zunächst durchaus ausreichend gewesen sein. Allerdings hat Schlichting, im Zusammenhang mit der Errichtung der Schießanlage und der dadurch wie auch generell gestiegenen Nachfrage, die Kapazitäten seines Bierkellers 1863 verdoppelt.[193]

Sofern untergäriges Bier ganzjährig gebraut wurde, was auf die umfangreicheren, mit Dampfkraft arbeitenden Brauereien in größeren Städten seit den 1840er Jahren zutrifft, war ein Eiskeller zur Unterstützung des Gärprozesses unverzichtbar. Dieser Übergang zum ganzjährigen Brauen erfolgte in Eutin erst recht spät. Darüber hinaus wurde es bei den Produzenten untergärigen Bieres, dann aber auch generell, bald üblich, den gewerblichen Kunden mit der Bierlieferung zugleich Eis für den Ausschank zur Verfügung zu stellen. Somit gehörten zu jeder »bayrischen« Bierbrauerei später im Prinzip stets zwei Eiskeller, einer zur Unterstützung des Gärprozesses und zur Kühlung der Lagerräume, und, meist zeitlich versetzt, ein zweiter zum Bierversand und zur Versorgung der Kunden. Ersterer war – jedenfalls sofern er dem Gärkeller zugeordnet war – notwendigerweise direkt bei der Braustätte angesiedelt, letzterer konnte etwas entfernt auf dem Grundstück stehen und sollte über eine günstige Lage zum Transport verfügen.[194] Dieser erfolgte zusammen mit dem Bier, wofür die Brauereiwagen in der Regel mit einem speziellen Eisfach ausgestattet waren, das sich meist am hinteren Teil der Ladefläche befand; motorisierte Lieferwagen verfügten später verschiedentlich über seitlich ausziehbare Metallwannen, die unter der Ladefläche installiert waren.[195]

Auch Johann Böhmcker, der den väterlichen Betrieb inzwischen selbst führte, schritt später zum Bau eines zweiten Eishauses. Dieses, ein 1890 errichteter, mit einem Walmdach versehener schlichter Holzständerbau ohne Vorraum mit etwa 136 cbm Fassungsvermögen, stand frei auf dem Grundstück, was seinen Bestimmungszweck als Kundendepot verriet. Da der Inhaber neben Brauerei und Brennerei ein florierendes Gasthaus vor den Toren Eutins betrieb (»Neudorfer Krug«), diente es vermutlich zu einem guten Teil auch dem eigenen Bierausschank.[196] Bei der Brauerei der Gebrüder Schlichtung in der Elisabethstraße, die von1890 bis 1892 von Georg Adam Hofmann (»Löwenbräu«) fortgeführt wurde, bevor sie ihren Betrieb einstellte, blieb es bei einem einzigen Eiskeller; dieser wurde zu dieser Zeit zugleich und unter nachfolgenden Besitzern ausschließlich als Depot für den Eishandel genutzt.[197]

Ebensowenig verfügte Packendorff über ein weiteres Eisdepot. Der Bierkeller in der Riemannstraße wurde nach Aufgabe des Brauereibetriebes im Jahre 1897 von dem gegenüberliegenden

193 Zu den Abmessungen des ursprünglichen Bierkellers vgl. LASH, Abt. 260 Nr.13568, Quadr. 9 (Schlichting an Rentekammer, 20.1.1839). Zur Erweiterung vgl. Anz. FT Lübeck, 8.8.1863.

194 Reinink (1995), S. 134–137, Menzel-Schubert (1903), S. 48–60.

195 Mehl (1996), S. 65–66, 73; dort Beispiel eines Bierwagens der Brauerei »Zur Eiche« in Kiel. Ferner frdl. Auskunft Tonnis Bouman, Eutin, zu ausziehbaren Metallwannen.

196 LASH, Abt. 260 Nr. 18202 (170/1889); Schröder/Biernatzki (1855/1856), Bd. 2, S. 180 (Neudorf).

197 Zu Schlichtung (1890 Hofmann, 1892 Zwangsversteigerung, 1896 Doose) vgl. StadtA Eutin, 3513, Unterakte 3, Quadr. 5–6, sowie Erdbuch 1880–1906, Nr. 348; LASH, Abt. 260, Nr. 6767, Quadr. 33; Anz. FT Lübeck, 20.6.1885, 22.6.1895.

Brauereigrundstück getrennt und für einige Jahre zunächst von dem damaligen Vertreter der Ratzeburger Aktienbrauerei, Carl Piehl – auf den später noch zurückzukommen sein wird –, im Pachtwege als Lagerraum für den Bierhandel genutzt. Eine Entnahme von Eis zu gastronomischen Zwecken, außer eventuell für den eigenen Bedarf – Piehl führte für einige Jahre zugleich die Gastwirtschaft »Zur Stumpfen Ecke« am Eutiner Markt, bevor er später als Wirt der »Alten Kalkhütte« am Kellersee Berühmtheit erlangte –, ist nicht bekannt und muss, schon aufgrund der baulichen Situation und geringen Größe des Eisraums, als unwahrscheinlich angesehen werden. Allerdings erwarb Piehl 1902 ein Grundstück in der Nähe des Packendorffschen Bierkellers, um dort ein Eishaus zu errichten. Es ist anzunehmen, dass dieses für die Kundenversorgung gedacht war; es wurde bereits 1913 abgebrochen, was auf eine oberirdische Holzkonstruktion hindeuten könnte. Unter Piehls Nachfolgern wurde der Bierhandel in der Riemannstraße zunächst fortgesetzt, in den 1920er und 1930er Jahren jedoch durch einen umfangreichen, das gesamte Gewölbe beanspruchenden Natureishandel abgelöst, bevor die Kieler Brauerei »Zur Eiche« 1934 die Anlage erwarb und sie erneut dem Bierhandel zuführte. Als deren Vertreter fungierte nach Ende des Zweiten Weltkriegs der mit den Vorbesitzern verschwägerte Gustav Reese, der bzw. später dessen Familie den Vertrieb bis etwa 1980 aufrechterhielt und das Gebäude zurückkaufte.[198]

Relativ früh, im Mai 1866, wurde auch im Flecken Schwartau eine *»Bairische Bier-Brauerei«* eröffnet, die sich offenbar dem durch die Aufhebung der Lübecker Brauerzunft ausgelösten Gründungsboom von Betrieben anschloss, die damals auf das untergärige Brauverfahren setzten; ein Eiskeller ist hierfür nicht nachweisbar.[199] In größerem Maßstab stellte die in Schwartau nahe der Stadtgrenze zu Lübeck gelegene, aus einem Braunbier-Betrieb hervorgegangene Lychenheim-Brauerei untergäriges Bier her. 1874 hatte der Inhaber, Kaufmann Emil Lychenheim, das Unternehmen zu einer Dampfbrauerei ausgeweitet, für die er einen aus Württemberg stammenden Braumeister engagierte. Ein erster Eiskeller muss mit dieser errichtet worden sein, während ein zweiter 1887 folgte. Letzterer war als sog. Stirneiskeller einem zur gleichen Zeit errichteten neuen Gärkeller vorgelagert, sodass das ältere Depot vermutlich zur Eisversorgung der Kunden umgewidmet wurde. Hier tritt uns das Prinzip der ganzjährigen Herstellung untergärigen Bieres erstmals in voller Ausprägung entgegen. Ein eigener Bierausschank ist allerdings nicht zu erkennen. Das Fassungsvermögen beider Räume von 508 bzw. 720 cbm lässt eine durchaus ansehnliche Produktion und den Übergang zu einer industriell arbeitenden Mittelbrauerei erkennen. Gleichwohl war dem Unternehmen, vor allem wegen der wachsenden Konkurrenz der Lübecker Großbrauereien, ein dauerhafter Erfolg nicht beschieden, sodass es schon im Jahre 1900 den Betrieb einstellen musste, obwohl der Besitzer noch versucht hatte, eine auf dem Betriebsgrundstück erbohrte Sole-Quelle zu weiterführenden Aktivitäten, u.a. dem Bau eines Kurhauses, zu nutzen.[200]

Ein längerfristiger Erfolg hingegen war der »Fackenburger Brauerei« vergönnt. Fackenburg, eine Stockelsdorf benachbarte, damals zum Gut Mori gehörige und unmittelbar an der Grenze zu Lübeck gelegene kleine Ortschaft, hatte sich wegen früh gewährter Gewerbefreiheit zu einer Handwerkersiedlung entwickelt, die Lübecker gerne zu Einkäufen und Ausflügen nutzten. In diesem Zusammenhang erfuhr die dort seit 1855 bestehende »Fackenburger Brauerei« einen großen Zulauf, den sie gegen Ende des 19. Jahrhunderts durch den großzügigen Ausbau der eigenen Gastronomie mit Biergarten, Restaurant und einem Konzertsaal

198 Zur späteren Nutzung des Packendorffschen Bierkellers vgl. StadtA Eutin, Erdbuch 1880–1906, Art. Nr. 292, Erdbuch 1907–1941, Art. 292 u. 728. – Zu Piehl vgl. LASH, Abt. 260 Nr. 10800, Unterakte 7; StadtA Eutin, Erdbuch 1907–41, Art. 667; Anz. FT Lübeck, 23.8.1902 (Erwerb eines Grundstücks im Faulenborn). – Zur Nutzung als Eiskeller vgl. Behrens (o.J.), S. 6–7, 10–12, 127–129. Der Autor spricht in diesen Jugenderinnerungen verwirrenderweise von drei Eiskellern; diese Aussage ist wohl so zu interpretieren, dass der durch drei verstärkte Bögen gliederte lange Lagerraum zu dieser Zeit in drei abgeschlossene, hintereinanderliegende Kammern unterteilt war. Für weitere frdl. Informationen zur Nutzung und zu den Besitzverhältnissen dankt der Verf. Ingeborg und Tonnis Bouman, Eutin.

199 Annonce in: Lüb. Anz., 4.5.1866. Zur selben Zeit annoncierten vier neugegründete Lübecker Brauereien bayrisches Bier; ebd. 13.1.1866, 4.4.1866, 14.4.1866. Vgl. auch Bickelmann (2023), S. 174–176.

200 LASH, Abt: 260 Nr. 18200 (108/1887). Zu Lychenheim vgl. Harders (1979), S. 57–58; Baumann, von Haus aus Braumeister, arbeitete für Lychenheim. Ferner LASH Abt. 260, Nr. 18024, Pos. 6 (Dampfkessel 1874).

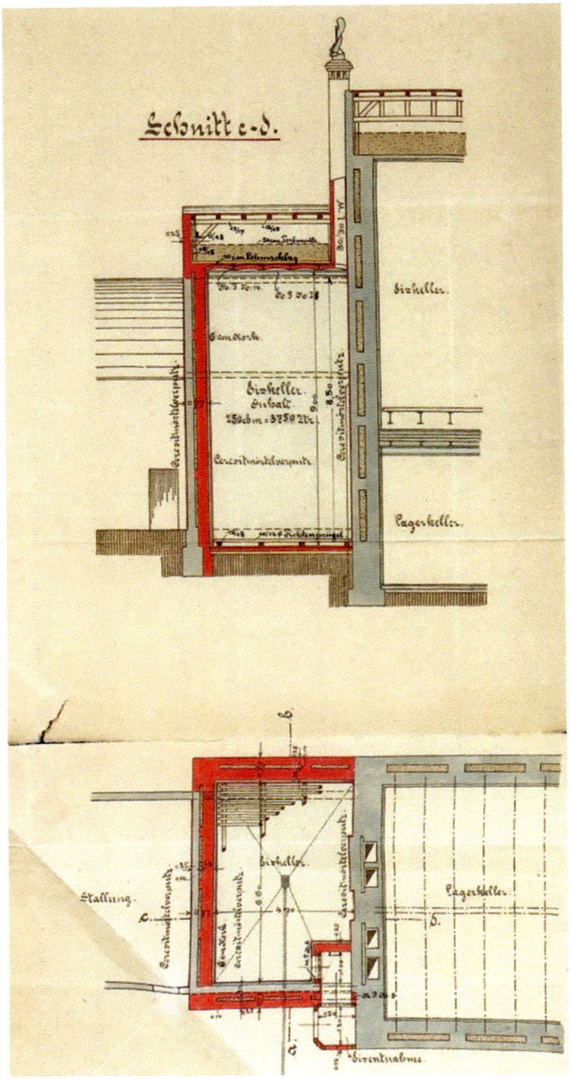

24 Eiskeller der Brauerei Evers in Eutin, Schnitt, Bauzeichnung, 1911 (Stadtbauamt Eutin, Hausakte Lübecker Str. 13–15). Rechts Altbau von 1907 mit Eiskeller über dem Lagerkeller, links Erweiterungsbau von 1911 mit Zugang zum Innenhof.

noch steigern konnte.[201] Auch hier wurde bayerisches Bier gebraut und ausgeschenkt, und dementsprechend war schon vor 1879, möglicherweise sogar schon von Anbeginn, ein Eishaus vorhanden, das, so wie es aussieht, 1900 durch zwei neue ersetzt wurde, deren Beschaffenheit allerdings im Dunkeln bleibt.[202]

Relativ spät, 1907, ging das vier Jahre zuvor in Eutin zunächst als »Dampf-Braunbier-Brauerei« eröffnete »Bürgerliche Brauhaus« von Ernst Evers zur Produktion untergäriger Bieres über, welches unter der Bezeichnung »Bürgerbräu« vermarktet wurde. Die Namensgebung war insofern programmatisch, als sie – ähnlich wie Schlichtings »Felsenkeller« – auf süddeutsche und österreichische Vorbilder zurückgriff und damit von vornherein Assoziationen zu einer spezifischen Gaststättenkultur weckte, die mit eigenem Ausschank und Restaurationsbetrieb bedient werden konnte.[203] Mit der Neuorientierung und der – in Eutin erstmals praktizierten – ganzjährigen Produktion von Lagerbier verbunden war der Bau einer modernen Braustätte, in der der Eisraum über dem Lager- und neben dem Gärkeller angeordnet war, sodass er, wie es in der Fachsprache heißt, Obereis- und Stirneisfunktionen in sich vereinigte. 1911 folgte als Anbau ein von außen über den Innenhof zugänglicher zweiter Eiskeller für die Kundenversorgung (Abb. 24). Die Anlagen, die von ansehnlicher Größe waren (450 bzw. 250 cbm), wurden 1982 abgebrochen. Das Eis stammte ursprünglich aus dem kleinen, später aus dem näher gelegenen großen Eutiner See, wo unterhalb der Reithalle bzw. am Fuß der Wasserstraße günstige Entnahme- und Transportbedingungen bestanden, welche bis in die 1950er Jahre genutzt wurden.[204]

201 Fackenburg (2013), S. 5–10, 14; Stockelsdorf (2003), S. 60.

202 LASH, Abt. 260 Nr. 18207, Vorg. 62 (alter Eiskeller 1894 auf Lageplan); dgl. Nr. 18190 (176/1900) u. Nr. 18214 (176/1900). Die beiden Eiskeller sind im Bauregister verzeichnet, fehlen jedoch in der Bauakte. Somit mangelt es an einem eindeutigen Hinweis auf den Besitzer, doch lassen die Umstände keinen anderen Schluss zu, als dass sie zu einer Produktionsstätte für bayrisches Bier gehört haben, für die nur die »Fackenburger Brauerei« in Frage kommt. Hinweis auf bayrisches Bier auch in: Adreßbuch für Schleswig-Holstein, einschl. Fürstentum Lübeck und Herzogtum Lauenburg, hrsg. von Gustav Adolf Mahrendorf. 6. Aufl. 1891, S. 668 (Tamsen, Stockelsdorf). Seit 1870 war die Familie Tamsen im Besitz der Brau- und Schankkonzession, vgl. LASH, Abt. 260 Nr. 10878, Unterakte 8. Das Gründungsjahr 1855 könnte darauf hindeuten, dass, wie im Falle Böhmckers, schon von Anfang an bayrisches Bier gebraut wurde.

203 Zur Begrifflichkeit vgl. Hirschfelder/Trummer (2016) S. 165–179, 177–178.

204 Das Anwesen Lübecker Str. 13–15, zu dem die Eiskeller gehörten, war 1903 im Zuge des Wiederaufbaus nach einem Totalverlust durch Brand errichtet worden; vgl. Smith (2015), S. 277. Zum Eiskeller frdl.

Mit diesen acht Unternehmen unterschiedlicher Größe und ihren insgesamt elf bisher nachweisbaren Eiskellern fand die Herstellung untergärigen Biers im Untersuchungsgebiet also nur eine örtlich begrenzte Grundlage. Die flächendeckende Bierversorgung erfolgte vielmehr überwiegend und zunehmend durch auswärtige Großproduzenten, namentlich aus Kiel, Lübeck, Neumünster, Nortorf, Altona und Hamburg, die über eigene Niederlagen und zugehörige Eiskeller an verschiedenen Orten des Fürstentums verfügten. Zu ihnen zählte auch die Ratzeburger Aktienbrauerei, ein Betrieb mittlerer Größenordnung, der im Fürstentum Lübeck zwei Niederlagen, in Pansdorf und in Eutin, unterhielt.[205] Ebenso waren süddeutsche Brauereien schon früh im Norden präsent, so auch in Eutin.[206] Diese Niederlagen und ihre Eiskeller sind, im Zusammenhang mit der Gastronomie und dem mit ihr verbundenen überregionalen Bierhandel, Gegenstand des folgenden Kapitels.

Kleinere handwerklich betriebene Brauereien, die in Verbindung mit eigener Gastronomie das traditionelle Braunbier herstellten, besaßen naturgemäß keine Eishäuser für den Brauprozess, verschiedentlich aber welche für die Lagerung des Bieres und zum Ausschank.[207]

Lagerung von Lebensmitteln und Sprengstoff

Über einen Eiskeller eigener Art verfügte seit 1900 die »Chemische Fabrik« der Gebrüder Otto und Paul Fromm in Schwartau. Das im Jahr zuvor gegründete Unternehmen der Lebensmittelindustrie, als Konfitürenhersteller besser bekannt unter seinem späteren Namen »Schwartauer Werke«, benötigte zur Frischhaltung der Rohstoffe eine Kühlung, wofür ein kombiniertes Lager- und Kühlhaus errichtet wurde. Dort konnte die im Kellergeschoss gelagerte Ware, überwiegend Früchte, durch einen auf ganzer Länge darüber angeordneten Eisraum kühl gehalten werden, der ein Fassungsvermögen von ca. 220 cbm hatte; das Eis wurde durch zwei seitliche Luken eingebracht (Abb. 25).[208] Eine solche Obereiskühlung, wie man sie oft bei Brauereien findet, war in dieser speziellen Form einmalig im Fürstentum Lübeck. Dass das Eislager besser über statt unter oder neben dem Kühlgut anzuordnen sei, um seine Wirkung bestmöglich zu entfalten, entsprach den damaligen kältetechnischen Erkenntnissen.[209] Das Eis- und Lagergebäude war an das vorhandene Fabrikgebäude angebaut, was ermöglichte, die gekühlte Ware aus dem Keller über eine Treppe direkt zur Produktionsstätte zu befördern, während der Eisraum nur von außen betreten werden konnte.

Wie lange das Lagerhaus genutzt wurde, woher das Eis bezogen wurde und ob die 1905 beim Erwerb des Geländes der Lychenheim-Brauerei mitübernommenen Eiskeller weiterhin in Funktion blieben, muss allerdings offenbleiben. Vorstellbar wäre, dass das Unternehmen nach der Eröffnung des Kühlhauses Lübeck (1913) von dort Kunsteis bezogen hat oder schon bald zur maschinellen Kühlung übergegangen ist.[210]

Wie eingangs dieses Kapitels erwähnt, bedurfte auch die Herstellung und Lagerung von Sprengstoff der Kühlung, wozu zunächst nur Natureis in Frage kam. Infolgedessen verfügten auch in diesem Bereich tätige Unternehmen verschiedentlich über Eishäuser. Im Fürstentum Lübeck könnte dies auf das in Eutin ansässige Kiesgrubenwerk des Fabrikanten und zeitweiligen oldenburgischen Landtagsabgeordneten Johannes Rebenstorf zutreffen, welcher die Erlaubnis besaß, zur Heraussprengung und Zerkleinerung größerer Felsbrocken, die zu Schotter verarbeitet wurden, Dynamit einzusetzen. Die Sprengungen führten zu häufigen Beschwerden vonseiten der Anwohner, was aber lediglich

Auskunft Karin Ude-Johannsen, Stadtbauamt Eutin, März 2021; ferner Anz. FT Lübeck, 20.6.1903, 4.6.1907 (u.a. Hinweis auf Bier nach »Münchner und Pilsener Art«), 30.4.1912 (kurze Firmengeschichte zum 125jährigen Jubiläum). – Den frdl. Hinweis auf diese Eiskeller und deren Schicksal verdankt der Verfasser Dr. Klaus-Dieter Hahn (†), Eutin. – Zur Eisentnahme vgl. LASH, Abt. 260 Nr. 6767, Quadr. 54 u. 72, und dgl. Nr. 20010, Quadr. 2, 27, 59 u. 65; ferner frdl. Auskunft Klaus Giesler, Eutin.

205 Zu diesem 1864 als »bayrische« Bierbrauerei gegründeten Unternehmen, das 1919 in der Aktienbrauerei Lübeck aufging, vgl. Kaack (1987), S. 253–254.

206 So etwa Pschorr-Bräu (München) und Henninger (Erlangen); vgl. Anz. FT Lübeck, 3.6.1868, 5.6.1869, 29.5.1875, 23.5.1885, 17.5.1914.

207 Allgemein hierzu Lütgert (2000), S. 63–64.

208 LASH, Abt. 260 Nr. 18240 (233/1900). Schwartauer Werke (1949), S. 5–9; Bremse (1989). In der genannten Literatur findet sich allerdings keine Erwähnung eines Eishauses.

209 Reinink (1995), S. 22–23.

210 Die Firmenfestschriften und die äußerst knappen Geschäftsberichte geben darüber keine Auskunft.

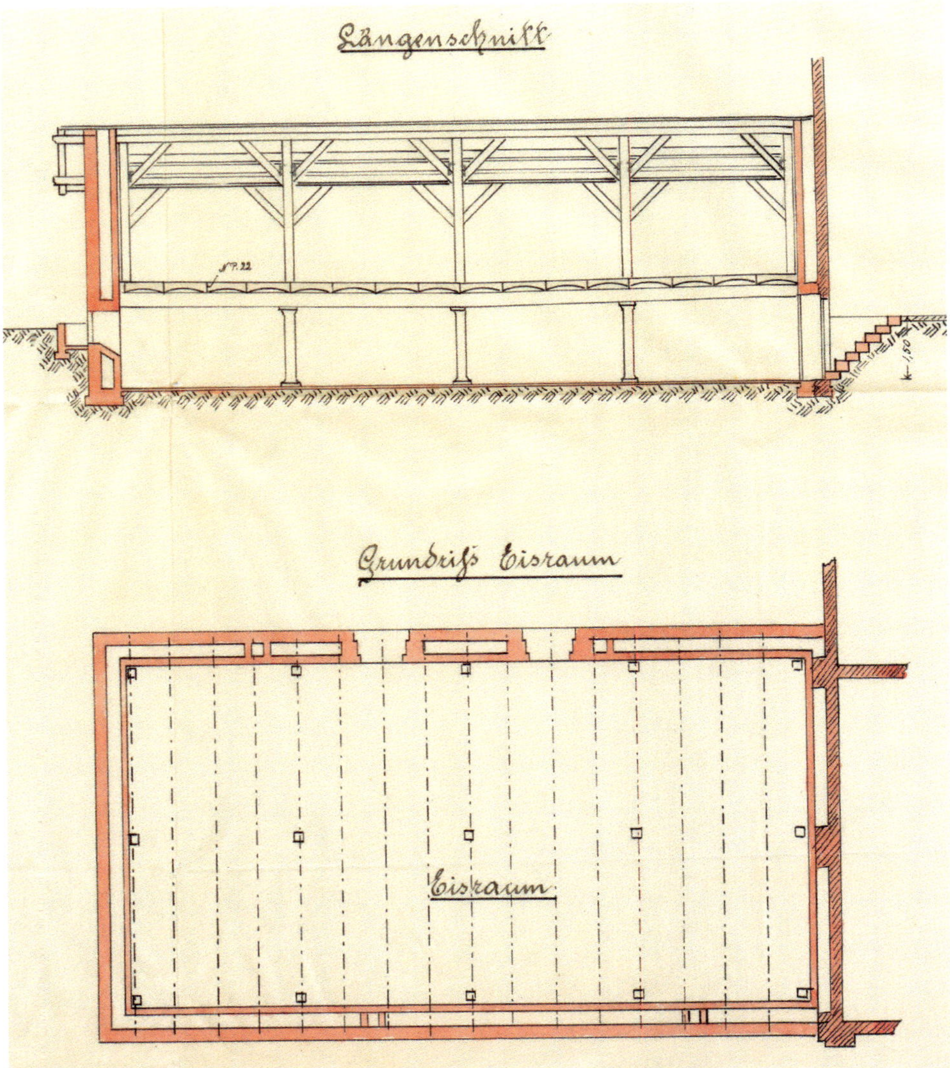

25 Eis- und Lagerkeller für die Chemische Fabrik der Gebr. Fromm in Schwartau, 1900, Bauzeichnung Längsschnitt und Grundriss (LASH, Abt. 260 Nr. 18214: 233/1900). Eiskeller über dem Lagerkeller. Rechts Wand des Fabrikgebäudes mit Treppe zu den Produktionsräumen.

bewirkte, dass der Magistrat die Sprengungszeiten einschränkte. Da nicht nur diese lautstarken Aktivitäten öffentliche Aufmerksamkeit fanden, sondern auch die großflächige Entnahme von Eis durch eigene Arbeiter aus dem kleinen Eutiner See, sind wir über diese Vorgänge unterrichtet. Zwar ist eine Beschreibung oder Skizze eines Eishauses nicht überliefert, doch müsste es ich um ein stabiles und vor allem gut gesichertes Gebäude mit einem Kühlraum gehandelt haben. Angesichts des beträchtlichen Umfangs des Eisschnitts lässt sich jedoch nicht ausschließen, dass das »Eisfahren« lediglich oder überwiegend dazu diente, dem Unternehmen in der üblicherweise auftragsarmen Frostperiode durch Übernahme von Fremdaufträgen zusätzliche Beschäftigung zu sichern.[211]

211 StadtA Eutin, Nr. 969 (1913). Zur Eisentnahme vgl. LASH, Abt. 260 Nr. 20010, Quadr. 13 (Übersicht 1912–1923) u. 17 (Bericht der Gendarmerie vom 2.2.1915). Eisentnahmen sind für die Jahre 1912–1916 dokumentiert.– Zu dem aus Eutin gebürtigen Rebenstorf (1864–1939), der sein Landtagsmandat für die SPD wahrnahm und der wegen Sprengstoffbesitzes später zu den Verfolgten des NS-Regimes zählte, vgl. Oldenburgischer Landtag (2014), S. 433–434 (Nr. 471), 680.

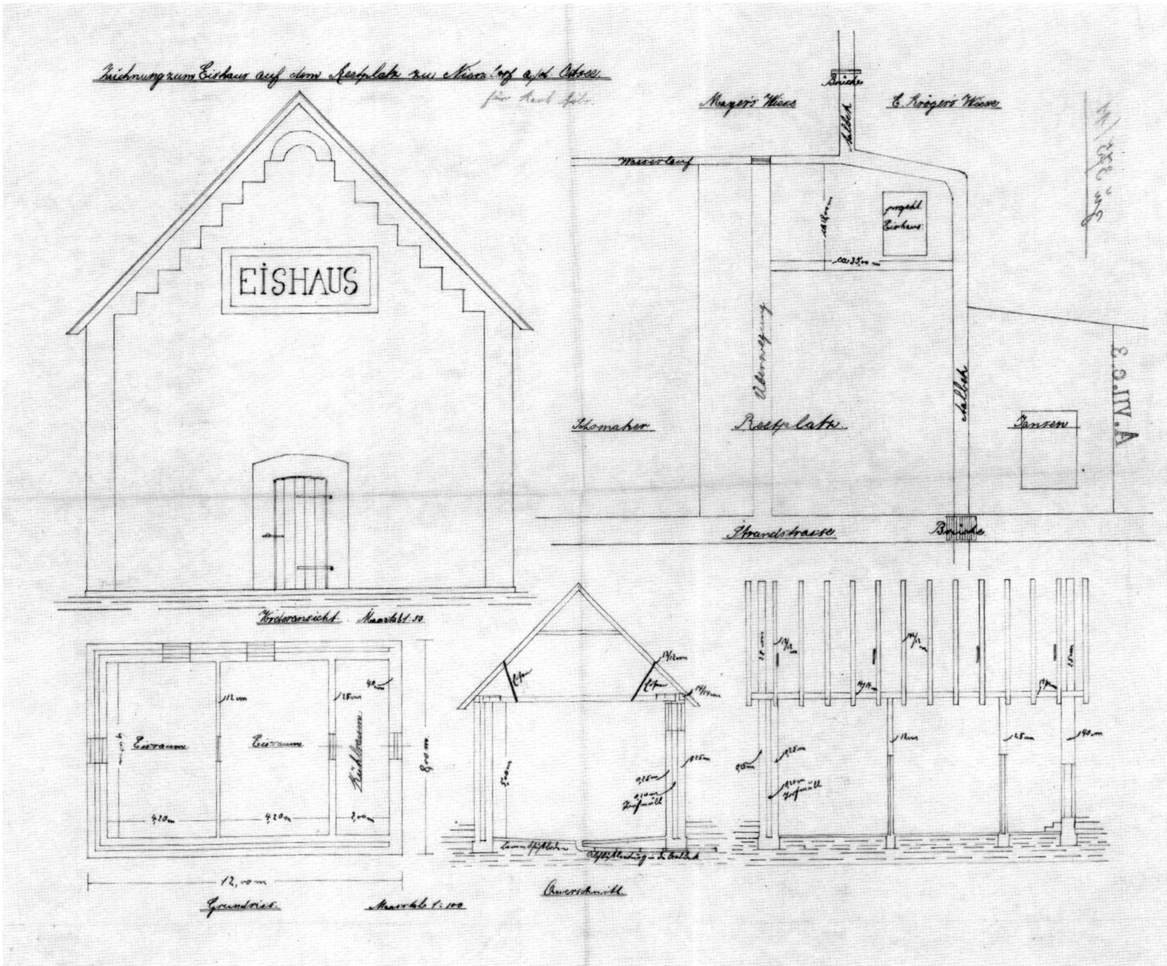

26 Bauantrag des Fischers Karl Böbs für ein Eishaus auf dem Reetplatz in Niendorf, 1911 (LASH, Abt. 260 Nr. 18265: 375/1911). Dargestellt sind Vorderansicht, Grundriss, Schnitte und Lageplan.

Fischerei

Zu den späten Eisinteressenten gehört die Fischerei. Niendorf, Timmendorfer Strand, Scharbeutz und Haffkrug hatten eine längere Tradition als Fischerorte, bevor sie sich seit der ersten Hälfte des 19. Jahrhunderts dem Bädertourismus öffneten. Schauplatz des Fischereigeschehens war der jeweilige Strand, von wo aus die Boote auf Fangreise gingen und wo auch überwiegend der Fischverkauf stattfand. Dafür wurde Eis ebensowenig benötigt wie für die Frischhaltung des Fanges während der kurzen Fangreise, denn hierfür waren die Boote mit einer sog. Bünn versehen, einem von Seewasser durchströmten Behälter, in dem die Fische bis zur Anlandung lebend gehalten wurden.[212]

Dies änderte sich, als im ersten Jahrzehnt des 20. Jahrhunderts größere motorisierte Fischkutter zum Einsatz kamen, die den Aktionsradius zu erweitern erlaubten, und als auch der Fischhandel sich weiter ins Binnenland hin orientierte. Damit begann sich die Küstenfischerei – wie schon zuvor die Hochseefischerei in der Nordsee – allmählich auf die Verwendung von Eis umzustellen. Im Falle der oldenburgischen Seebäder kamen zwei Faktoren hinzu, die diesen Prozess beschleunigten: zum einen der Konkurrenzdruck seitens der mit

212 Becker (1967), S. 54–55.

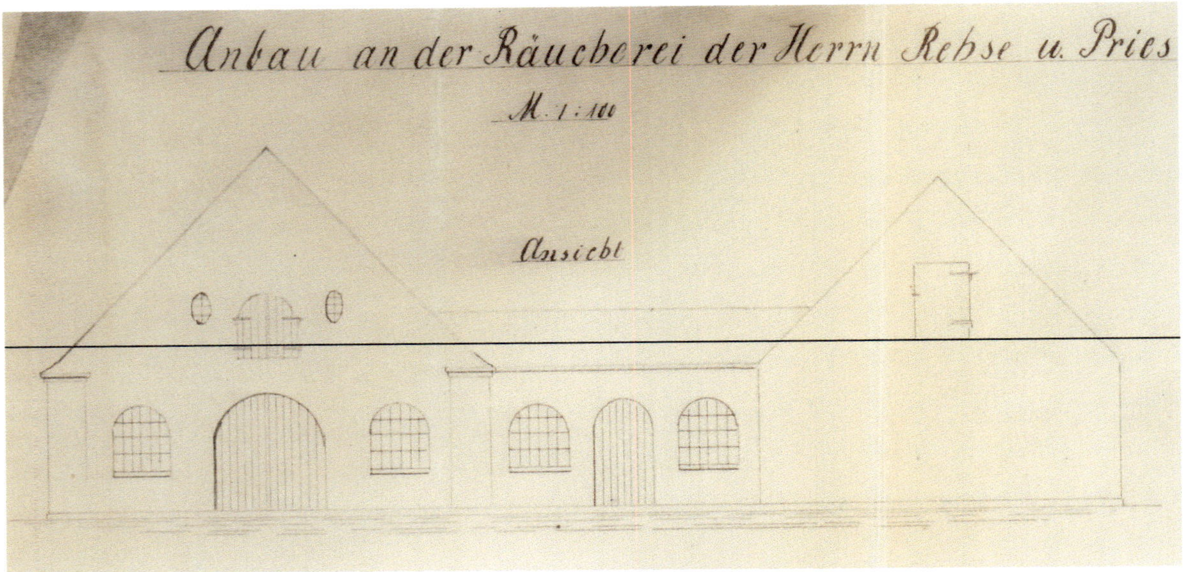

27 Das Fischereiensemble von Chr. Rehse und C. Pries beim Niendorfer Hafen mit Räucherei (links), Zwischentrakt und Eishaus (rechts), Bauzeichnung für den Zwischentrakt, Ansicht, 1922 (LASH, Abt. 260 Nr. 18304: 218/1922). Das Eishaus ist in der Fassade nur grob skizziert und unterscheidet sich daher deutlich von der Darstellung in Abb. 26.

größeren Schiffen operierenden Travemünder Fischer und zum anderen der Interessenkonflikt mit dem Bädertourismus, der zunehmend die Strände okkupierte. Da die Oldenburgische Regierung im Rahmen einer Tourismusinitiative die Strände für die Badegäste zu reservieren suchte, entschloss sie sich nach einem 1908 für sie ungünstig ausgegangenen Rechtsstreit mit den auf ihren hergebrachten Privilegien pochenden Fischern zum Bau eines Fischereihafens. Planung und Bau verzögerten sich jedoch infolge des Ersten Weltkrieges, sodass erst 1919 mit den Arbeiten begonnen werden konnte, nachdem auch die Standortfrage zugunsten Niendorfs entschieden war.[213]

In Niendorf, dem größten Fischereistandort des Fürstentums, hatte man sich auf Grund der günstigen Lage am Ausfluss der Aalbek aus dem Hemmelsdorfer See schon in der Planungsphase die größten Chancen als Standort des Hafens ausgerechnet. Und so hatte einer der Motorfischer, Karl Böbs, quasi im Vorgriff auf die künftige Entwicklung, im Oktober 1911 bei der Regierung zu Eutin einen Antrag auf Genehmigung eines Eishauses eingereicht, welchem im Februar 1912 entsprochen wurde (Abb. 26). Damit hatte der Fischereihafen, als er 1922 schließlich eröffnet wurde, schon vorzeitig ein wichtiges Infrastrukturelement erhalten.[214]

Das Eishaus fand seinen Standort binnenseits der Aalbekschleuse auf dem von einer Flussbiegung gebildeten sog. Reetplatz. Es handelte sich um ein massives, zweischaliges Gebäude mit Torfmullisolierung und Satteldach, das über zwei hintereinander liegende, miteinander verbundene Eisräume und einen Vorraum verfügte, der zugleich als Kühlraum diente. Somit war sowohl die Eisversorgung der Kutter als auch eine kurzzeitige Lagerung der Fänge sichergestellt. Für die Einbringung des Eises standen drei Luken zur Verfügung. Mit Außenabmessungen von 12 x 8 m, einer Innenhöhe von 5 m und einer Kapazität von ca. 277 cbm hatte das Eishaus beachtliche Ausmaße, die dem Bedarf von 25 motorisierten Fahrzeugen – für diese Zahl war der Hafen ausgelegt – durchaus entsprochen haben dürften, was aber zur Zeit seiner Erbauung mit Sicherheit noch

213 Ebd., S. 55–56; Niendorfer Fischereihafen (1997), S. 9–11.

214 Niendorfer Fischereihafen (1997), S. 14–21; LASH, Abt. 260 Nr. 18265 (375/1911). Die Angaben Beckers (1965), S. 146, zum Datum der Errichtung des Eishauses müssen insofern korrigiert werden.

nicht abzusehen war. So fragt es sich, ob der relativ kleine Kühlraum in den 1920er Jahren dem gewachsenen Lagerungsbedarf noch entsprach, und ob nicht der vordere Eisraum dem Kühlraum später zugeschlagen wurde. Der Eingang befand sich auf der dem Hafen zugewandten Giebelseite, während die Luken an der Seite und im rückwärtigen Giebel direkt von der Aalbek aus bedient werden konnten. Das Eis wurde im Hemmelsdorfer See geschnitten.[215]

Nach dem Ersten Weltkrieg gelangte das Eishaus in Beziehung zu den Eckernförder Fischkaufleuten Christian Rehse und Carl Pries, die 1922, also zur Zeit der Fertigstellung des Hafens, in unmittelbarer Nachbarschaft eine Räucherei errichteten und beide Gebäude durch einen als Lager dienenden Zwischentrakt miteinander verbanden (Abb. 27).[216] Wahrscheinlich war es in diesem Schuppen, wo außer Netzen, Versandkisten und anderem Material auch Chemikalien zur Imprägnierung der Netze aufbewahrt wurden; der Imprägnierung selbst diente ein in der Nähe des Eishauses an der Aalbek aufgestellter sog. Lohkessel.[217] Als Teil dieses Ensembles scheint das Eishaus bis in die ersten Jahre nach dem Zweiten Weltkrieg seinen Zweck erfüllt zu haben. Die Konkurrenz mit den Travemündern war inzwischen dadurch entschärft worden, dass sich die Oldenburger, Travemünder und Schlutuper Fischer 1919 zur »Lübecker Fischergenossenschaft Travemünde-Niendorf« vereinigt hatten, deren Geschäftsführung bis 1933 in den Händen von Christian Rehse lag. Dieser lieferte der Genossenschaft zudem auf eigene Rechnung Versandkisten und vermutlich auch das Eis; die Genossenschaft selbst besaß kein Eigentum am Eishaus.[218]

Auf diese Weise war – außer einer besseren Vermarktung der Fänge – eine grenzüberschreitende flexible Eis- und Kühlversorgung an der Lübecker Bucht zustande gekommen, die den beteiligten Fischern die Nutzung der Einrichtungen der Genossenschaft an mehreren Standorten gestattete. In diesem Rahmen wurde schließlich 1949 ein moderner Kühlraum im Niendorfer Hafen eingerichtet, der das Eishaus auf dem Reetplatz ersetzte, bevor dieses zusammen mit dem Lager- und Räuchereigebäude 1957 im Zusammenhang mit dem Bau der neuen Aalbekbrücke verschwand. Ein weitaus größeres Kühlhaus der Genossenschaft entstand im selben Jahr im Travemünder Fischereihafen, wo zudem eine Eisfabrik arbeitete, die mit einer Kapazität von 25 Tonnen täglich den Bedarf der Kutter und mehrerer Kühllastwagen decken konnte, während in Schlutup das Kühlhaus Lübeck 1951 ein Kunsteisdepot in Betrieb nahm.[219] Damit hatten kurz nach dem Zweiten Weltkrieg maschinelle Kühltechnik und Kunsteiserzeugung die Verwendung von Natureis in der Seefischerei der Lübecker Bucht weitgehend abgelöst.

215 LASH, Abt. 260 Nr. 18265 (375/1911). Becker (1965), S. 146; die dort zu findenden, vor allem zeitlichen Angaben zur Entstehung des Eishauses widersprechen allerdings dem hier dargestellten Quellenbefund.

216 LASH, Abt. 260 Nr. 18304 (190/1922 u. 218/1922). Das von einem Eckernförder Architekten entworfene massive Räuchereigebäude beherbergte 8 Altonaer Öfen, von denen jeweils vier den Rauch in einem gemeinsamen Schornstein abführten.

217 Becker (1965), S. 146, schreibt – offensichtlich in Unkenntnis des Zwischentraktes – die Lagerfunktion für das Imprägniermaterial dem Eishaus zu, was aber aus praktischen und kältetechnischen Gründen unsinnig gewesen wäre. Ungenaue Angaben Beckers auch in: Chronik Bädergemeinde (1979), S. 128–129.

218 Vgl. AHL, Genossenschaftsregister 577 und Polizeiamt 1403. – Welcher Art die Beziehungen zu dem damals bedeutenden Räuchereistandort Eckernförde waren, muss offenbleiben; vgl. Eckernförde-Lexikon (2014), S. 103–106 (Art. Fischräucherei).

219 Becker (1967), S. 60; Becker (1965), S. 145–147; Rönnpag (1994); Albrecht (2005), S. 244; Kühlhaus Lübeck AG, Bericht über das Geschäftsjahr 1951/52 u. 1952/53, in AHL, HRB 2464. Vgl. hierzu auch Bickelmann (2023), S. 232–235.

28 Das Hotel »Holsteinische Schweiz« aus der Vogelperspektive, um 1900 (Postkarte im Besitz des Verf.). Die idealisierte, stark überhöhte Zeichnung lässt die Gesamtanlage mit den unterschiedlichen Einrichtungen sowie die Verkehrsanbindung durch Straße, Eisenbahn und Schiff erkennen. Rechts unterhalb des Haupthauses die als »Bastei« bezeichnete obere Aussichtsterrasse.

Spitzenangebote an Touristen und Einheimische

Eiskeller in der Gastronomie und im Bierhandel

Die Gastronomie im ehemaligen Kreis Eutin war zum großen Teil durch den Tourismus geprägt, was insbesondere auf die »Holsteinische Schweiz« und die oldenburgischen Ostseebäder zutrifft. Das Hügelland um Kellersee, Dieksee, Plöner See und die beiden Eutiner Seen war schon im 18. Jahrhundert als »ästhetische Ideallandschaft« berühmt, bevor es seit Mitte des 19. Jahrhunderts zu einem frühen Zentrum eines bürgerlichen Massentourismus avancierte. Eher medizinische Anwendungen hingegen standen am Beginn des Bädertourismus, der sich seit 1813 zwischen Haffkrug und Niendorf zunächst in bescheidenem Rahmen und dann, nach der großen Sturmflut von 1872, in schnellerem Tempo und mit größerem Anspruch entfaltete.[220]

Voraussetzung für diese Entwicklung war die Erschließung des Fürstentums Lübeck durch die Eisenbahn, welche seit 1866 den Aufbau einer spezifischen touristischen Infrastruktur ermöglichte, als mit der Eröffnung der Bahnlinie Neumünster-Neustadt (mit Querverbindung Ascheberg-Kiel) ein neues Zeitalter begann. Fanden auf diese Weise zunächst Eutin sowie Gremsmühlen und Malente Zugang zum überregionalen Bahnnetz, so folgte 1873 mit der Eutin-Lübecker Eisenbahn eine die ganze Länge des Fürstentums Lübeck bis nach Schwartau durchquerende Linie. Diese Hauptlinien wurden im Süden 1882 noch um die erneut Schwartau berührende Strecke Lübeck-Travemünde sowie im Norden 1892 um die Strecke Gremsmühlen-Lütjenburg ergänzt; bereits 1886 war Ahrensbök durch eine Querverbindung an die Hauptstrecke Eutin-Lübeck angeschlossen worden. Hingegen mussten die Ostseebäder, die nur über Pansdorf und Bahnhof Gleschendorf (seit 1934: Pönitz) an der Eutin-Lübecker Eisenbahn per Kutsche zu erreichen waren, noch längere Zeit auf eine eigene Bahnstation warten. Als erstes profitierte dann Niendorf noch kurz vor dem Ersten Weltkrieg (1913) von der bis dort vorgenommenen Verlängerung der Lübeck-Travemünder Strecke; die anderen oldenburgischen Ostseebäder fanden jedoch erst mit der Fertigstellung der sog. »Bäderbahn« Bad Schwartau-Neustadt seit 1925 bzw. 1928 direkten Anschluss an das schleswig-holsteinische Bahnnetz.[221]

Im Rahmen dieser Verkehrsentwicklung nahm auch die Gastronomie einen starken, jedoch zeitlich gestaffelten Aufschwung. Einen ersten Höhepunkt und zugleich den Inbegriff, ja geradezu den »Bahnbrecher des Fremdenverkehrs« in der Region bildete das 1885 errichtete, auf einer natürlichen Geländeterrasse wie ein Schloss hoch über dem Kellersee thronende Hotel »Holsteinische Schweiz«. Mit ihm hatten die Betreiber, die im Baustoff-, Holz- und Einzelhandel sowie im Tourismusgewerbe tätige Eutiner Unternehmerfamilie Janus, alles aufgefahren, was man sich damals an gastronomischem und touristischem Angebot vorstellen konnte: ein als Luxushotel ausgelegtes Haupthaus mit Fest- und Konzertsaal, Billardraum und begehbarem Turm, weitere Gasträume, Veranden und Biergärten, zwei Logierhäuser, deren eines, das »Schweizerhaus«, weniger anspruchsvollen Wandergästen diente, sowie einen weitläufigen Park mit Grotten, Tempeln und Aussichtsplattformen sowie einen Badestrand mit

220 Baudach (2020), S. 137–149; Zimmermann (1965), S. 29–41.

221 Baudach (2020), S. 136–137; Kloth (2020) S. 216–231; Rönnpag (1968). – Die »Bäderbahn« war 1925 bis Haffkrug benutzbar und wurde erst 1928 bis Neustadt weitergeführt.

Badekarren und später auch Tennisplätze. Während allein der Speisesaal 250 Personen fasste, konnten zusammen mit der Außengastronomie insgesamt etwa 1.000 Gäste gleichzeitig bewirtet werden. Eine zum Hause gehörende Konditorei und ein Weinverkauf vervollständigten das Angebot. Die Anlage war durch eine eigene Bahnstation an der Linie Gremsmühlen-Lütjenburg sowie über einen Anlegesteg für die ebenfalls von der Familie Janus seit 1882 betriebene Kellersee-Schifffahrt leicht zu erreichen (vgl. Abb. 28). Das Anwesen war somit nicht nur verkehrsmäßig optimal erschlossen, sondern bildete den wesentlichen Teil eines touristischen Gesamtkonzepts, welches daneben ein ebenso repräsentatives städtisches Hotel in Gestalt des Eutiner Voß-Hauses, einen Zubringerdienst vom bzw. zum Eutiner Bahnhof und zum Schiffsanleger bei Fissau sowie Kutschfahrten in die nähere Umgebung umfasste.[222]

Ein solches Etablissement mit einem gastronomischen Spitzenangebot für betuchte und einem breiteren Angebot für weniger zahlungskräftige Gäste war ohne einen Eiskeller nicht vorstellbar. Doch kamen die Betreiber zunächst anscheinend ohne einen solchen aus, denn erst ein Jahr nach der Eröffnung wurde im Rahmen eines kleinen Erweiterungsbaus der Weinkeller verlegt, wobei der bisherige zum Eislager umfunktioniert wurde. Dies konnte nur ein Provisorium sein, da hierbei essentielle Vorkehrungen wie Dämmung der Außenwände und Schmelzwasserabfluss fehlten. Erst 1891, nach Überwindung von Anlaufschwierigkeiten sowie im Zusammenhang mit dem Bau des »Schweizerhauses« und dem Anschluss an die Eisenbahn, entstand ein reguläres, aus zwei separaten Kammern bestehendes Eishaus, das zwar mit dem außerordentlichen Fassungsvermögen von insgesamt 160 cbm dem inzwischen gestiegenen Bedarf sicherlich entsprochen haben dürfte, das jedoch – als hinter dem Haupthaus versteckter, relativ schlichter Holzständerbau ohne Eingangsschleusen und Vorräume – in technischer wie auch in ästhetischer Hinsicht in starkem Kontrast zu der opulenten Gesamtanlage stand. Aus dem Fehlen eines Kühlraumes lässt sich jedoch schließen, dass im Haupthaus genügend große Eisschränke und andere Kühlmöglichkeiten für den Tagesbedarf zur Verfügung gestanden haben müssen.[223] Als das Hotel 1909 – nunmehr unter dem Namen »Kurhotel Holsteinische Schweiz« – eine grundlegende Renovierung, Erweiterung und Modernisierung erfuhr, wozu auch der Einbau einer Gas-Zentralheizung gehörte, wurde der obsolet gewordene Kohlenkeller zu einem weiteren Vorratsraum für Natureis umgewidmet; wahrscheinlich diente er als Reservedepot, nachdem im Zuge der Neukonzeption der bisherige Saisonbetrieb auf eine ganzjährige Öffnung umgestellt worden war.[224]

Ebenso besaß der andere Teil des gastronomischen Verbunds, das im Jahr 2006 durch Brand vollständig zerstörte Voß-Haus, ein Eishaus, womit angesichts seiner Bedeutung nicht nur als Ort des Tourismus, sondern auch als gastronomischer und gesellschaftlicher Mittelpunkt der Residenzstadt sowie als bevorzugtes Domizil auswärtiger Prominenz von vornherein zu rechnen war. Tatsächlich bot der Eigentümer, Wilhelm Janus, seinen Gästen schon zur Eröffnung des Hotels im Mai 1885 neben bayrischem Bier auch den Luxus einer Natureisversorgung. Das freistehende Eishaus, das in eine größere, etwa 105 cbm fassende Eiskammer und einen kleineren Kühlraum unterteilt war, bestand aus einer Kombination von einschaligem äußerem Mauerwerk und innenliegendem Holzständerbau mit breiter Isolierfüllung; für das Einbringen des Eises war eine etwas umständlich über den Dachboden zu erreichende Luke vorgesehen. Über den Eigenbedarf hinaus beteiligte sich die Familie Janus schon bald auch am örtlichen Eishandel, u.a. über einen eigenen Kolonialwarenladen. Im Zuge einer umfangreichen Hotelerweiterung entstand Anfang 1911 ein mit 137 cbm Fassungsvermögen deutlich größerer Neubau, der, als Zweischalenmauerwerk mit breitem Luftraum ausgeführt und, an die Rückseite des Haupthauses angeschlossen, einen direkten Zugang vom Haus zu den Kühlräumen ermöglichte und dem neugestalteten Garten größeren Raum ließ. Nach außen hin mit Spalieren optisch

222 Janus (1964) S. 31–45, dort auch der Begriff »Bahnbrecher«; Kellersee-Fahrt (1982), o.S.; Zimmermann (1965), S. 34–37; neueste und umfassende Darstellung bei Griep (2016), S. 16–28.

223 LASH, Abt. 260 Nr. 18199 (43/1886) u, Nr. 18204 (161/1891). Optisch wurde der Kontrast durch eine Reetbedeckung des Eishauses etwas gemildert.

224 LASH, Abt. 260 Nr. 18247 (1/1909). Janus (1964), S. 45; Bartels (2008), S. 179–181; Griep (2016), S. 36–43. Die Umstellung auf Gas war möglich geworden, nachdem das Leitungsnetz des 1905 in Betrieb genommenen Gaswerks Malente inzwischen das Hotel erreicht hatte.

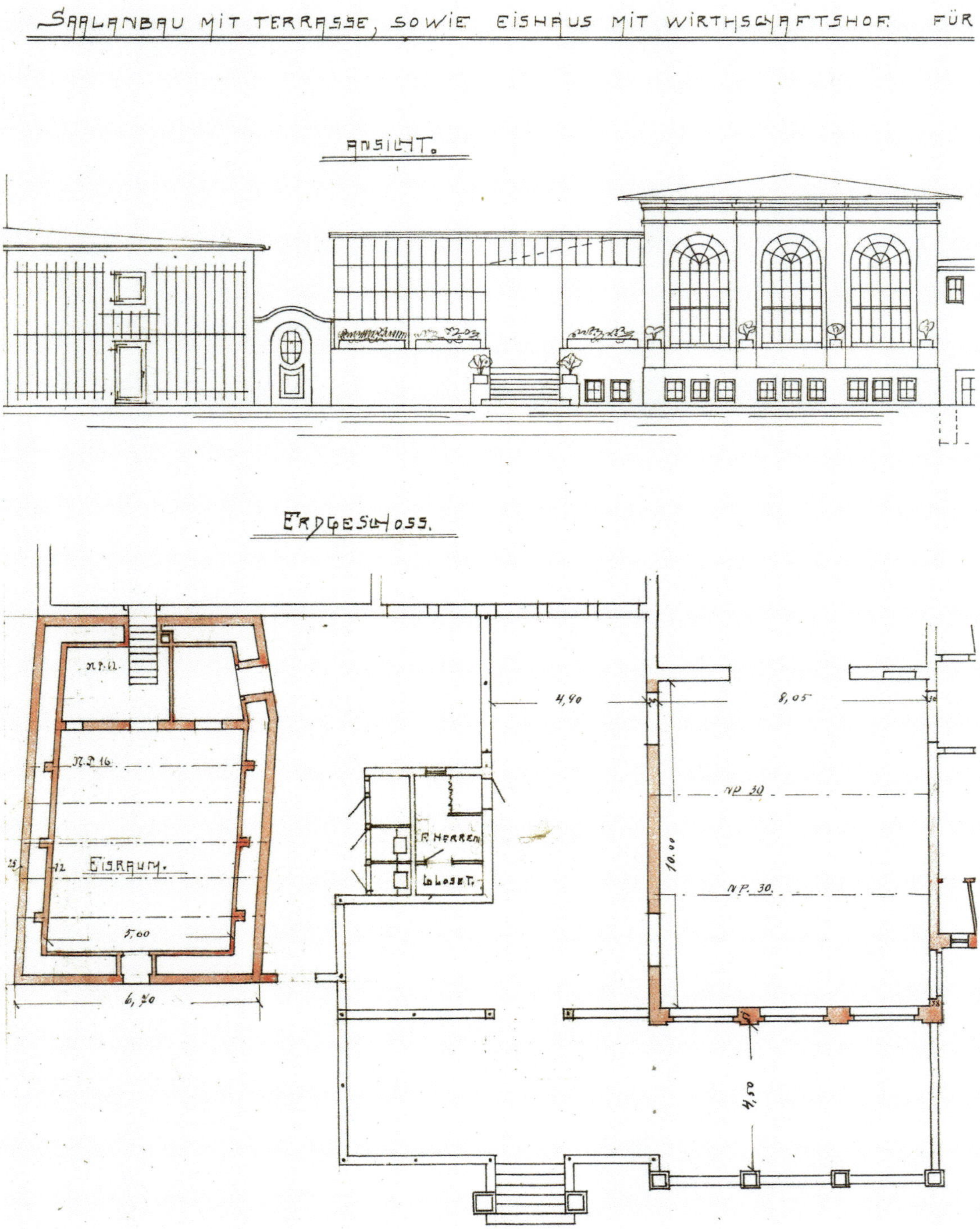

29 Bauliche Veränderungen an der Gartenseite des Voß-Hauses; Bauzeichnung mit Grundriss und Ansicht, Dez. 1910 (Stadtbauamt Eutin, Hausakte Voßplatz 6). Links Eiskeller mit Eingang und Ladeluke zum Eisraum, in der Mitte überdachte Terrasse, rechts neuer Gartensaal.

30
Blick über den Biergarten und die Terrasse des Lokals »Alte Kalkhütte« auf den Kellersee, um 1912 (Postkarte im Besitz des Verf.). Unter dem von dem weißen Geländer umgrenzten Bereich befand sich der Eiskeller.

aufgewertet, bildete er zusammen mit dem damals vergrößerten Gartensaal und einer von beiden Gebäudeteilen umrahmten glasüberdachten Terrasse eine ansprechende und funktional optimierte Einheit (Abb. 29), die sich geradezu als gestalterisches Gegenstück zur beschriebenen Situation beim Hotel »Holsteinische Schweiz« liest.[225]

Außerhalb Eutins waren schon 1892 zwei weitere Eishäuser in Sielbeck entstanden. Der Ort, der u.a. von der Kellersee-Schifffahrt bedient wurde, gehörte seit langem zu den touristischen Hauptattraktionen der Holsteinischen Schweiz, vor allem wegen des sagenumwobenen Ukleisees und des großherzoglichen Jagdschlösschens; er verfügte daher schon früh über mehrere gastronomische Betriebe.[226] Eines dieser Eishäuser gehörte dem legendären August Holzbach, der im Jahr zuvor das altbekannte »Gasthaus zum Uglei« von der ebenso legendären »Mutter« Braasch übernommen hatte. Das andere wurde durch diese selbst für das benachbarte »Hotel zum Uklei« errichtet, welches 1894 auf den Hufner Heinrich Grimm überging und dessen Nachfahren noch heute teilweise im Besitz des Grundstücks sind. Bei beiden Bauten handelte sich um Holzfachwerkkonstruktionen mit Vorraum, die mit 34 bzw. 55 cbm unterschiedliche Kapazitäten aufwiesen.[227] Der geschäftstüchtige Holzbach, der zuvor Geschäftsführer des Eutiner Voß-Hauses gewesen war, machte sein später um eine große Veranda erweitertes Gasthaus, in der allein er 400 Gäste bewirten konnte, in Verbindung mit dem Verkauf von Souvenirs zu einer Hochburg des Tagestourismus, während Grimm vor allem den Hotelbereich, mit verschiedenen Gesellschaftsräumen und einem Badestrand am Kellersee, weiter ausbaute.[228]

Bis der Eiskellerbau am Kellersee eine Fortsetzung fand, vergingen mehr als 15 Jahre. 1907 konnten sich Touristen über zwei weitere attraktive Gastronomiebetriebe freuen, die sich allerdings erst drei Jahre nach ihrer Eröffnung Eiskeller zulegten: das Grandhotel Schwentinetal (heute:

225 Stadtbauamt Eutin, Hausakte Voßplatz 6, frdl. Recherche durch Karin Ude-Johannsen, Mai 2021; LASH Abt. 260 Nr. 6767, Quadr. 39 (Eisentnahme); Anz. FT Lübeck, 7.6.1890 (Verkauf von Natureis), 16.2.1898 u. 30.3.1898 (Organisierung von Natureislieferungen aus Norwegen) – Generell zum Voß-Haus vgl. Jenssen (1961), S. 23–46; Baudach (2020), S. 145–146.

226 Friedrichsen (2005); Scheer (2005), S. 119–137.

227 LASH, Abt. 260 Nr. 18205 (1/1892 u. 151/1892): Holzbach bzw. Braasch. Beide mit Kühlraum.

228 Zu Holzbach vgl. Klerch (1980). Zu beiden und generell zur Gastronomie in Sielbeck auch Scheer (2005), S. 123–129. Das hölzerne Eishaus des »Hotels zum Uklei« wird verschiedentlich verwechselt mit einem massiven Pumpenhaus des Hotels für die Wasserversorgung.

»Seeschloss am Kellersee«) beim Schiffsanleger in Fissau, dem Ausgangspunkt der Kellersee-Fahrt, und die am Waldweg von Fissau nach Sielbeck gelegene »Alte Kalkhütte«, die unter der Regie des als »Sänger vom Kellersee« bekannten Gastronomen und früheren Bierverlegers Carl Piehl stand und über eine eigene Anlegebrücke verfügte. Während das Grandhotel seinen Eiskeller in einer rückwärtigen Nische hinter der hohen Grundstücksmauer und unter einer Grassodenbedachung verbarg, wählte Piel eine andere, dem Gelände angepasste Tarnung. Er gestaltete nämlich das Dach des in den seewärtigen Hang unterhalb des Gasthofs hineingesetzten Eiskellers als Terrasse für den Biergarten aus, von der aus seine Gäste einen herrlichen Blick über den Kellersee genießen konnten (Abb. 30).[229] Dies erinnert ein wenig an Beispiele in verschiedenen europäischen Parkanlagen des Adels, in denen Eiskeller – mit Pavillons, Teehäusern, Grotten, Türmen oder künstlichen Burgruinen überbaut – unsichtbarer Teil landschaftsgärtnerischer Inszenierungen waren, wozu u.a. eine Reihe von englischen Herrensitzen und der Wörlitzer Park bei Dessau sowie in Schleswig-Holstein die Güter Hohenstein bei Eckernförde und Düttebüll bei Gelting zählen.[230] Auch das im vorigen Kapitel beschriebene, von August Heinrich Schlichting in Eutin realisierte Projekt eines Felsenkellers mit darübergelegtem Bierausschank wäre in diesen Zusammenhang einzuordnen.

Im Fall der »Alten Kalkhütte« jedoch war die Bauaufsicht von der ästhetischen Qualität des eingereichten Entwurfs nicht ganz überzeugt, sodass sie dem Bauherrn auferlegte, den vom See aus sichtbaren Teil des Kubus mit grünen Spalieren zu versehen und statt der vorgesehenen pfeilergestützten Metallgitter ein weißgestrichenes hölzernes Terrassengeländer aufzustellen, so wie es sich in Abbildung 30 darbietet. Möglicherweise hatte sich Piehl mit dieser Baugestaltung an der 25 Jahre älteren »Bastei« orientiert, der oberen Aussichtsplattform des Hotels »Holsteinische Schweiz« (vgl. Abb. 28), die einen ähnlichen Ausblick aus entgegengesetzter Richtung bot.[231] Auch unter ihr hätte man einen Eiskeller vermuten können, doch hätte sich eine solche Lösung aufgrund der Südausrichtung des Hangs aus kältetechnischen Gründen von vornherein verboten. Der mit einem Vorbau und Eingangsschleuse versehene zweischalige Eiskeller der »Alten Kalkhütte« maß im Grundriss 3,5 x 3,5 m und in der Höhe 3 m, woraus sich ein Fassungsvermögen von 37 cbm errechnet (Abb. 31). Angesichts der starken Hanglage hat man wohl auf eine Ladeluke verzichtet, sodass das Eis am leichtesten von unten her über den Eingang eingebracht werden konnte. Der Bau von Eiskeller und Biergarten stand im Zusammenhang mit der Erweiterung des gastronomischen Angebots auf eine volle Schankkonzession.

Die »Alte Kalkhütte« ist inzwischen völlig verschwunden; beim »Seeschloss« in Fissau, an dessen Stelle neuerdings ein Wohnprojekt geplant ist, wurde der Eiskeller vor längerer Zeit zu Garagen umgebaut.

All die genannten gastronomischen Betriebe gehörten zu den vielfrequentierten Gasthäusern und Hotels am Ufer des Kellersees, die sich als Etappen eines durch Wanderwege und verschiedene Verkehrsmittel gestützten Ausflugsverkehrs gegenseitig ergänzten. Dieser hatte schon 1906 durch eine von Eutin über Sielbeck und das Hotel »Holsteinische Schweiz« nach Gremsmühlen von Bahnhof zu Bahnhof führende private Kraftomnibusverbindung – welche nach Unterbrechung durch den Ersten Weltkrieg Mitte der 1920er Jahre durch Postbusse wiederaufgenommen wurde – in den Sommermonaten eine zusätzliche Belebung erfahren.[232]

In dieser Reihe der Eiskellerbesitzer vermisst man lediglich das einstmals vielgerühmte, zwischen Krummsee und Malkwitz auf einer Anhöhe

229 LASH, Abt. 260 Nr. 18258 (Schwentinetal, 364/1910), u. Nr. 19914 (Kalkhütte). Zur Kalkhütte vgl. auch Kröger (1913), S. 64. – Zu Piehl vgl. Prühs/Rönpag (1984), S. 51, sowie LASH Abt. 260, Nr. 10800, Fasc. 7. Piehl, anfänglich Billard-Fabrikant in Ratzeburg, führte seit 1896 in Eutin zunächst die Niederlage der Ratzeburger Actien-Brauerei und machte sich 1899 mit dem Gasthaus »Zur stumpfen Ecke« am Eutiner Markt selbstständig, bevor er 1907 die »Alte Kalkhütte« übernahm.

230 Beispiele hierfür bei Reinink (1995), S. 100–103, 129–130, 200–210, Lütgert (2000), S. 198–199 u. 210, sowie Buxbaum (2002), S. 20–25.

231 LASH, Abt. 260 Nr. 19914. – Der Blick von der »Bastei« und die Ähnlichkeit des Motivs mit Abb. 27 sind bei Bartels (2008), S. 268, dokumentiert. Zu der ähnlichen, heute noch erhaltenen unteren Aussichtsterrasse des Hotels »Holsteinische Schweiz« vgl. Meyer (2015).

232 LASH, Abt. 260 Nr. 9150; Anz. FT Lübeck, 11.5.1907 (Fahrplan). Ferner Adreßbuch Landesteil Lübeck (1927), S. 14 (Postbusse). – Generell zu der Wanderstrecke um den Kellersee vgl. Neugebauer (1963), S. 357–361.

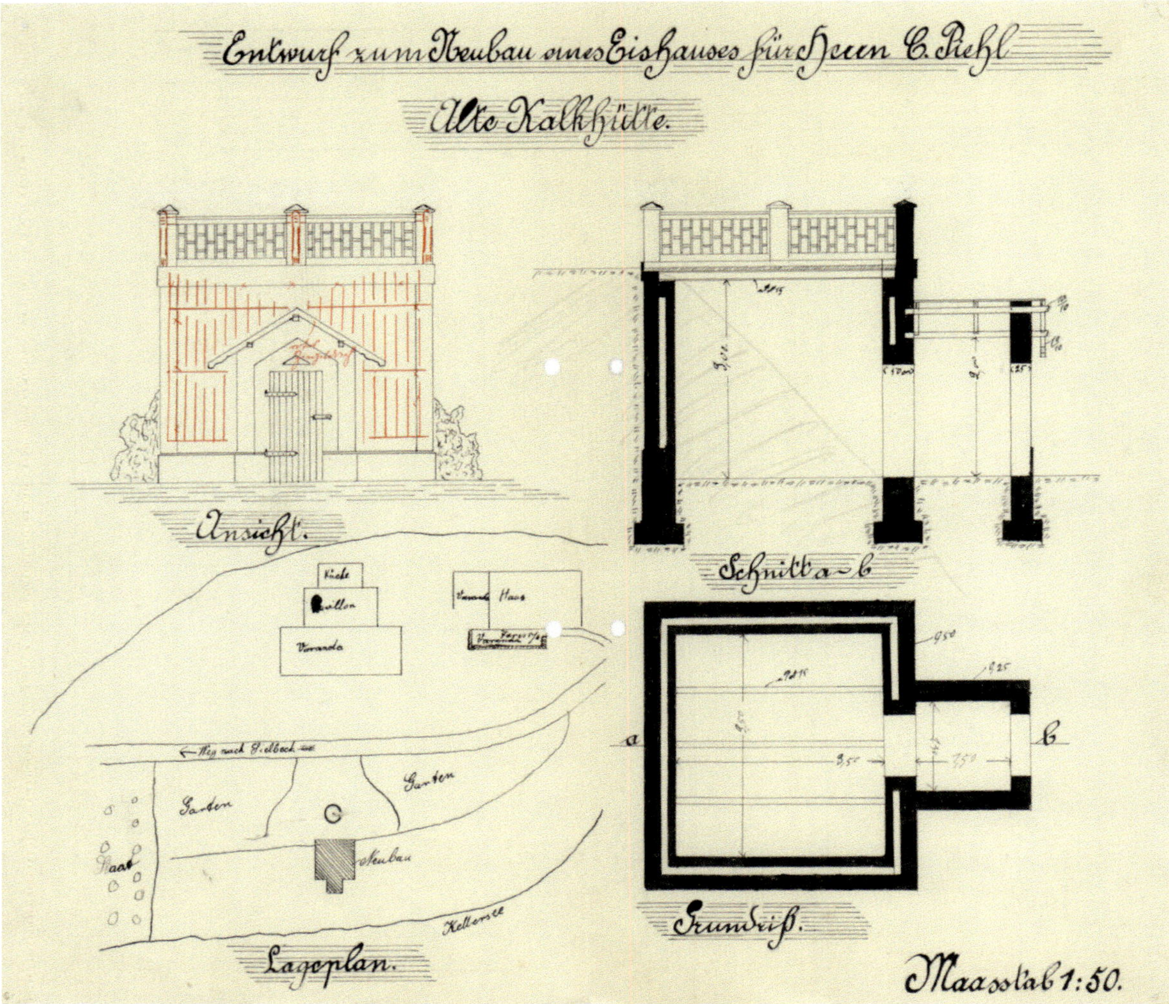

31 »Entwurf zum Neubau eines Eishauses für Herrn C. Piehl, Alte Kalkhütte«, 1910 (LASH, Abt. 260 Nr. 19914). Ansicht, Schnitt, Grundriss und Lageplan mit Änderungsvorschlägen (rot) der Bauaufsicht.

gelegene Hotel und Restaurant »Bruhnskoppel«, welches mit seinem damals einzigartigen Fernblick von dem zugehörigen Aussichtsturm einen weiteren touristischen und gastronomischen Höhepunkt in der Holsteinischen Schweiz bildete. Die Tatsache, dass der Pächter 1908 eine Genehmigung zur Eisentnahme aus dem unterhalb des Anwesens gelegenen Krummsee erhielt, deutet jedoch auf eine eigene Eisversorgung hin. Nach ihrer Schließung im Jahr 2010 und der anschließenden Plünderung des Inventars muss die »Bruhnskoppel« leider zu den »lost places« gerechnet werden.[233]

Zeitlich etwas versetzt wurde der Dieksee Ausgangspunkt einer vergleichbaren Entwicklung. Malente und Gremsmühlen hatten inzwischen durch den Tourismus einen großen Aufschwung genommen, und so waren dort neben zahlreichen Pensionen mehrere Hotels entstanden; bei zweien von ihnen lassen sich Eiskeller nachweisen. Das kleinere, an der Dieksee-Promenade gelegene

233 Unterlagen über einen Eiskeller waren in den Bauakten bisher nicht zu finden; zur Eisentnahme vgl. LASH, Abt. 260 Nr. 20010, Quadr. 5.

Generell zu dieser Lokalität, die wie das Hotel »Holsteinische Schweiz« über eine eigene Bahnstation an der Strecke Gremsmühlen-Lütjenburg verfügte, vgl. Neugebauer (1963), S. 361. Zum gegenwärtigen Zustand des Anwesens: »Landschaft allein reicht nicht: Das unverkäufliche Hotelprojekt«, LN online, 6.6.2016; Horn (2022), S. 84–87.

»Victoria-Hotel« errichtete 1905 nachträglich ein kleines massives Eishaus (25 cbm), während das im Jahr darauf eröffnete »Parkhotel« (seit 1927 Städtisches Kurhaus) sogleich mit einem in das Kellergeschoss integrierten Eiskeller aufwartete, der von zwei Seiten einen Kühlraum umschloss. Bei diesem nach damals modernstem Standard konzipierten Etablissement, das 1972 dem jetzt sich dem Zustand der Verwahrlosung nähernden »Intermar«-Komplex weichen musste, handelte sich es sich um eine dem Hotel »Holsteinische Schweiz« vergleichbare Einrichtung, in der zahlreiche Gäste der höheren Gesellschaft und des Adels verkehrten und das daher mit Gesellschaftsräumen, einem großzügigen Speisesaal und weiteren Annehmlichkeiten ausgestattet war. Dementsprechend war der Eiskeller für eine Kapazität von 91 cbm ausgelegt.[234] Ein bereits 1889 von einem Hamburger Investor für Gremsmühlen beantragtes Hotelprojekt, das ebenfalls schon einen integrierten Eiskeller vorgesehen hatte, war offenbar nicht zustande gekommen.[235]

Von nicht zu unterschätzender Bedeutung für den Erfolg dieser an der Dieksee-Promenade gelegenen Hotels war ferner, dass sich dort der Ausgangspunkt der 1892 ins Leben gerufenen Dieksee-Ausflugsschifffahrt befand, und so wiederholte sich hier das, was ein gutes Jahrzehnt zuvor schon am Kellersee begonnen hatte, nämlich eine Initiativfunktion für weitere Gasthöfe entlang des Sees. Davon profitierte vor allem das an der Nahtstelle von Dieksee und Behler See gelegene Timmdorf. Dort endete zunächst der Schiffsverkehr, bis er sich später zu der bis heute bekannten Fünf-Seen-Fahrt ausweitete. Einer der Mitbegründer der Schiffslinie war der Hufner Wilhelm Kasch, der 1892 die Konzession für eine Sommerwirtschaft erhielt, bevor er diese zu einem regulären, noch heute existierenden Gastronomiebetrieb erweiterte (»Kaschs Landgasthof«). Für diesen ließ er 1912 eine »Russische Eishütte« erbauen, die etwas abseits vom Gasthof am Behler See gelegen war.[236] Den Endpunkt der Linie bildete dann, schon im Kreis Plön, das »Hotel Fegetasche«, welches ebenfalls einen Eiskeller unterhielt.[237] Dass Timmdorf zu einem beliebten Ausflugsort mit einer gut vertretenen Gastronomie avancieren konnte, hängt also zu einem guten Teil mit den Verkehrsverbindungen zusammen, wozu auch gehört, dass dort 1894 ein Haltepunkt für die Bahnlinie Neustadt-Neumünster/Kiel eröffnet worden war.

In Bosau, am Plöner See, lässt sich ein ähnliches Muster beobachten. Dort errichtete der langjährige Gastwirt Wilhelm Steen 1908 in der Nähe des Fähranlegers der Plöner-See-Schifffahrt am Bischofssee ein massives Eishaus mit Kühlraum, was als Zeichen für einen regen Touristenbetrieb gedeutet werden kann. Ein zweiter Gasthof (Braasch, heute »Zum Frohsinn«) legte sich noch 1934 einen Eiskeller zu, nachdem der Besitzer einige Jahre zuvor zusätzlich zum Hotelbetrieb übergegangen war und einen kleinen Badestrand eröffnet hatte.[238]

1927 hatte auch Sielbeck noch einen letzten Eiskeller erhalten. Dort hatte die mit einem Restaurant verbundene Pension »Zur Erholung« ihre beiden separaten Gebäude durch einen als Eingangsfoyer dienenden einstöckigen Zwischentrakt miteinander verbunden; hierfür bildete ein Eisraum mit Vorkeller den Unterbau.[239] Ein noch späterer Eiskellerbau lässt sich für Malente nachweisen, der zu dem am Gremskamp neben dem Wasserturm gelegenen Kurhotel »Fürst Bismarck« gehörte. Dieser, ein 1932 errichteter freistehender, rundum mit roten Klinkern veredelter puristischer Quader mit einer auf einem Betongesims ruhenden, leicht gewalmten Bedachung, die optisch einem Flachdach gleichkam, präsentierte sich insofern als Besonderheit, als er das einzige derartige Objekt im Landesteil Lübeck war, welches den sachlichen Stil der späten 1920er Jahre verkörperte (Abb. 32); äußerlich hätte man ihn leicht auch mit einer Autogarage oder einem

234 LASH, Abt. 260 Nr. 18227 (Parkhotel, 140/1905) u. Nr. 18229 (Victoria, 301/1905). Zum Parkhotel vgl. auch Bartels (2008), S. 263–265, Zimmermann (1979), Nr. 50 u. 70; sowie Anz. FT Lübeck, 22.5.1906 (Eröffnung).

235 LASH, Abt. 260 Nr. 18202 (156/1889).

236 LASH, Abt. 260 Nr. 18269 (131/1912); Fassungsvermögen: 22 cbm. Zum touristischen Umfeld vgl. Timmdorf (1997), S. 65–68, 71; Zimmermann (1960), S. 54–57.

237 Lütgert (2000), S. 192.

238 LASH, Abt. 260 Nr. 18246 (Steen, 329/1908, 49 cbm), Nr. 18330 (Gästehaus Braasch, 287/1928) u. 18352 (Eiskeller Braasch, 232/1934, 70 cbm); Piening (1905), S. 86–87. Zur Schifffahrt auf dem Plöner See vgl. Plön (1904), S. 6, u. Sommer (1950), S. 47–51.

239 LASH, Abt. 260 Nr. 18235 (369/1927); die Kapazität war mit 30 cbm recht gering. Zur Pension, deren zweites Gebäude 1925 neu errichtet worden war, vgl. Scheer (2005), S. 132–133.

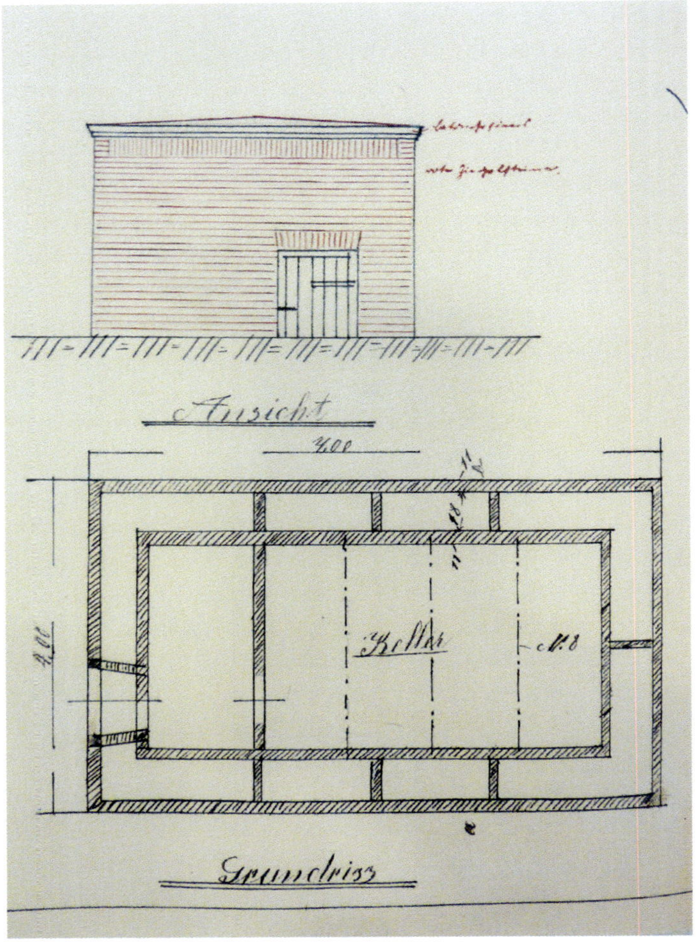

32 Eishaus des Hotels »Fürst Bismarck« auf dem Gremskamp in Malente, Bauzeichnung Grundriss und Ansicht, 1932 (LASH, Abt. 260 Nr. 18343: 11/1932).

Transformatorenhäuschen verwechseln können.[240] Zur selben Zeit, vielleicht aber schon früher, war auch das »Hotel Dieksee« in Gremsmühlen zur Eisbevorratung übergegangen, wobei allerdings über die dazugehörigen Baulichkeiten nichts in Erfahrung zu bringen war.[241]

Ein zweiter Schwerpunkt des Tourismus lag bei den oldenburgischen Ostseebädern Niendorf, Timmendorfer Strand, Scharbeutz und Haffkrug. Diese hatten aus kleinsten Anfängen heraus seit 1813 eine unterschiedlich schnelle Entwicklung genommen und verfügten, nach dem Wiederaufbau der durch die Sturmflutkatastrophe des Jahres 1872 zerstörten Infrastruktur, über eine sich konsolidierende Gastronomie und Hotellerie.[242] Für einen damit verbundenen Bau von Eishäusern lässt sich allerdings ein Muster nur schwer erkennen.

Noch vor 1879 gab es in Niendorf einen ersten Eiskeller, nämlich bei »Johannsens Hotel«, der Pioniergastronomie des Ortes.[243] Erst fast 40 Jahre später folgte das schon 1874 gegründete, in idyllischer Lage oberhalb des Steilufers – hinter der heutigen Schwimmhalle – innerhalb eines Parks gelegene »Elisabethbad« (später Kurhaus), welches mittlerweile eine durchaus anspruchsvolle und von hochkarätigen Gästen frequentierte

240 LASH, Abt. 160 Nr. 18343 (11/1932); Adreßbuch Landesteil Lübeck (1927), S. 97. Dem Eisraum mit 29 cbm Fassungsvermögen war ein Vorraum mit integrierter Eingangsschleuse vorgeschaltet.

241 LASH, Abt. 260 Nr. 20010, Quadr. 80; 1932 Genehmigung zur Eisentnahme aus dem Dieksee.

242 Baudach (2020), S.147–149; Kürtz (2003), S. 12–15; Hauffe (1974), S. 57–58, 60–65.

243 LASH, Abt. 260, Nr. 18192 (142/1880): Eishaus auf Lageplan. Ferner Hauffe (1972), sowie Chronik Bädergemeinde (1979), S. 83/84.

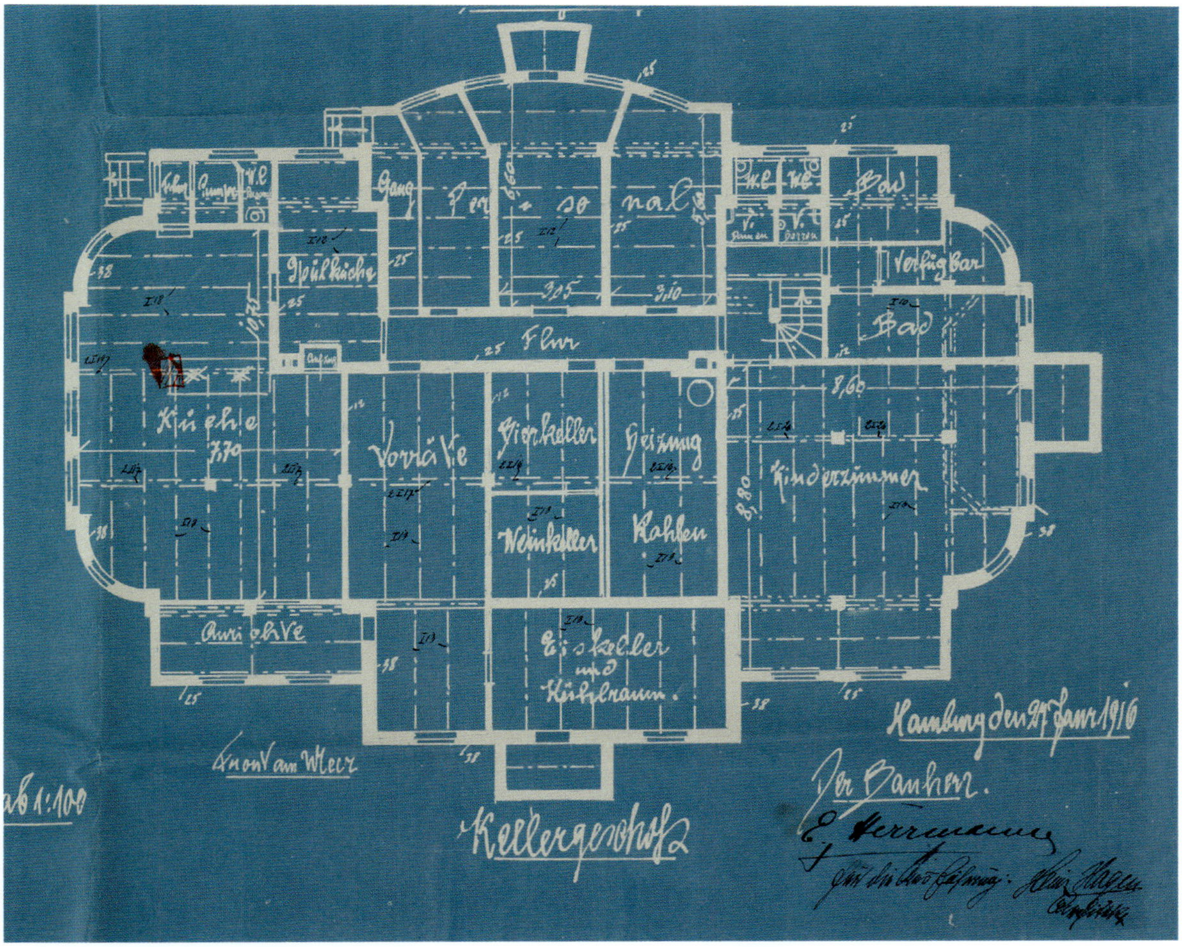

33 Pensionshaus Herrmann, Timmendorfer Strand; Grundriss des Kellergeschosses, Bauzeichnung 1916 (LASH, Abt. 260 Nr. 18289: 3/1916). Beispiel eines integrierten Eiskellers.

Einrichtung darstellte. Dieses erhielt 1913 im Rahmen einer großzügigen Erweiterung um einen Saal mit Bühne, Bierhalle und Weinstube auch einen integrierten Eiskeller.[244]

In Timmendorfer Strand begann die Reihe der gastronomischen Eishäuser und Eiskeller 1891 mit dem Hotel »Waldesruh« des Hoteliers C. Lorgie, einem aus dem Haupthaus und zwei Logierhäusern bestehenden Komplex. Es handelte sich um ein auf dem rückwärtigen Teil des Grundstücks gelegenes massives Gebäude mit Satteldach, das aus dem 125 cbm fassenden Eisraum, einem Kühlraum und einem Vorraum bestand (Abb. 43).[245] Die Größe der Eiskammer könnte darauf hindeuten, dass eventuell weitere örtliche Gastronomiebetriebe an ihr partizipierten. Es folgten das »Hotel am Meer« und das Kurhaus von Adolph Dencker mit nachträglich (1907 bzw. 1911) hinzugefügten kleineren Eishäusern sowie noch 1916 das Neubauprojekt einer größeren Pension (»Pensionshaus Herrmann«) mit integriertem Eiskeller und Kühlraum (vgl. Abb. 33).[246] Der letzte

244 LASH, Abt. 260 Nr. 18275 (88/1913); Holsteinische Schweiz (1901), S. 57. Der Eiskeller hatte eine Kapazität von 63 cbm.

245 LASH, Abt. 260 Nr. 18204 (158/1891), 18214 (229/1900) u. 18230 (39/1906). Zu Timmendorfer Strand, das sich im Unterschied zu den anderen Badeorten ohne Anknüpfung an einen vorherigen Siedlungskern entwickelte, vgl. Chronik Bädergemeinde (1979), S. 72–99.

246 Hotel am Meer: LASH, Abt. 260 Nr. 18190 (422/1907) u. 18244 (245/1908); Kurhaus: LASH, Abt. 260 Nr. 18265 (385/1911); Kapazität: ca. 40 bzw. 78 cbm. Pension E. Herrmann: LASH, Abt. 260 Nr. 18189 (3/1916); Eisraum ca. 30 cbm.

Eiskeller am Timmendorfer Strand wurde 1935 für das Hotel »Meeresblick« realisiert; auch dieser war zusammen mit einem Kühlraum in den Wohn- und Wirtschaftstrakt integriert.[247] Zu dieser Zeit war ein anderes Unternehmen, das 1910 noch ohne Eisraum neuerbaute »Hotel Demory«, schon zur künstlichen Kühlung übergegangen.[248]

Auch in Scharbeutz fand sich schon relativ früh ein Eishaus, das zum dortigen, am Dorfhang gelegenen »Augustusbad« gehörte. Das wahrscheinlich zwischen 1868 und 1879 in Massivbauweise errichtete Nebengebäude war bis zur halben Höhe eingehügelt und wurde schon 1902 in ein Backhaus umgewandelt.[249] Die zweite Kureinrichtung, das »Wilhelminenbad«, erhielt erst 1924 einen integrierten Eiskeller mit Kühlraum, der sich zusammen mit Küche, Lagerräumen und einem Personalflügel in einem Anbau befand; wahrscheinlich partizipierte daran später auch das Augustusbad, nachdem es in die Hand desselben Besitzers gelangt war.[250] Ob für das Projekt eines weiteren Kurhauses des Hoteliers Friedrich Ahrberg (1912) ein Eiskeller vorgesehen war, ist ungewiss.[251] Für Haffkrug, wo mit dem bis vor kurzem als Seniorenheim dienenden »Henry-Everling-Haus« seit 1895 – damals unter dem Namen »Elisabethbad« – eine repräsentative Kureinrichtung bestand, die 1917 zum Kindererholungsheim für den Hamburger Bau-, Spar- und Konsumverein »Produktion« umgewidmet wurde, lässt sich keine Baulichkeit nachweisen, die auf eine wie auch immer geartete Eisbevorratung hinweist.[252]

Im Süden des ehemaligen Kreises Eutin, nahe der Grenze zu Lübeck, fand die Gastronomie mit mehreren stark frequentierten Einrichtungen Anknüpfungspunkte an den vornehmlich von der Hansestadt ausgehenden Ausflugsverkehr, der sich an den Wochenenden auf das Naherholungsgebiet Riesebusch sowie auf die Schwartau- und Traveniederung vor den Toren des Fleckens (seit 1912: Stadt) Schwartau richtete. Hierzu zählte vor allem das durch Thomas Manns Roman »Buddenbrooks« zu literarischer Berühmtheit gelangte, mit dem fiktiven Namen »Zum »Riesebusch« belegte Wirtshaus, hinter dem sich das real existierende traditionsreiche »Geertz' Hotel« verbarg. Zu ihm gehörte ein noch heute erhaltener Eiskeller, der, weil er im Aktenbestand der Regierung zu Eutin nicht auftaucht, vor 1879 errichtet worden sein muss. Dieser besteht aus einem massiven, durch zwei Dachluken befüllbaren Tonnengewölbe, das in unmittelbarer Nähe der drei im Roman beschriebenen, dem Gasthaus gegenüber gelegenen Geländeterrassen des »amphitheatralisch aufsteigend(en)« Waldes in den Hang hineingesetzt war.[253] So konnten möglicherweise schon die hinter den Romanfiguren stehenden Personen, auf jeden Fall aber – im Rahmen späterer Schul- oder Familienausflüge – Thomas Mann selbst in den Genuss dieser frühen Kühltechnik kommen. Der relativ geräumige Eiskeller soll von weiteren Schwartauer Gaststätten mitbenutzt worden sein, insbesondere der nahegelegenen, von dem gleichen Besitzer betriebenen »Riesebusch-Halle« (heute »Waldhotel Riesebusch«), und findet heute eine sinnvolle Wiederverwendung als Fledermaus-Quartier.[254] Ein weiteres, allerdings weitaus kleineres Eishaus wurde 1900 für das am Markt gelegene, auf den Bahnhof ausgerichtete »Hotel Germania« erbaut.[255]

247 LASH, Abt. 260 Nr. 18353 (9/1935). Fassungsvermögen: 49 cbm.

248 LASH, Abt. 260 Nr. 18256 (286/1910) u. Nr. 18530, Unterakte 8.

249 LASH, Abt. 260 Nr. 18217 (45/1902). Zu dem 1850 errichteten Hotel vgl. Jungk (2018), S. 7–8, 24–26, 30; der Bau des Eiskellers stand vermutlich im Zusammenhang der 1868 vorgenommenen Erweiterung.

250 LASH, Abt. 260 Nr. 18310 (180/1924); Fassungsvermögen: 52 cbm. Für Wilhelminenbad und Augustusbad lagen Genehmigungen zur Eisennahme aus dem Wennsee vor (1935 bzw. 1937); vgl. LASH, Abt. 260 Nr. 20010, Quadr. 75–77. Zum Hotel vgl. Jungk (2018), S. 46.

251 Die diesbezüglichen Bauakten fehlen im Bestand LASH, Abt. 260, weil sie für die Schankkonzessionsakte entnommen wurden; letztere ist jedoch nicht erhalten.

252 Bengelsdorf (1988), S. 6–15, 21–24, 42–43, 46–47. Die Anlage soll demnächst einem historisierenden Neubau mit Seniorenwohnungen weichen; vgl. LN online, 15.5.2022: »Haffkrug, neue Seniorenwohnungen mit Ostseeblick«.

253 Zur literarischen Vorlage vgl. Dittmann (2020), sowie Steen (1973), S. 135–137. Beschreibung der Szenerie nach: Mann (1986), S. 346–349. – Zu »Geertz' Hotel« vgl. LN online, 13.4.2017, u. Bremse (1998), S. 79–80. – Der Verf. dankt Klaus Faasch, Bad Schwartau, für frdl. Auskunft und eine Beschreibung des Eiskellers; ferner LN online, 12.3.2014.

254 Frdl. Hinweis Klaus Faasch auf weitere Nutzungen sowie auf die heutige Betreuung des Eiskellers durch den NABU Bad Schwartau. Als Winterquartiere für Fledermäuse eignen sich Eiskeller wegen gemäßigter Temperaturen und hoher Luftfeuchtigkeit, was auch andernorts genutzt wird; vgl. Reinink (1995), S. 126–128 (Niederlande), u. LN online, 12.2.2015, 9.8.2018 (Gutseiskeller Mönchneversdorf u. Petersdorf). Zur Riesebuschhalle vgl. Bremse (1998), S. 90.

255 LASH, Abt. 260 Nr. 18214 (234/1900): Hotelbesitzer H. Koch in der Bahnhofstraße (22 cbm, Holzkonstruktion); zum Hotel gehörte ein Saalbetrieb.

Für den größten Publikumsmagneten Schwartaus, die nahe der Trave gelegene »Waldhalle«, hat sich bisher leider kein Hinweis auf einen Eiskeller finden lassen. Doch wäre dieses dem »Gasthaus zum Uglei« mehr als vergleichbare Etablissement zumindest nach seinem 1905 erfolgten Neubau ohne eine eigene Eisversorgung eigentlich undenkbar. Immerhin bot es bis zu 2.000 Gästen Platz, unterhielt eine eigene Musikkapelle und war mit öffentlichen Verkehrsmitteln leicht zu erreichen – neben der Lübecker Straßenbahn per Eisenbahn über den Schwartauer Bahnhof und einen eigenen Haltepunkt an der Strecke Lübeck-Travemünde; dort befand sich ferner eine Anlegebrücke für die Ausflugsschiffe der von Lübeck ausgehenden Trave-Schifffahrt.[256]

In Stockelsdorf war mit der bereits erwähnten, über zwei Eishäuser verfügenden Fackenburger Brauerei kurz vor der Lübecker Landesgrenze eine später ebenfalls mit der Straßenbahn erreichbare gastronomische Einrichtung vorhanden, die im Biergarten nicht nur selbstgebrautes bayrisches Bier ausschenkte, sondern in Restaurant und Konzerthalle auch mit weiteren kulinarischen und kulturellen Angeboten aufwartete.[257]

Die Residenzstadt Eutin kannte schon früh eine ortsbezogene Gastronomie, die gleichermaßen Touristen ansprach. Doch finden sich dort seit den 1870er Jahren nur bei einigen wenigen Hotels und Gaststätten Hinweise auf Eiskeller, ohne dass wir allerdings über deren Lage und Gestalt im Einzelnen unterrichtet wären (vgl. Tabelle 1). Neben dem bereits erwähnten »Bürgerlichen Brauhaus«, das einen eigenen Ausschank betrieb, und dem Voß-Haus kämen hier das Hotel »Stadt Hamburg«, das 1908 am Markt eröffnete »Schloßhotel« und zwei weitere Gaststätten in Frage; dabei waren die Eiskeller wegen der Dichte der Bebauung nicht unbedingt auf dem jeweiligen Grundstück selbst, sondern eher am Ufer der beiden Eutiner Seen zu finden.[258]

Außerhalb der im vorigen beschriebenen, in den Tourismuszentren angesiedelten Hotels und Gaststätten gab es im Fürstentum nur vereinzelt Betriebe, die zeitweise eine eigene Eisbevorratung praktizierten. Dies waren ein Gasthof in Süsel und »Weidemann's Hotel« in Ahrensbök; letzteres bildete als gastronomischer Mittelpunkt des Fleckens damals einen vielfrequentierten Ort für Kultur und Geselligkeit sowie regelmäßig auch für Amtshandlungen.[259]

Ein Eiskeller anderer Art begegnet uns in der von dem Lebensreformer Paul Zimmermann 1903 begründeten Gartenkolonie Klingberg am Großen Pönitzer See, die neben bürgerlich geprägten Aussteigern und Anhängern der Jugend- und Gesundheitsbewegung bald auch eine Reihe von Künstlern anzog, u.a. den Lübecker Gartenarchitekten Harry Maasz, der sich dort 1926 von dem ebenfalls der Lebensreform nahestehenden Lübecker Architekten Wilhelm Bräck eine bemerkenswerte Villa, das sog. »ovale Haus«, erbauen ließ. Eine Tätigkeit in selbst bewirtschafteten Obstplantagen und eine natürliche, an Vegetarismus und Abstinenz orientierte Lebensweise fernab der Großstädte gehörten zum Selbstverständnis der Koloniegründer. Dazu passte eine eher dem Luxus zuneigende Eisversorgung eigentlich nicht. Doch war schon bald ein Pensionsbetrieb für Sommergäste entstanden, den Zimmermann 1926 durch die Anlage eines auf die Freikörperkultur ausgerichteten Freiluftparks auszubauen begann. Da dieser schnell internationale Beachtung fand und daher auch illustre Gäste sogar aus Übersee anzog, für die eine anspruchsvolle Bewirtung vermutlich zum Standard gehörte, muss man den Eiskeller wohl im Zusammenhang mit der

256 Harders (1986), S. 148–152; Blunck (1994), S. 69, 170 (Linie zur »Waldhalle«). Frdl. Auskunft Kay-Uwe Lange, Bauamt Bad Schwartau, und Sven Reiss (Stadtarchiv Bad Schwartau) sowie Judith Ohrtmann M.A., Museums- und Kulturmanagerin Bad Schwartau; Bauunterlagen zur seit längerem vollständig abgeräumten »Waldhalle« ließen sich nicht ermitteln.

257 Fackenburg (2013), S. 5–10, 14. Die Baulichkeiten sind nicht mehr vorhanden.

258 LASH, Abt. 260 Nr. 6767, Qudr. 19, 33, 52, 74. 1874 Erlaubnis für Gastwirt Dörring (Hotel »Stadt Hamburg«) zum Eisschneiden auf dem kleinen Eutiner See, dgl. 1896 für Gastwirt Detlef Doose, ferner 1905 auf beiden Seen für Gastwirt Schröder (»Deutsches Haus«). Doose firmierte aber auch als Bierhändler.

259 LASH, Abt. 260 Nr. 18204 (Kühl, Süsel, 10/1891), Nr. 18208 (Weidemann, Ahrensbök, 118/1895). Der Eiskeller des Süseler Gasthofs fasste nur 8 cbm, der von »Weidemann's Hotel« 72 cbm. Zu letzterem ferner frdl. Auskunft Jan Krause, Förderverein Heimatmuseum Ahrensbök. März 2022. Dort fanden auch öffentliche Versteigerungen und sog. »Sprechtage« der Regierung zu Eutin statt, bei denen die Bewohner des Fleckens und der umliegenden Orte Anliegen vortragen und Anträge einreichen konnten, ohne nach Eutin fahren zu müssen.

erweiterten Gastronomie sehen, für die auch das bisherige Alkoholverbot aufgehoben wurde. Es handelte sich um eine in Seeufernähe, im heutigen Paul-Zimmermann-Park, platzierte einfachere Variante der Eisgrube, wie sie bereits für den Hof Schmiedekamp beschrieben wurde (vgl. Abb. 12). In den Abmessungen ähnlich, unterschied sie sich von dieser im Wesentlichen durch die achteckige Ausgestaltung des Eistrichters, den hölzernen Eingangsvorbau und die schlichtere Verankerung des sichtbaren Kegeldaches im Erdboden, die lediglich aus in den Boden gerammten Holzpfosten bestand. Offenkundig hat Zimmermann das nur gut zwei Kilometer entfernte, von demselben Unternehmer errichtete Gronenberger Pendant gekannt und sich zum Vorbild genommen. Die Einfachheit der Konstruktion und der Rückgriff auf eine althergebrachte ländliche Formgebung kamen sicherlich der Vorstellungswelt der Lebensreformer nahe.[260]

Wie dieser Rundgang durch die Gastronomie erkennen lässt, beschränkte sich der Eiskellerbau im Wesentlichen auf die touristischen Kerngebiete und auch dort nur auf verkehrsmäßig gut erschlossene, stark frequentierte und interdependente Routen mit ausgesprochenem Tages- bzw. Wochenendtourismus. Dies könnte zu falschen Schlussfolgerungen verleiten. Denn wie in den anderen skizzierten Bereichen repräsentiert der gastronomische Eiskellerbau bei weitem nicht den Gesamtumfang der Natureisnutzung durch dieses Gewerbe. Der Bedarf der meisten Gaststätten, Hotels, Pensionen und Konditoreien erforderte nicht die Größe und den Aufwand eines eigenen Eishauses, sondern ließ sich durch den Eishandel, durch die Anlage von Eismieten oder durch den sich entfaltenden Bierhandel decken. Hierzu standen, wie bereits erwähnt, in der Regel Eisschränke bereit, mit denen der Kühlbedarf für einen oder mehrere Tage befriedigt werden konnte. Ein größerer Eisschrank benötigte etwa 5 bis 10 kg Eis pro Tag, was sich auf einen sommerlichen Verbrauch von etwa 1.300 kg summiert; kleinere Ausführungen kamen sogar mit 2,5 kg täglich aus.[261] Ein Eiskeller von üblicher Größe (60 cbm) konnte also schon nahezu 50 Eisschränke versorgen. Gastronomiebetriebe waren vielfach aber auch mit eingebauten Eisbehältern ausgestattet, die in der Küche oder in der Nähe des Buffets ihren Platz fanden. So hatte das 1913 eröffnete »Uklei-Fährhaus« in Sielbeck schon von vornherein in der Küche ein etwa 1.000 kg fassendes isoliertes Eisfach vorgesehen, während für die Kühlung des Bieres ein einfacher Bierkeller genügte.[262]

Generell ist zu berücksichtigen, dass Pensionen und kleinere Hotels in der Regel nur ihre eigenen Gäste zu versorgen hatten und, was Getränke anbetrifft, meist über eine eingeschränkte oder gar keine Schankkonzession verfügten. Und da auch der größere Eismengen erfordernde Hotelbetrieb mit angeschlossenen Speisesälen und Außengastronomie zum Teil durch die Eislieferungen der Brauereien gedeckt werden konnte, stellte sich die Notwendigkeit, eigene Eiskeller zu halten, nur bei wenigen Betrieben der Groß- oder Luxusgastronomie ein. Auch Kureinrichtungen, die naturgemäß eine begrenzte Klientel versorgten, wie etwa die zu ihrer Zeit bekannte Klinik von Dr. Joseph Horst in Gremsmühlen, bedurften, außer zu medizinischen Zwecken, nicht größerer Eismengen. Und so findet die für Malente-Gremsmühlen auf den ersten Blick erstaunlich anmutende Diskrepanz zwischen der großen Zahl der dortigen Beherbergungseinrichtungen – 1927 waren es 20 Pensionen und 12 Hotels – und der geringen Zahl der Eiskeller eine durchaus plausible Erklärung.[263]

Das gleiche gilt für die Ostseebäder der Anfangszeit, die überwiegend zur Kur aufgesucht wurden, bevor nach der Wende zum 20. Jahr-

260 LASH, Abt. 260, Nr. 18322 (157/1927); für Entwurf und Ausführung beider Objekte zeichnete der Bauunternehmer H. Franck, Bhf. Gleschendorf, verantwortlich. – Zu Zimmermann und Klingberg vgl. Kummer (2003), insbes. S. 11–17, 23–26, 35–40, 44–54, 112–153; zu Maasz und Bräck vgl. Möllers (2021), S. 95–99. – Dem Projekt, das der bekannten Obstbaukolonie »Eden« in Oranienburg wie auch Lübecker Lebensreformern nahestand, eigneten neben zivilisationskritischen auch völkische Implikationen; generell dazu und auch mit Bezug zu Klingberg vgl. Wedemeyer-Kolwe (2004), S. 233–235, 271, 404.

261 Menzel-Schubert (1903), S. 63; Nöthling (1896), S. 105. Zu kleinen Eisschränken vgl. Lübeckische Anzeigen, 15.5.1895: die Lübecker Firma P. Cordes Wwe. bietet Eis-Abonnements für 4 Monate bei täglicher Lieferung von 5 Pfund bzw. 10 Pfund an.

262 LASH, Abt. 260 Nr. 18247 (19/1909).

263 Zahlen nach: Adreßbuch Landesteil Lübeck (1927), S. 109–110. Zu den beiden genannten älteren Eiskellern gesellte sich noch 1924 ein dritter für die Pension »Carola«, nachdem diese zum Hotelbetrieb mit öffentlichem Restaurant und voller Schankkonzession übergegangen war; vgl. LASH, Abt. 260 Nr. 18506, Unterakte 14 (Größe ca. 40 cbm). Schankkonzessionen besaßen 1909 nur 11 Einrichtungen, vgl. LASH, Abt. 260 Nr. 18506, Übersichtsskizze. Zur Kurklinik von Dr. Horst vgl. Zimmermann (1965), S. 33; Bartels (2008), S. 269–272.

hundert und verstärkt in den 1920er Jahren auch der Tagestourismus größere Bedeutung gewann. Letzterer war von günstigen Verkehrsverbindungen abhängig, welche sich aber erst zu Beginn des 20. Jahrhunderts einstellten. Zwar gab es seit 1900 regelmäßige sommerliche Dampfschiffsverbindungen nach Lübeck, Travemünde und Neustadt, wo Umsteigemöglichkeiten zur Eisenbahn bestanden, doch konnte sich der diesbezügliche Ausflugsverkehr erst wirksam entfalten, nachdem in Timmendorfer Strand, Niendorf und Scharbeutz Seebrücken das umständliche Ein- und Ausbooten der Passagiere abgelöst hatten (1907 bzw. 1909).[264] Der Anschluss Niendorfs an das überregionale Eisenbahnnetz 1913 und der anderen oldenburgischen Ostseebäder an die »Bäderbahn« Mitte der 1920er Jahre brachte dann vollends den Tagestourismus an die Küste. Und so leuchtet ein, dass sich dort für Einrichtungen wie das »Elisabethbad« oder das »Hotel Meeresblick« erst sehr spät die Notwendigkeit zu eigenen Eiskellern einstellte.

Auch Konditoreien, die üblicherweise und schon weitaus länger als andere Gewerbe zu den Natureisverbrauchern zählten, bedurften nicht unbedingt eines Eiskellers, auch wenn die Konditorei der 1802 gegründeten Travemünder Seebadeanstalt von Anfang an über einen solchen verfügt und insofern Maßstäbe gesetzt hatte.[265] Doch anders als zu dieser Frühzeit konnten die vor allem in Eutin und Malente-Gremsmühlen ansässigen Konditoren im letzten Viertel des 19. Jahrhunderts auf einen wie auch immer gearteten Natureishandel zurückgreifen, um den zur Herstellung von Speiseeis erforderlichen Bedarf zu decken; eigene Eiskeller haben sich für sie bisher nicht finden lassen, doch könnte zumindest das bekannte Café Kruse in der Malenter Bahnhofstraße über ein eigenes Eisdepot verfügt haben.[266] Das erfrischende Medium war damals noch etwas Exklusives, welches üblicherweise zu Festlichkeiten und in geschlossenen Räumen serviert, gelegentlich aber auch schon öffentlich – etwa zu Pfingsten oder anlässlich der jährlichen Tierschau – in Eutin angeboten wurde, dies sogar schon 1862 und 1865.[267] Selbst nachdem italienische *Gelatieri* seit Mitte der 1890er Jahre Fruchteis durch den Straßenverkauf populär gemacht hatten[268] und mit Eiskrem kurz vor dem Ersten Weltkrieg überall geworben wurde, reichten hierfür offenbar begrenzte Mengen an Natureis. Und bei denjenigen Hotels und Ausflugslokalen, die mit »eigener Konditorei« und Speiseeisangebot aufwarteten, war die Natureisversorgung meist durch hauseigene Eiskeller oder, wie im Falle des »Uklei-Fährhauses«, durch Eisfächer, ohnehin gesichert.[269]

Ein wichtiger Faktor bei der Natureisnutzung waren vor allem die Großbrauereien des untergärigen Biers, die im Rahmen ihrer Kundenversorgung – in diesem Zusammenhang ist noch einmal daran zu erinnern, dass sie eigens zu diesem Zweck separate Eishäuser vorhielten – das benötigte Eis mitlieferten. Hierzu bedienten sie sich, wenn die Kunden am Brauereistandort nicht selbst ansässig waren – was mit den wenigen im Abschnitt über das Brauwesen erwähnten Ausnahmen für das Fürstentum Lübeck galt – eigener Niederlagen oder selbstständiger Bierhändler. Schon früh hatten Großbrauereien aus Kiel, Neumünster, Nortorf, Hamburg, Lübeck und Ratzeburg den holsteinischen Markt erobert,[270] und entsprechend hatte sich im Zuge des Eisenbahnausbaus auch ein Netz von Bierhändlern etabliert,

264 Hauffe (1967), S. 75–77; Blunck (1994), S. 58–64; Rönnpag (1999), S. 128–134.

265 Wehrmann (1898), S. 114; Bickelmann (2023), S. 163–164.

266 Je drei Konditoreien in Eutin und Malente, vgl. Adreßbuch Landesteil Lübeck (1927), S. 74, 110. Zum »Café Kruse« vgl. generell Bartels (2008), S. 254–255; Kruse besaß eine Erlaubnis zur Eisentnahme aus dem Kellersee, vgl. LASH, Abt. 260 Nr. 6767, Quadr. 43, u. 20010, Quadr. 80 Nr. 13.

267 Zu frühem öffentlichem Angebot von Speiseeis vgl. Annoncen im Anz. FT Lübeck, 15.5.1880, 23.6.1885, 28.5.1887, 31.5.1890; zu Pfingsten 1862 und zur Tierschau 1865 wartete der Hofkonditor mit Vanilleeis auf, ebd. 7.6.1862, 10.6.1865; hierbei konnte er auf die Schlosseiskeller zurückgreifen.

268 Luther (1991), S. 296–299; dort auch generell zum Speiseeiskonsum im 19. Jahrhundert.

269 Zur Werbung mit Speiseeis vgl. Annoncen in Haase-Lampe (1914), S. 59, 67, 69, 73, 76, 77, sowie Kröger (1910) u. Kröger (1913), jeweils Anzeigenteil o.S. Zu den Betrieben mit eigener Konditorei zählten u.a.: Hotel »Holsteinische Schweiz«, Gasthaus zum Uglei, Uklei-Fährhaus, Seeschloß am Kellersee, Hotel Dieksee, Parkhotel Gremsmühlen, Central-Hotel Malente, Geertz' Hotel Schwartau, Strandhotel und Elisabethbad Niendorf, Kurhotel Timmendorfer Strand.

270 Brauerei zur Eiche (1971), S. 98 (Niederlassung in Eutin: Voß-Haus); Holsten-Brauerei (2004) S. 6–8, 14–15; Lütgert (2000), S. 65–66; Anz. FT Lübeck, 18.3.1889 (Hotel »Holsteinische Schweiz«: Elbschloß-Brauerei, Hamburg). Der Standort Nortorf war durch die Holsatia-Brauerei vertreten.

die eigene Eishäuser benötigten, um die Ware bis zum Weiterverkauf kühl zu halten und zugleich das Eis für die Kunden bereitzustellen. Daher hatte der Bierhandel nahezu ausschließlich in Ortschaften mit Bahnstation seinen Sitz. So waren von den 11 in der Tabelle 2 aufgeführten Bierverlagen 3 in Pansdorf, 4 in Ahrensbök, 3 in Malente sowie, nach Verlängerung der Strecke Lübeck-Travemünde, einer in Niendorf zu finden. Zwei weitere Bierniederlagen waren in Timmendorfer Strand ansässig, das seit 1926 über die sog. Bäderbahn erreichbar war,[271] wohingegen Eutin mindestens vier Bierhändler verzeichnete, die über eigene Eiskeller verfügten (vgl. Tabelle 1).[272] Zudem beteiligte sich Julius Evers, Mitinhaber des »Bürgerlichen Brauhauses« in Eutin, als für Ostholstein zuständiger Generalvertreter mehrerer süddeutscher Brauereien, am regionalen Bierhandel.[273] Eine 1908 in Travemünde eröffnete, mit einem Eishaus verbundene Niederlage der Lübecker Aktienbrauerei versorgte auch mehrere der oldenburgischen Ostseebäder.[274] In Schwartau, Stockelsdorf und Umgebung könnten die Lübecker Brauereien oder später auch das Kühlhaus Lübeck Eis direkt an die Gastronomie geliefert haben, was als Erklärung für die geringe Anzahl der Bierhändler im südlichen Landesteil gelten könnte. Ebenso scheinen sich Gastwirte im Bierhandel betätigt zu haben, was vor allem an entlegenen Standorten der Fall war, etwa in Bosau, wo der Gastwirt Steen seinen Eiskeller zeitweise für eine solche Funktion zur Verfügung stellte.[275] Vielleicht gibt dies auch einen Hinweis auf die Zweiteilung des Eishauses beim Hotel »Holsteinische Schweiz«, denn dort wäre es denkbar, dass einer der beiden Eiskammern die Lieferungen der

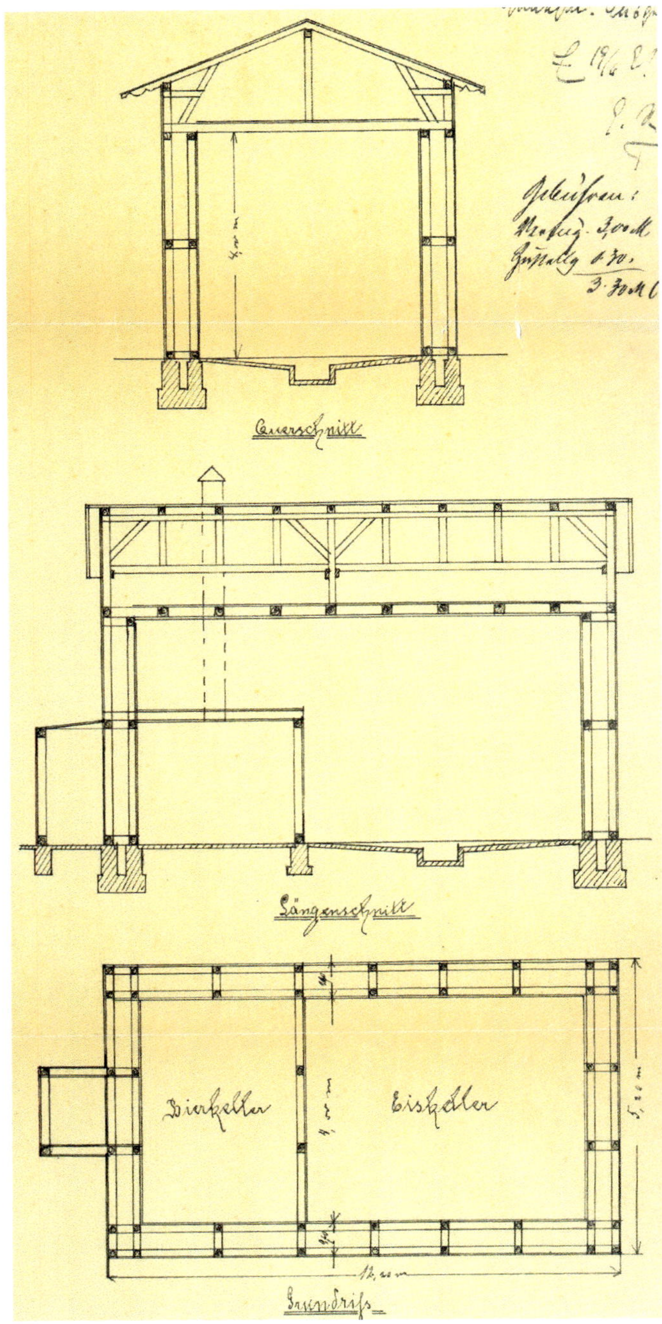

34 Eishaus des Bierhändlers C. Buchholz in Ahrensbök, Bauzeichnung Grundriss, Schnitt und Ansicht, 1897 (LASH, Abt. 260 Nr. 18210: 185/1897).
Der niedrigere Bierkeller erfährt durch Obereis eine zusätzliche Kühlung. Zugleich Beispiel eines mehrfach verstrebten Holzständerwerks (»amerikanisches Eishaus«).

271 Adreßbuch Landesteil Lübeck (1927), S. 128 (Bierverleger Otto Lübke, Timmendorfer Strand). Ein mit Eiskeller ausgestatteter Bierverlag gehörte als Niederlage Timmendorf zur Lübecker Hansa-Brauerei und wurde 1929 von dieser in Eigenregie übernommen; vgl. Hansa-Brauerei, 31. Geschäftsbericht 1929/30, in: AHL, HRB 689. Vgl. auch Bickelmann (2023), S. 228–229.

272 LASH, Abt. 260 Nr. 6767, Quadr. 20, 33, 37, 51, 62, 72, 81. Zu ihnen gehörten der spätere Wirt der »Alten Kalkhütte«, Carl Piehl (für die Ratzeburger Aktienbrauerei), vgl. Anm. 229, sowie Friedrich Voß, Lübecker Str. 8, dessen Haus später von der Holsatia-Brauerei in Nortorf und danach von der Schloßbrauerei Kiel (als Niederlage) übernommen wurde; vgl. hierzu Smith (2015), Nr. 54.

273 Anz. FT Lübeck, 17.5.1914 (Pschorrbräu München und Henniger, Erlangen).

274 Aktienbrauerei Lübeck, 27. Bericht 1908, in: AHL, HRB 37, Bd. 2.

275 Ibbeken (1911), S. 1451 (Bosau).

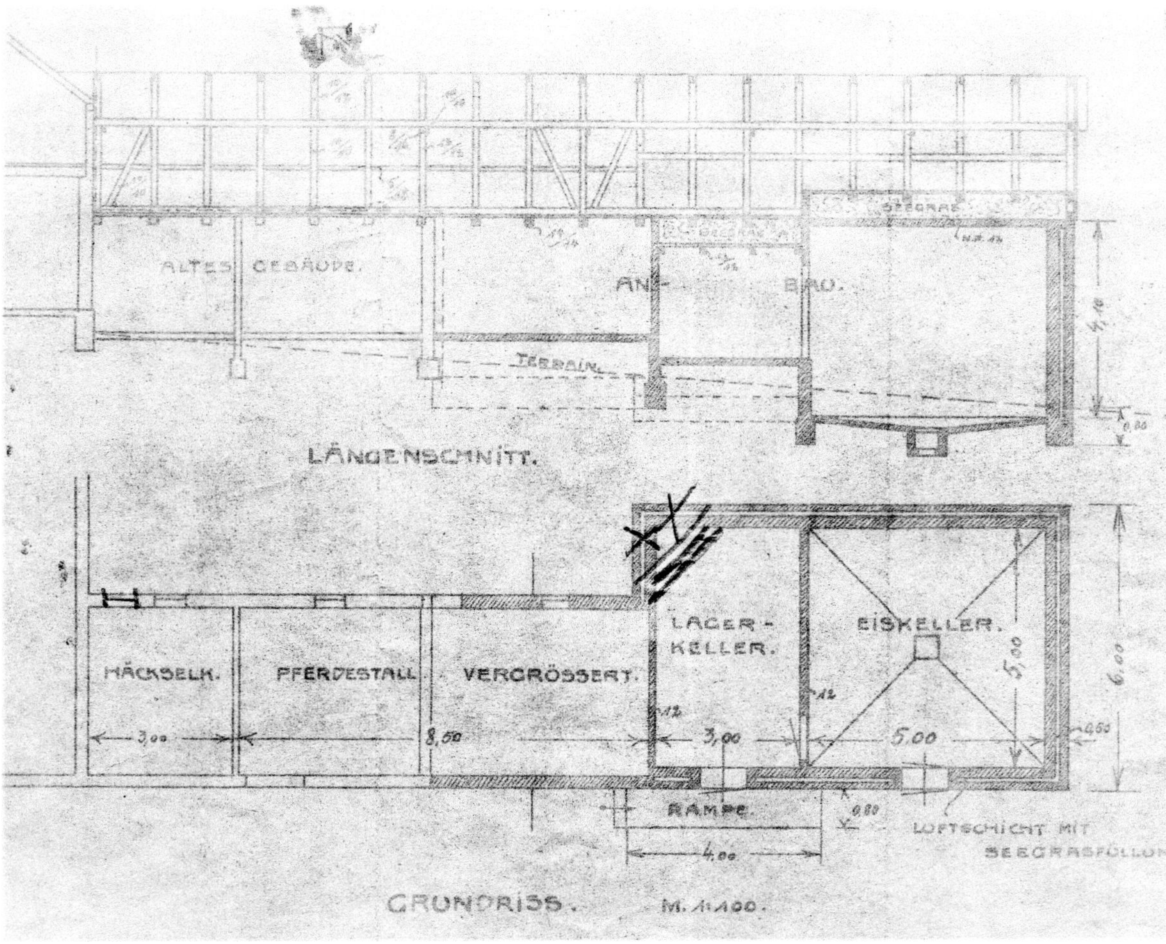

35 Eishaus der Niederlage Pansdorf der Aktienbrauerei Lübeck, Bauzeichnung Grundriss und Querschnitt, 1911 (LASH, Abt. 260 Nr. 18266: 438/1911). Doppelschalenmauerwerk, Dachisolierung mit Seegras. Vor dem Lagerkeller ist die Laderampe zu erkennen. Anlage auf nach rechts abfallendem Gelände.

Brauerei über die nahegelegene Bahnstation aufnahm, während der andere vom Hotel selbst befüllt wurde.

Angesichts ihrer zweifachen Zweckbestimmung waren die Eishäuser der Bierhändler und Niederlagen relativ geräumig und dem Nutzungszweck angepasst; einige von ihnen erfuhren später eine Erweiterung. Größenordnungen zwischen 100 und 200 cbm Fassungsvermögen – in zwei Fällen sogar 300 cbm – waren durchaus üblich, und in der Regel war der Eiskammer ein gekühlter Lagerraum vorgeschaltet. Dieser war meist niedriger und in den Eisraum einbezogen, sodass das darüber liegende sog. Obereis eine zusätzliche Kühlwirkung entfalten konnte. Hierfür bietet der 1897 errichtete Eiskeller des Bierhändlers C. Buchholz in Ahrensbök ein anschauliches Beispiel (vgl. Abb. 34).[276] Üblich und vom Betriebsablauf konsequent war auch ein enger baulicher Zusammenhang mit Wagenremisen und Pferdeställen, und in einem Fall, der Niederlage der Aktienbrauerei Lübeck beim Bahnhof Pansdorf (1911), erleichterte sogar eine Laderampe das Ein- und Ausladen von Ware und Eis (Abb. 35).[277] Bei manchen relativ früh und

276 LASH Abt. 260 Nr. 18210 (185/1897); Kapazität 150 cbm. Ähnlich der zur selben Zeit erbaute massive Eiskeller von Bierhändler H. Möller in Ahrensbök; LASH, Abt. 260 Nr. 18210 (180/1897); dort war der Trakt mit dem 300 cbm fassenden Eisraum an das Wohnhaus angebaut.

277 LASH, Abt. 260 Nr. 18266 (438/1911); Eigentümer und Leiter der Niederlage war Max Clausener, Pansdorf. Ähnlich Nr. 18227 (99/1905, Ratzeburger Aktienbrauerei, Pansdorf) u. Nr. 18207 (127/1894, Wilhelm Kreutzfeld, Malente).

36
Ehemaliges Eisdepot der Kühlhaus Lübeck AG beim Bahnhof Niendorf, Foto, um 1960 (Gemeindearchiv Timmendorfer Strand, F0019Nd).
Ganz links der Eingang zur Eiskammer, daneben Doppelgarage.

ursprünglich zu Brauereizwecken errichteten Eiskellern der Eutiner Bierhändler scheint es sich eher um Bierkeller mit Eisunterstützung, aber ohne Kapazitäten für die Eisversorgung für Kunden gehandelt zu haben, was insbesondere auf das ehemalige Packendorffsche Depot zutrifft.

Einen Sonderfall bildete ein Eislagerhaus in Niendorf. Dieses war 1925 von einem einheimischen Unternehmer mit einem Kredit der Lübecker Aktienbrauerei erbaut worden und als Verteilungsdepot für deren Kunden in der Lübecker Bucht konzipiert; Bier wurde dort ursprünglich nicht gelagert. Es grenzte an den Niendorfer Bahnhof, sodass das Eis – Kunsteis aus dem Kühlhaus Lübeck – von dort unmittelbar eingebracht werden konnte. Das mit einem Tonnendach überspannte Gebäude umfasste neben dem eigentlichen Eislager zwei Garagen für die Lieferwagen; der über einen Vorraum erreichbare Eisraum war mit 56 cbm scheinbar knapp bemessen, was aber seine Erklärung darin findet, dass Eis jederzeit nachgeliefert werden konnte. 1926 übernahm die Kühlhaus Lübeck AG Eigentum und Betrieb des Eishauses, mit dem sich das Unternehmen bis zum Zweiten Weltkrieg an der Eisversorgung der Gastronomie in den oldenburgischen Seebädern beteiligte. Nachdem es während des Krieges, u.a. zu Wohnzwecken, behördlicherseits zwangsverpachtet war, konnte es 1949 durch die Eigentümerin, die Kühlhaus Lübeck AG, reaktiviert und mit einer maschinellen Kühlung ausgestattet werden. Seit etwa Mitte der 1950er Jahre fungierte das Eishaus zunächst als Niederlage der Bavaria-Brauerei, bevor es zu einer Tischlerwerkstatt umgebaut wurde (Abb. 36).[278] Im Rahmen seiner Expansion hielt das Kühlhaus Lübeck zu Beginn der 1930er Jahre Ausschau nach weiteren Möglichkeiten, im Landesteil Lübeck Fuß zu fassen, wozu auch die Übernahme stillgelegter Eishäuser zur Lagerung von Stangeneis in Betracht gezogen wurde.[279]

Mit der Wiederbelebung des Tourismus seit Mitte der 1920er Jahre bauten auch manche Brauereien ihre Niederlagen noch aus, so 1930 die

278 LASH, Abt. 260 Nr. 18313 (131/1925); AHL, Bestand Aktienbrauerei Lübeck, Nr. 1, Vorgänge von 1926, sowie Kämmereiamt, 2155, Bericht des Vorstandes der Kühlhaus Lübeck AG von Dez. 1949, sowie 2156, Aufsichtsratssitzung der Kühlhaus Lübeck AG, 24.6.1950; Kühlhaus Lübeck (1987), S. 9; Lütgert (2000) S. 178; Bickelmann (2023), S. 229, 233. Ferner frdl. Auskunft Christian Finzel, Lübeck. Das Gebäude ist heute noch erhalten und an den beiden Doppeltoren für die ehemaligen Garagen zu erkennen.

279 Anz. FT Lübeck, 7.6.1933 (»Wer hat großen Eiskeller?«).

Hamburger Elbschloßbrauerei in Ahrensbök,[280] und daher ist eine Reihe von damals errichteten Eiskellern noch bis in die 1950er Jahre in Nutzung geblieben, u.a. ein von der Lübecker Brauerei »Lück« übernommenes Eishaus in Ahrensbök, das bis zuletzt mit Natureis aus dem nahegelegenen Spannbrook-See bestückt wurde. Ebenso lange hielt die Kieler Brauerei »Zur Eiche« noch an der Verwendung von Natureis für die Kühlung des ehemaligen Packendorffschen Bierkellers in Eutin fest, bevor sie zum Bezug von Stangeneis aus dem Kühlhaus Lübeck überging.[281]

Auch die Gastronomiebetriebe haben ihre Eiskeller vermutlich noch lange in Anspruch genommen. Das »Gasthaus zum Uglei« stellte erst 1959 seinen Betrieb ein, bevor es 1964 abgerissen wurde. Dem »Hotel zum Uklei« war eine längere Lebensdauer vergönnt, es nutzte sein Eishaus aber zuletzt nicht mehr.[282]

280 Der Neubau verfügte über die ungewöhnliche Kapazität von 320 cbm; vgl. LASH, Abt. 260 Nr. 18339 (267/1930). Auch die Aktienbrauerei Lübeck errichtete noch 1929 ein Eishaus, und zwar für die Niederlage Grube (Kreis Oldenburg), die die nördlich von Neustadt gelegenen Ostseebäder versorgte; vgl. AHL, Aktienbrauerei Lübeck, Nr. 1.

281 Lütgert (2000), S. 173. Dort (S. 166–167, 189, 191, 199, 214) Hinweise auf weitere Brauereiniederlagen und Bierverlage außerhalb des Kreises Eutin, die erst Ende der 1950er oder Anfang der 1960er Jahre ihren Betrieb einstellten, so in Plön, Lütjenburg, Hohenwestedt, Bad Oldesloe und Flensburg. Zum Packendorffschen Eiskeller frdl. Hinweis von Ingeborg und Tonnis Bouman, Eutin.

282 Klerch (1980), S. 160; Scheer (2005), S. 128–129.

37 Das Eishaus des Eutiner Schlosses an der Stadtbucht während des Abbruchs, Foto, 1933 (Stadtarchiv Eutin, Nachlass Leonhard Boldt, wie Anm. 64).
Sehr deutlich wird die Zwei- und Dreischalenbauweise mit unterschiedlich breiten Zwischenräumen sichtbar, die hier offenbar als Luftraum ohne Isolierfüllung ausgeführt waren; die ehemalige, an der rechten Seite vorgesetzte Eingangsschleuse ist bereits verschwunden.

Grundprinzipien und individuelle Gestaltungsmöglichkeiten

Zur Lage und Konstruktion der Eiskeller und Eishäuser

Während die bis zum Beginn des 19. Jahrhunderts erbauten Eiskeller in Gestalt einer »Eiskuhle« recht einheitlich ausgebildet waren, ging mit dem Bau oberirdischer Eishäuser eine zunehmende Diversifizierung hinsichtlich Konstruktion, Materialwahl und Verwendungszweck einher. Dementsprechend hatten die bisher vorgenommenen Beschreibungen einzelner Eiskeller erkennen lassen, dass – unter Wahrung allgemeiner Grundsätze des Eiskellerbaus – je nach Funktion und Anwendungsbereich unterschiedliche Lösungen für die jeweilige Bauaufgabe gewählt wurden. Hier geht es nun darum, diese Lösungen unter quantitativer Perspektive zu systematisieren sowie Schwerpunkte und Entwicklungslinien aufzuzeigen.

Im Hinblick auf die Vermeidung von Kälteverlusten spielte die Lage des Gebäudes eine prominente Rolle, und so bestand weiterhin der Grundsatz, dass die Eingangstür eines Eiskellers nach Norden ausgerichtet sein sollte, was bei den untersuchten Gebäuden überwiegend der Fall war. Daher kam der Wahl des Grundstücks und der Platzierung eines freistehenden Eishauses große Bedeutung zu. Auch wurde im Falle von Anbauten an bestehende Gebäude darauf geachtet, dass ein solcher an der sonnenabgewandten Seite erfolgte, was vor allem auf Meiereien zutraf, bei denen schon immer die Milchkeller auf diese Weise vor zu starker Erwärmung im Sommer geschützt waren. Die bei älteren Eiskellern übliche Verschattung durch eigens gepflanzte Bäumkränze – welche eine lange Lebensdauer des Baus voraussetzt – kam bei den oberirdischen Eishäusern im Prinzip nicht mehr zur Ausführung, die stattdessen zur Reflexion des Sonnenlichtes oftmals einen weißen Anstrich erhielten, doch wurden freistehende Anlagen verschiedentlich unter vorhandenen Baumgruppen platziert, so etwa die späteren Eishäuser des Eutiner Schlosses und das des Hotels »Hosteinische Schweiz«. Ausnahmen bildeten verschiedentlich Gutseiskeller, bei denen auch später noch auf traditionelle Gestaltungselemente wie einen Baumkranz zurückgriffen wurde, u.a. der des Hofes Redingsdorf. Eine Verschattung durch Bäume war auch über »Felsenkellern« anzutreffen, wo, wie im Fall von »Schlichtings Garten« und »Geertz' Hotel«, ein Eichenhain bzw. der bewaldete Abhang des Riesebuschs von vornherein einen solchen Sonnenschutz bot, oder, wie für den Packendorffschen Eiskeller noch zu zeigen sein wird, eine Baumgruppe über dem Gewölbe nachträglich angelegt wurde.

Dass Eishäuser in der Nähe von Gewässern zu finden waren, scheint im Hinblick auf eine effiziente Einlagerung des dort geernteten Eises selbstverständlich zu sein, insbesondere in einer an Seen und Teichen reichen Gegend wie der ostholsteinischen Hügellandschaft. Doch gab es je nach Verwendungszweck weitere Kriterien für die Standortwahl, wie etwa die Nähe zur Produktionsstätte oder zum Verbraucher, was u.a. für Schlachtereien, Brauereien und Meiereien, die meist in örtliche Siedlungsstrukturen eingebunden waren, sowie für den Bierhandel galt, der für seine Verteilungsfunktion auf eine verkehrsgünstige Lage in der Nähe von Bahnhöfen angewiesen war. Hierfür mussten dann längere Anfahrwege in Kauf genommen werden. Im Falle des Fischhandels hatte Niendorf den Vorzug, mit seinem hafenbezogenen Eishaus am Ausfluss eines Binnengewässers zu liegen.

Was die Baukonstruktion anbetrifft, so konnte die vorliegende Studie erstmals eine zuverlässige quantitative Aussage im Hinblick auf die bisher schwer zu beantwortende Frage treffen, welches Baumaterial namentlich auf dem Lande bevorzugt wurde. In der Theorie und in der einschlägigen Eiskellerliteratur lassen sich Präferenzen für eine der beiden Alternativen Holz- oder Massivbau kaum erkennen. Tatsächlich aber zeichnet sich im Gebiet des ehemaligen Kreises Eutin – Bezugsquelle sind hierbei die Zahlenangaben der Tabelle 2 auf S. 45 – ein eindeutiger Trend zum Massivbau ab, womit eine bisherige generelle Vermutung[283] eine späte Bestätigung findet. Während sich von 1879 bis 1901 hölzerne und massive Bauten mit 22 bzw. 23 Objekten noch die Waage hielten, setzten sich letztere danach schnell durch. So wurden von 1902 bis 1935 nur noch 10 Holzbauten errichtet, während im gleichen Zeitraum 57 Massivkonstruktionen entstanden. Im Endergebnis ließen sich von 112 Eiskellern und Eishäusern, für die im Untersuchungszeitraum Bauzeichnungen oder Detailinformationen vorliegen, 32 Holz- und 80 Massivbauten ausmachen.

Für Holz sprachen günstigere Kosten, so dass vereinzelt sogar noch in den 1920er Jahren Holzständerbauten entstanden. In einem Fall, der Meiereizentrale Malente-Gremsmühlen, wurde, nachdem in der Planungsphase ein Besitzerwechsel erfolgt war, der ursprünglich vorgesehene freistehende Massivbau – vermutlich aus Kostenerwägungen – zugunsten eines an den Stall angefügten Holzständerbaus zurückgezogen.[284] Massivbauten waren jedoch von längerer Lebensdauer und höherer Feuersicherheit, erlaubten größere Bauvolumen und Spannweiten und eröffneten größere Gestaltungsmöglichkeiten. Generell ist zu berücksichtigen, dass integrierte Eiskeller, wie sie in späterer Zeit vermehrt auftraten, naturgemäß überwiegend massiv sein mussten. Auch vollständig oder teilweise ins Erdreich versenkte Eishäuser, wie sie mehrfach vorkamen,[285] waren nur in massiver Bauweise möglich, zumindest in ihrem unterirdischen Teil. Und bei Industriebauten wie der Lychenheim-Brauerei und den »Schwartauer Werken« verstand sich eine massive Bauweise quasi von selbst.

283 Lütgert (2000), S. 44.

284 LASH, Abt. 260 Nr. 18264 (330/1911); der Bau wurde erst 1912 realisiert.

285 U.a. Meiereigenossenschaft Holstendorf-Barghorst, LASH, Abt. 260 Nr. 18204 (126/1891); Schlachterei König, Ahrensbök, Nr. 18206 (108/1893); »Weidemann's Hotel«, Ahrensbök, Nr. 18208 (118/1895); Molkereibesitzer Becker, Pansdorf, Nr. 18251 (305/1909).

Eine in nur wenigen Objekten im Gebiet des ehemaligen Kreises Eutin vertretene, gleichwohl auffällige Frühform des massiven Eiskellers findet sich in den für Eutin und Bad Schwartau erwähnten Tonnengewölben. Diese entsprechen dem Bau- und Funktionsprinzip des Felsenkellers, welches seit dem 18. Jahrhundert in Bayern, später auch in anderen Bergregionen Anwendung fand und dort in den 1830er Jahren einen starken Aufschwung erlebte. Insofern lag August Heinrich Schlichting, als er 1838 seinen Plan für einen Felsenkeller entwickelte, durchaus im Trend der Zeit, dies auch in Bezug auf die Ausgestaltung eines dem Keller zugeordneten Biergartens beim Eutiner Eichenhain.[286]

Dem Vorbild des Felsenkellers folgen auch der Schlichtingsche Eis- und Lagerkeller an der Elisabethstraße und der noch existierende, ehemals der Brauerei Packendorff zugehörige Eiskeller an der Riemannstraße (vgl. Abb. 22 u. 23). Als letzterer um 1860 errichtet wurde, waren die süddeutschen Brauereien bereits zur Eisverwendung übergegangen, wofür meist am Ende der Tunnelröhre ein Eisraum angelegt wurde.

Packendorff hat, so wie es aussieht, dieses Prinzip übernommen, mit dem die Temperaturen im eigentlichen Bierkeller weiter gesenkt werden konnten. Insofern ist davon auszugehen, dass die im Zusammenhang mit den Brauereien beschriebene Eiskammer von Anfang an vorhanden war. Anders als die echten, in das Gestein gehauenen und dann oft noch zusätzlich ausgemauerten Felsenkeller ist hier das Bauwerk als Ziegelgewölbe direkt in den ansteigenden Geländesporn hineingesetzt, mit Erdreich überdeckt und durch fünf Linden verschattet worden, von denen noch drei erhalten sind und zwei nachgepflanzt wurden. Zudem ist das Gewölbe etwa 1,5 m unter Straßenniveau eingetieft, sodass die Sohle des Kellers nur über eine Treppe zu erreichen ist. Dem etwa 18 m langen Hauptgewölbe schließt sich ein etwas höheres und verstärktes Gewölbe von etwa 2 m Länge an. Dieses ist heute zum Hauptraum hin offen, muss aber, wie die Konstruktion nahelegt, anfänglich durch eine Ziegelwand verschlossen und durch eine Tür vom

286 Neumaier (2005), S. 12–13; Herrmann (2006), S. 7–18, 89, 109, 128–129, 132, 139 (mit zahlreichen Einzelbeispielen).

Lagerraum aus zugänglich gewesen sein. Eine noch vorhandene runde Dachöffnung von etwa 50 cm Durchmesser käme auf den ersten Blick als Ladeluke in Frage, was durch die Erinnerungen eines ehemaligen Hausbewohners bestätigt wird. Zwei kleinere Öffnungen im Hauptgewölbe dienten der Entlüftung. Ein zu erwartender Schmelzwasserabfluss ist nach der Neuverfliesung des Fußbodens nicht erkennbar; ein solcher soll jedoch nach Aussage der Eigentümer nicht vorhanden gewesen sein. Dass die Eiskammer etwas höher als der eigentliche Bierkeller ist, entspricht der Theorie. Ein wenig ungewöhnlich hingegen ist das Größenverhältnis zwischen Lagerraum und Eiskammer, welches einschlägigen Handbüchern zufolge mit 1:3 als optimal anzusehen wäre, hier aber nur etwa 1:9 beträgt.[287] Interessanterweise entspricht das Größenverhältnis des Eis- und Lagerkellers in der Elisabethstraße mit 1:3 genau den Handbuchvorgaben. Zu dessen Bauzeit, 1879, waren die technischen Standards weiter fortgeschritten, was sich u. a. auch darin äußerte, dass das aufsteigende Mauerwerk dreischalig und das Gewölbe zweischalig ausgeführt wurde (vgl. Abb. 23).

Unabhängig von den soeben beschriebenen Einzelheiten wäre das generelle Konstruktionsprinzip auch für Schlichtings Felsenkeller am Eichenhain und das bisher noch nicht identifizierte Bierlager von Böhmcker in Neudorf vorstellbar. Beide Betreiber verfügten ja über einen ähnlichen Erfahrungshintergrund aus ihren jeweiligen Wanderjahren und werden im überschaubaren Eutin von ihren Bauten auch gegenseitig Kenntnis gehabt haben. Und so wäre es nicht abwegig anzunehmen, dass sie sich nicht nur gegenseitig, sondern auch Packendorff, der ja von Haus aus kein Bierbrauer war – er wird stets als »Fabrikant«, später auch als Bier*händler* bezeichnet –, inspiriert haben. Und auf alle drei könnte sich der Neudorfer Bierhändler Johann Schöning bezogen haben, als er sich noch 1889 einen unterirdischen Lagerkeller kleinerer Dimension zugelegte; dieser kam aber ohne Eiskammer aus.[288]

Die Eutiner Bierkeller an der Riemannstraße und der Elisabethstraße weisen zudem eine große Ähnlichkeit mit dem in Bad Schwartau gemeinhin als »Eiskeller« verstandenen Tonnengewölbe von »Geertz' Hotel« auf, was zunächst auf eine zeitliche Parallelität der Errichtung hindeutet, vor allem jedoch die Frage aufwirft, ob es sich bei diesem nicht auch ursprünglich und primär um einen Bier- und Lagerkeller mit angeschlossener Eiskammer als um einen reinen Eiskeller gehandelt haben könnte; zu ihrer Beantwortung bedürfte es einer eingehenderen, die gegenwärtige Nutzung als Fledermausquartier allerdings gefährdender Untersuchung. Auch in diesem Fall eine Übernahme von Vorbildern aus Eutin oder Süddeutschland anzunehmen, wäre sicherlich insofern gewagt, als sich die bauliche Gestalt leicht aus der topographischen Situation am Abhang des Riesebuschs ableiten lässt. Zumindest lässt Thomas Mann in der Romanfigur des Münchener Hopfenhändlers Alois Permaneder, der dort mit der Familie Buddenbrook einkehrte, eine Verbindung zu süddeutscher Biergartenkultur kurz aufscheinen. Und schließlich sollte nicht übersehen werden, dass sich auch die außerhalb des Untersuchungsraumes gelegenen, in den sogenannten Schlossberg hineingetriebenen, ursprünglich der Aufnahme bayrischen Bieres dienenden Lagerkeller des ehemaligen Gutes Mönchneversdorf in ihrer Lage und Konstruktion als Tonnengewölbe nahtlos in dieses bauliche Muster einfügen.[289] Bemerkenswert ist auf jeden Fall, dass sich der Typus des Felsenkellers als frühes Beispiel für Massivbauten im Fürstentum Lübeck an insgesamt fünf Objekten festmachen lässt, von denen noch zwei die Zeitläufte überlebt haben. Gelegentlich werden von Ortsbewohnern Hinweise auf vermeintliche Eiskeller gegeben, die in Verbindung mit gastronomischer Nutzung stehen, etwa nahe der Gaststätte am Bismarckturm auf dem Pariner Berg bei Bad Schwartau oder gegenüber dem ehemaligen Gasthaus »Zur Gremsmühle« am dortigen Mühlenberg. Doch ließen sich hierfür keine archivalischen Anhaltspunkte finden. Es dürfte es sich bei solchen in den

287 Zur Anlage der Felsenkeller vgl. Neumaier (2005), S. 21–45; zu den beschriebenen technischen Erfordernissen vgl. Nöthling (1896), S. 139–144. Zur Verschattung durch Linden und zur Einbringung des Eises vgl. Behrens (o.J.), S. 6–7, 11–12, sowie frdl. Auskunft Ingeborg und Tonnis Bouman, Eutin.

288 LASH, Abt. 260 Nr. 18202 (20/1889).

289 Mann (1986), S. 346–349 (Buddenbrooks). Zu Mönchneversdorf vgl. Michaelsen (1972), S. 215; Lütgert (2000), S. 177; Schleswig-Holsteinische Landeszeitung Online, 20.10.2017: »Eiskeller-Verkauf erntet Widerstand« (mit Fotos).

Berg gesetzten Tonnengewölben vielmehr um kleinere Bierlagerkeller handeln.

Hölzerne Eishausbauten, wie sie im späten 19. Jahrhundert noch überwogen – oftmals als »amerikanische« Eishäuser bezeichnet –, bestanden üblicherweise aus einem doppelten, miteinander mehrfach verstrebten sowie durch innere und äußere Bretterverschalung abgedichteten Ständerfachwerk, dessen etwa 30 bis 50 cm breiten Zwischenräume mit leichtem Isoliermaterial, meist Torfmull oder Torfstreu, verschiedentlich auch Seegras, ausgefüllt waren. Ähnliches Material diente der Deckendämmung, deren Wirkung vielfach noch durch eine Reetbedachung verstärkt wurde (vgl. Abb. 34).

Diese Konstruktionsweise unterscheidet die »amerikanischen« Eishäuser von der »Russischen Eishütte«, der im Zusammenhang mit dem Eutiner Schloss vorgestellten Sonderform des Holzständerbaus (vgl. Abb. 5). Auffällig ist, dass diese eine Reihe von Nachahmern gefunden hat. Ob dabei das Eutiner Vorbild eine Rolle spielte oder ob es bestimmte Vorzüge und Eigenschaften der Konstruktion waren, ist schwer zu entscheiden. Möglicherweise gehörte die leichte Verfügbarkeit von Torf zu den Gründen, was etwa für Majenfelde angenommen werden kann.[290] Einfache Konstruktionweise sowie gute Isoliereigenschaften und der Schutz des Holzes vor Fäulnis durch die vom Torf freigesetzte Humussäure waren weitere Argumente.[291] Andererseits bietet der Eisraum selbst aufgrund seiner leichten Bauweise nur eine begrenzte Kapazität bei relativ großer Grundfläche der Gesamtanlage; die Eiskammern der vorhandenen Objekte besaßen Abmessungen von maximal 3,5 x 3,5 m. Drei der Bauten scheinen sich aufgrund ihrer räumlichen Nachbarschaft und der zeitlichen Nähe ihrer Errichtung – Genossenschaftsmeiereien Majenfelde (1891) und Hutzfeld (1896) sowie Schlachterei Rieckmann in Brackrade (1900) – aufeinander bezogen zu haben.[292] Ein 1905 für die Schlachterei Mähl in Ahrensbök errichteter Holzbau, in die ein massiver Kühlraum integriert war, nahm sogar schon das Konstruktionsprinzip der bereits angesprochenen Eishütte des »Birkenhofs« vorweg (Abb. 11).[293] Insgesamt war die »Russische Eishütte« im Fürstentum Lübeck einschließlich des Schlosses Eutin mit mindestens sechs Exemplaren vertreten. In einer schlichteren und kostengünstigeren Ausführungsvariante, die noch zu Beginn der 1920er Jahre empfohlen wurde, kamen Eishütten auch ohne das äußere Ständerwerk aus; in diesen Fällen wurde die Torfschicht zur Stützung der Konstruktion zum Boden hin angeschrägt und mit einem Erdmantel umgeben;[294] Beispiele für eine solche Variante waren im Untersuchungsgebiet allerdings nicht anzutreffen.

Massivbauten verfügten über ein sehr viel breiteres Gestaltungsspektrum als ihre hölzernen Pendants. Überwiegend war eine Zwei- bis Dreischalenbauweise mit unterschiedlich breiten Zwischenräumen anzutreffen, die teils als Luftraum genutzt, teils aber auch mit Isoliermaterial – auch hier überwiegend Torfmull – ausgefüllt waren. Eine solche Struktur offenbarte sich anschaulich beim Abbruch des jüngsten Eishauses des Eutiner Schlosses im Jahr 1933 (vgl. Abb. 37). Dort, wo einschalig gebaut wurde, wie etwa beim älteren Eishaus des Eutiner Voß-Hauses, erhielt das Gebäude eine Innenisolierung mit Leichtbauwänden und dazwischenliegendem Dämmmaterial. In einem Fall wurde der umgekehrte Weg beschritten, indem der massive Kern von außen mit einem einfachen Holzständerwerk und Zwischenfüllung umgeben wurde.[295] Auch bei Beton- oder Monierbauten war eine Doppelwandigkeit konstruktiv nicht möglich, sodass dort eine Innenisolierung vorgenommen werden musste. Bei ihnen gehörte meist auch eine Überhügelung mit Erdreich dazu, wie es bei Auguste Wahlländer und dem Hotel Dencker in Timmendorfer Strand der

290 Dort befand sich etwa 1 km nördlich des Ortes ein Torfstichareal; vgl. Messtischblatt Eutin 1878 mit Nachträgen 1919.

291 Menzel-Schubert (1903), S. 20–22.

292 LASH, Abt. 260 Nr. 18204 (178/1891), Nr. 18209 (188/1896) und Nr. 18214 (187/1900). In Hutzfeld bestand das Eishaus zwar nur aus einem Anbau an das Meiereigebäude mit direktem Zugang zum Butterraum, seine Konstruktion folgte aber ansonsten dem Prinzip der »russischen Eishütte«.

293 LASH, Abt. 260, Nr. 18229 (251/1905). Nahezu gleiche Abmessungen; hier war lediglich der Eingang zur Seite statt zum Kopf des Gebäudes angelegt. Mähl ersetzte die Hütte jedoch schon 1912 durch einen integrierten Massivbau; LASH, Abt. 260 Nr. 18270 (255/1912).

294 Beispiele bei Nöthling (1896), S. 89–92; ferner Hellwig (1921), S. 21–23.

295 U. a. Meiereigenossenschaft Thürk 1910 (Innenisolierung); LASH, Abt. 260 Nr. 18258 (362/1910). Schlachterei Jebens, Malente 1903 (massiver Kern mit umgebendem Holzständerwerk); LASH, Abt. 260 Nr. 18222 (236/1903).

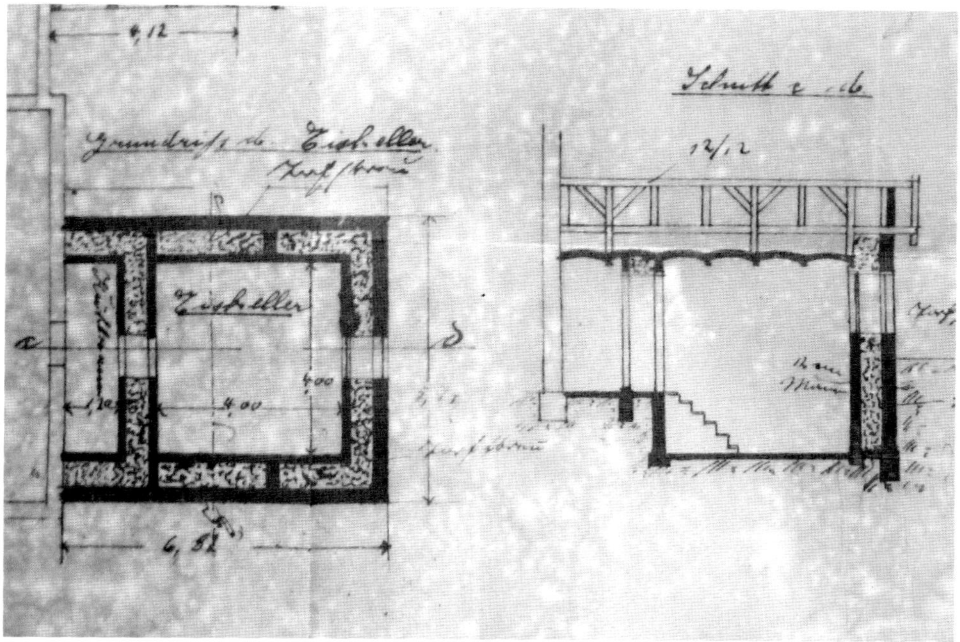

38
Eishaus-Anbau an die Meierei Becker in Pansdorf mit Kappengewölbe, Grundriss und Schnitt, Bauzeichnung, 1909 (LASH, Abt. 260 Nr. 18251: 305/1909). Wandisolierung durch breite Kammern in Anlehnung an das Prinzip von J. E. Mose.

Fall war. Überhügelungen kamen aber auch bei tief in das Erdreich eingesenkten Eiskellern vor. Bei diesen wurde der Rohstoff über Dachluken in den Eisraum eingeführt, was auf mindestens vier weitere Bauten im ehemaligen Kreis Eutin zutraf,[296] während sich sonst die Einfüllluken an der Seite oder Rückseite des jeweiligen Gebäudes kurz unterhalb der Dachtraufe befanden. Eine Reihe von Eishäusern verfügte über keinerlei Luken; bei ihnen musste das Eis durch den Eingang eingebracht werden.

Bei drei massiven Eiskellern lassen sich Bezüge zu einer spezifischen Bauweise erkennen, die von dem in Preetz und Kiel wirkenden Architekten Joseph Eduard Mose (1825–1898), einem Spezialisten des Eiskellerbaus, in den 1880er Jahren entwickelt worden war. Dessen Konstruktionsprinzip, eine abgewandelte Zweischalenbauweise, basiert auf der Unterteilung der Wände in rechteckige Luftkammern (anfänglich ohne Isolierfüllung) von etwa 2 m Länge und 70 cm Breite, wodurch sich eine Gesamtwandstärke von etwa 1 m einstellt (vgl. Abb. 38).[297] Die Isolierung durch große Luftkammern anstatt einer Füllung der Zwischenräume durch Dämmmaterial war in späterer Zeit häufiger anzutreffen, so 1911 beim neuen Eishaus des Eutiner Voß-Hauses und noch 1932 bei dem des Hotels »Fürst Bismarck« in Malente (vgl. Abb. 29 u. 32).

Auch bei der Wahl des Isoliermaterials lässt sich eine Entwicklung beobachten. Torfmull oder Torfstreu – bei »Russischen Eishütten«, zumindest in der Theorie, reine Torfsoden – waren lange Zeit das bevorzugte Material insbesondere für Holzbauten. Bei Massivbauten, welche meist über Kappengewölbe verfügten, setzten sich für die Deckenisolierung zunehmend neue Baustoffe wie Korksteine oder Isolierbimssteine durch, welche zugleich der Schwitzwasserbildung

296 »Weidemann's Hotel« in Ahrensbök, Eigenkätner Prüß (Hofschlachterei) in Hutzfeld und Gastwirt Braasch in Bosau; LASH, Abt. 260 Nr. 18208 (118/1895), Nr. (321/1906) u. Nr. 18352 (232/1934). Ferner »Geertz' Hotel« in Bad Schwartau, vgl. S. 80.

297 Genossenschaftsmeierei Fissau-Sibbersdorf (1904), Molkerei Becker in Pansdorf (1909) und Grandhotel Schwentinetal (1910); LASH, Abt. 260 Nr. 18224 (112/1904), Nr. 18251 (305/1909) u. Nr. 18258 (364/1910). Die Kammern der Molkerei Becker waren allerdings mit Torfstreu gefüllt. Zu Moses Konstruktionsprinzip vgl. Nöthling (1896), S. 53, 56 u. Lit.verz., sowie Lütgert (2000), S. 29–30, 196. Zur Person und zum Werk Moses vgl. Ohl (2013); zu seinen Eiskellerbauten dort S. 53, 285–86, 270–272, 285–286, 322–325, 393–394, 405. Mose hat an zahlreichen Gutsbauten mitgewirkt und für mehrere adelige Güter auch Eiskeller errichtet; zu seinen bekanntesten Schöpfungen zählt der Eiskeller der Universitätsklinik Kiel. Zudem hielt er ein Patent für die Nutzung von Schmelzwasser zu Kühlzwecken.

entgegenwirkten. Später wurde zur Wandisolierung häufiger Kork eingesetzt, so schon 1907 – zusätzlich zum Doppelschalenmauerwerk mit Torfmullfüllung – bei der Brauerei Evers in Eutin sowie 1913 bei der Schlachterei Schaeffer und 1925 bei der bereits erwähnten Schlachterei Petersen in Malente; beide kleideten Eis- und Kühlräume ringsum mit Korkplatten aus, die bei Petersen eine Stärke von 15 cm aufwiesen.[298] Bei Räumen mit künstlicher Kühlung gehörte Korkisolierung später zum Standard, nachdem diese sich schon seit längerem bei Kühlhäusern durchgesetzt hatte.[299] Zur Isolierung der Türen und Luken dienten ursprünglich Matratzen, die mit Torfmull, Strohhäckseln oder Kieselgur gefüllt waren, später ebenfalls Korkplatten.[300] Spezielle luftisolierte Glasbausteine ermöglichten eine Belichtung, welche wohl weniger den Eiskammern als den Vor- und Kühlräumen galt.[301]

Während Eishäuser ursprünglich als freistehende Einzelbauten konzipiert waren, wurden seit den 1880er Jahren häufiger integrierte oder teilintegrierte Lösungen gesucht. Diese boten sich an, wenn Eis im Produktionsprozess benötigt wurde, wie dies vor allem bei Meiereien zur Kühlung von Milch und Butter sowie bei Brauereien zur Unterstützung des Gärprozesses und zur Kühlung des Bierlagers der Fall war. Ebenso erlaubten im Bereich von Gastronomie und Privathaushalten in das jeweilige Kellergeschoss eingefügte Eis- und Kühlräume mit ihrer Nähe zu Küche, Speisekammer, Bier- und Weinkeller einen schnellen Zugriff und eine effiziente Nutzung der Kühlwirkung (vgl. Abb. 13 und 33). Allerdings waren solche Eiskeller von außen nicht zugänglich, was eine Entnahme zu anderen Zwecken erschwerte.

Es erscheint sinnvoll, solche im weitesten Sinne dem Kellerbereich der Produktionsstätte oder des Wohnhauses zuzuordnenden Räume begrifflich von oberirdischen Anlagen zu unterscheiden, für welche eher die Bezeichnung »kombinierte Bauten« angemessen wäre.[302] Nebengebäude solcher Art umfassten Nutzungen, die funktional nicht unbedingt zu einander gehörten, die aber aus Gründen der Zweckmäßigkeit oder der Kostenreduzierung von vornherein, manchmal aber auch nachträglich zu einem eigenständigen Komplex zusammengefügt wurden. Dies kam bei Hofanlagen mit ihren vielfältigen Wirtschaftsfunktionen, vor allem bei Schlachtereien, Bierhandlungen und in der Gastronomie in Frage, wo Schlachträume, Wagenremisen, Pferdeställe und Futterkammern sowie Lagerräume, Schuppen, Schweineställe oder Waschhäuser dem Eishaus leicht angegliedert werden konnten. Verschiedentlich erfüllte dieses dabei eine Scharnierfunktion zwischen dem Wohnhaus und den im rechten Winkel angelegten Wirtschaftsgebäuden, wofür u.a. die Schlachterei Stuhr in Niendorf steht (vgl. Abb. 21).

Ein gelungenes Beispiel für einen Kombinationsbau bot der bereits erwähnte Hof Heuerstubben, wo sich das Eishaus zusammen mit einem Schweinestall und einem Holzlagerraum zu einer konstruktiven Einheit fügte (vgl. Abb. 39). Bei solchen für den ländlichen Raum charakteristischen Kombinationsbauten stellte sich, wie auch in diesem Fall, das Eisreservoir meist als der dominierende, weil räumlich ausgedehntere und konstruktiv tragende Teil des Ensembles dar. Dies lässt sich u.a. daran ablesen, dass es im Unterschied zu anderen Gebäudeteilen meist in massiver Bauweise ausgestaltet und in den Erdboden eingetieft war, was bei einer von den anderen Nutzungen vorgegebenen gemeinsamen Gebäudehöhe ein größeres Fassungsvermögen gestattete.[303] Diesem Prinzip folgend nutzte die Pansdorfer Niederlage der Aktienbrauerei Lübeck das zur Rückseite des Grundstückes hin abschüssige Terrain zu einer – bei gleichbleibender Höhe des Dachgeschosses – gestuften Abfolge der verschiedenen Funktionsbereiche, deren logischen Abschluss der am tiefsten Punkt gelegene, räumlich ausgreifende Eiskeller bildete (vgl. Abb. 35). Zur Kategorie der Kombinationsbauten gehört auch das erwähnte

298 LASH, Abt. 260 Nr. 18458, Unterakte 2 (Schaeffer), und Nr. 18312 (Petersen, 130/1925). Generell dazu Lütgert (2000), S. 37–38, u. Menzel-Schubert (1903), S. 80–81.

299 U.a. Genossenschaftsmeierei Liensfeld; LASH, Abt. 269 Nr. 18362 (278/1936). Zu Kühlhäusern vgl. Lütgert (2000), S. 239 (Kühlhaus Lübeck).

300 Schubert (1923), S. 41.

301 Nöthling (1896), S. 42–43.

302 Lütgert (2000), S. 46–48, subsumiert auch diese Bauten unter den Begriff »integrierte Eiskeller«.

303 Noch deutlicher ausgeprägt bei der Schlachterei Siems in Malente, wo der Eiskeller etwa zur Hälfte in den Boden eingetieft war; LASH, Abt. 260 Nr. 18458, Akte 5 (=14/1922)

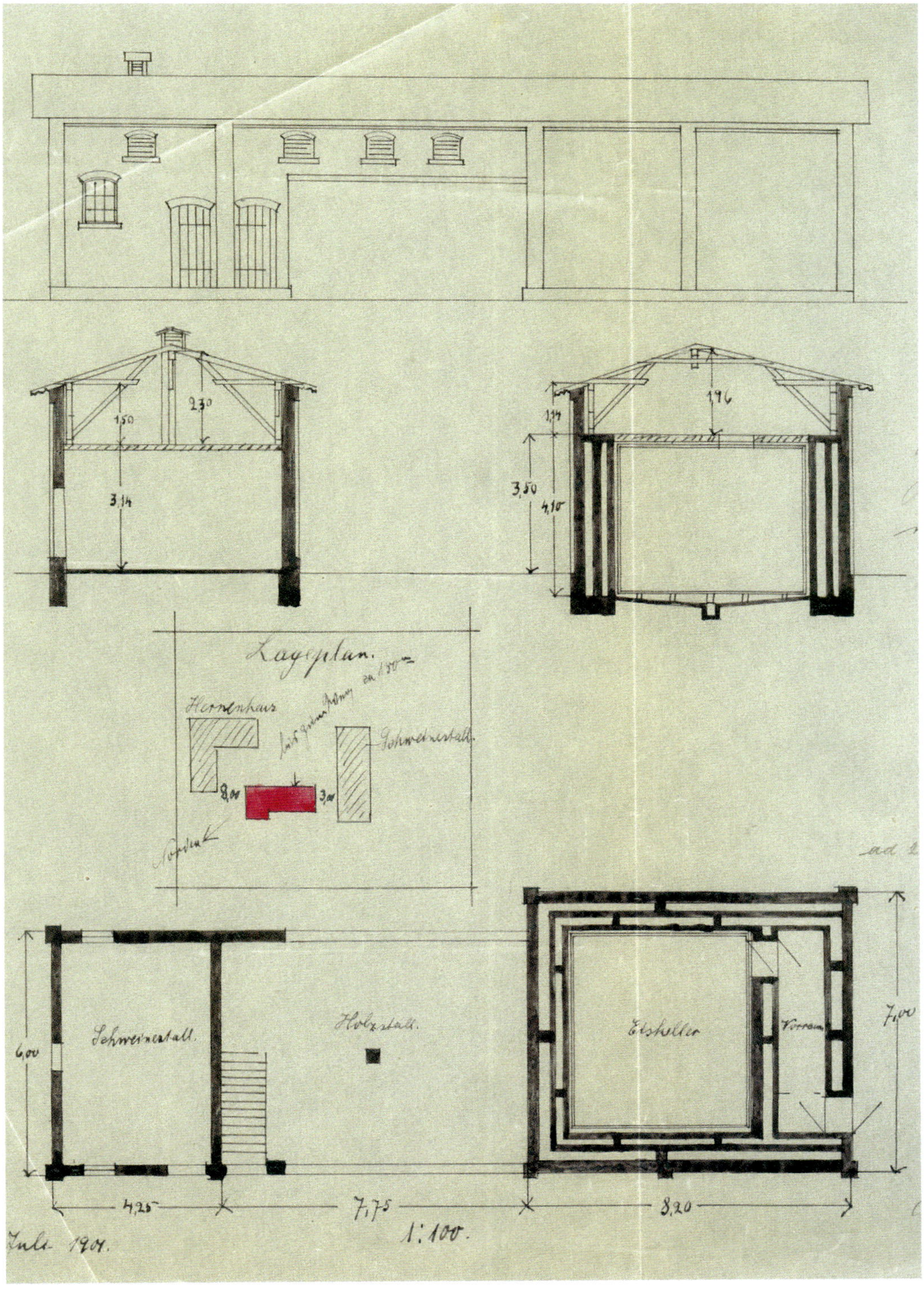

39
Grundriss, Ansicht, Schnitte und Lageplan eines kombinierten Eishauses: Hof Heuerstubben bei Gnissau/Ahrensbök, Bauzeichnung (2. Entwurf), 1901 (LASH, Abt. 260 Nr. 18216: 148/1901). Rechts massives Eishaus, in der Mitte halboffener Lagerschuppen mit Aufgang zu den Bodenräumen, links massiver Schweinestall.

Eisdepot des Werftdirektors Zimmermann in Pulverbeck, das einzige bisher gefundene derartige Beispiel im Bereich privater Villenanlagen.

Insgesamt lassen sich von den in der Tabelle 2 aufgeführten Objekten 31 als integrierte Eiskeller und 27 als kombinierte Eishäuser klassifizieren, womit die Hälfte aller im Zeitraum 1879 bis 1937 von der Regierung zu Eutin genehmigten Anlagen betroffen ist. Integrierte Bauten fanden sich mit jeweils 10 Objekten überwiegend in der Gastronomie und der Milchwirtschaft, während Kombinationsbauten am häufigsten bei Schlachtereien (14) und im Bierhandel (5) anzutreffen waren. Im urbanen Raum Eutins, wo auf manchen Hausgrundstücken nur wenig Platz zur Verfügung stand, ist hingegen mehrheitlich von freistehenden Einzelgebäuden auszugehen; da hierfür Bauunterlagen nur in wenigen Fällen zur Verfügung standen, sind eindeutige Aussagen jedoch nicht möglich.

Die kombinierte Bauweise erlaubte zudem, dem Bautypus »Eishaus« durch dessen Einbettung in größere bauliche Strukturen etwas von seiner immanenten Schlichtheit zu nehmen und ihm größeres architektonisches Gewicht zu verleihen. Als Funktionsbauten erhoben Eishäuser – wenn man einmal von repräsentativ gestalteten Gutseiskellern absieht, wie sie sich verschiedentlich im Raum Berlin-Brandenburg finden[304] – keinerlei ästhetischen oder architektonischen Anspruch. Freistehende Exemplare in Holz- oder Massivbauweise zeigten sich häufig als unauffällige, fensterlose Gebilde mit einfacher Holzverschalung oder Putzoberfläche, deren tristes Erscheinungsbild durch mit Dachpappe ausgelegte Sattel- oder gar Pultdächer oft noch verstärkt wurde. Dementsprechend waren solche schuppenähnlichen Gebäude auf dem rückwärtigen Teil des jeweiligen Grundstücks platziert, wo sie den Blicken von der Straße – oder sogar vom Wohnhaus – weitgehend entzogen waren. Allerdings konnte sich dort, wo, verschiedentlich in Verbindung mit einem Walmdach und einem Eingangsvorbau, eine Reetbedeckung gewählt wurde, zuweilen ein günstigerer Eindruck einstellen. Denn solche, mit regionalem Material und in traditionellem Stil errichteten ländlichen Wirtschaftsgebäude fügten sich in die Landschaft wie auch in dörfliche Strukturen ein und dürften mithin prinzipiell auch das Wohlgefallen des Heimatschutzes gefunden haben. Hierfür lieferten die »Russischen Eishütten« wie auch das oben beschriebene Eishaus des Gutes Rothensande (Abb. 9/10) durchaus geeignete Beispiele.

Kombinationsbauten eröffneten darüber hinaus die Möglichkeit zu einer noch abwechslungsreicheren Gestaltung. Hierfür kann wiederum der Hof Heuerstubben herangezogen werden, wo sich an der gegliederten Fassade des Mehrzweckgebäudes – ähnlich wie bei der erwähnten Schlachterei Stuhr in Niendorf – die einzelnen Funktionen deutlich ablesen lassen (vgl. Abb. 21 u. 39). Solche Lösungen kamen vor allem dort in Frage, wo man das Eishaus nicht verstecken wollte oder konnte. Auf Heuerstubben etwa stand das Gebäude seitwärts, also im sichtbaren Bereich des Herrenhauses. Für eine Schlachterei in Neukirchen, wo der Kombinationsbau unmittelbar an der Straße lag, wählte der Bauherr ein massives Mauerwerk für die Straßen- und die beiden Stirnseiten, während die dem Grundstück zugewandte Front mit den Zugängen zu Eishaus, Pferdestall und Wagenremise in Holzständerwerk ausgeführt war. Hierfür spielten vermutlich Kostengesichtspunkte eine Rolle. Auf diese Weise präsentierte sich der Komplex nach außen hin als eine das Grundstück abschirmende hohe Mauer, die durch Pilaster und Lisenen gegliedert sowie durch Ausnehmungen im Mauerwerk in sechs Felder unterteilt war.[305]

Auch bei freistehenden Bauten oder bei Anbauten an vorhandene Gebäude waren zuweilen optische Aufwertungen durch Pfeiler, Lisenen oder Blindfenster zu finden. Gastwirt Steen in Bosau, dessen Eishaus direkt am Bischofssee in der Nähe der Dampferanlegestelle und somit in einem von mehreren Seiten sichtbaren Bereich stand, gliederte – auch aus Stabilitätsgründen – die eigentliche Eiskammer ringsum mit Pfeilern, was dem Gebäude in Verbindung mit dem niedrigeren Vor- und Kühlraum und einem reetgedeckten, in der Höhe gestuften Walmdach eine abwechslungsreiche Silhouette verlieh.[306] Bei der Genossenschaftsmeierei

304 Vgl. hierzu Heintze (2014), Bd. 1 ,u.a. S. 2, Abb. 5 (Berlin-Biesdorf), S. 50, Abb. 78 (Wustrau) u. S. 52, Abb. 88 (Neubrandenburg).

305 Schlachterei Bönning, 1899; LASH, Abt. 260 Nr. 18212 (230/1899).

306 Vgl. Anm. 238.

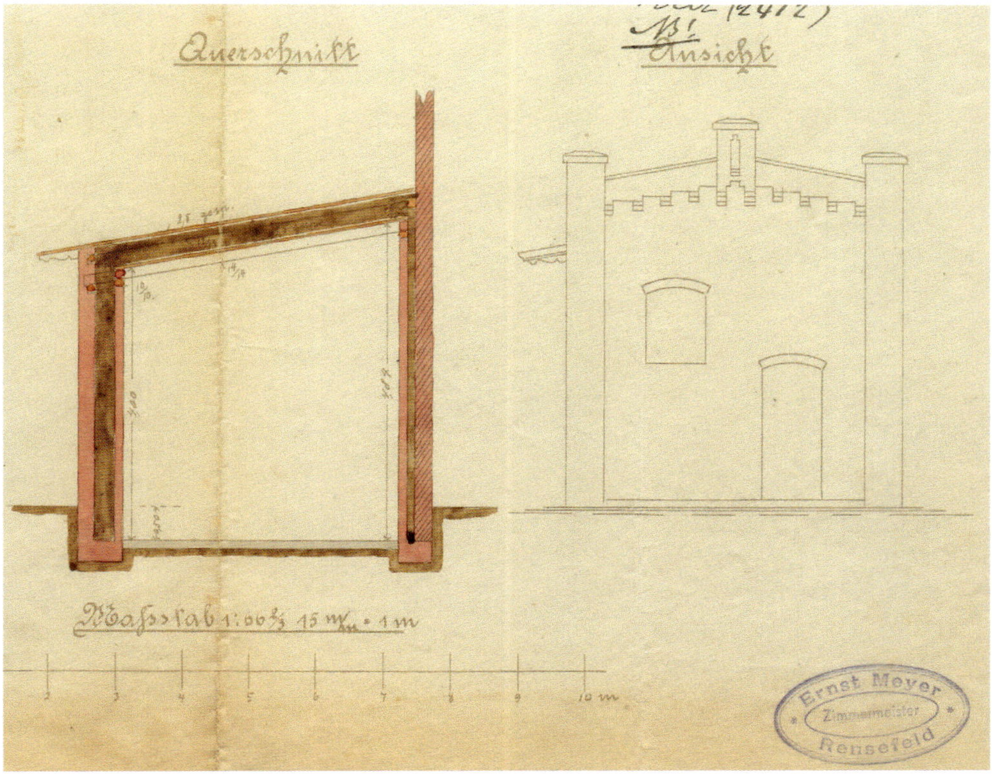

40
Eishaus der Privatmeierei F. Burmann, Rensefeld; Bauzeichnung Querschnitt und Ansicht, 1902 (LASH, Abt. 260 Nr. 18219: 247/1902). Die Ansicht lässt den das Eishaus deutlich überragenden vorgesetzten Giebel erkennen; oben Ladeluke, rechts unten Eingangstür.

Fissau-Sibbersdorf war das als Anbau ausgeführte Eishaus an den drei sichtbaren Seiten mit Pfeilern und Blindfenstern versehen, deren eines die Ladeluke aufnahm. Für eine Privatmeierei in Rensefeld hatte der Architekt vor die Eingangs- und Ladeseite einen repräsentativen Backsteingiebel gesetzt, der von zwei das Pultdach überragenden Eckpfeilern begrenzt und von einem Mittelaufsatz bekrönt wurde (Abb. 40).[307] In Schwartau ließ ein Schlachter, als er ein hölzernes Gartenhäuschen in einen Kühlraum mit Eiskammer umwandelte, das Äußere einschließlich der Sprossenfenster völlig unverändert und kleidete das Gebäude von innen mit einer Torfmullschicht aus.[308] Den Höhepunkt solch mehr oder weniger geschickter Tarnungen des eigentlichen Verwendungszwecks bildeten die Terrasse im Biergarten des Restaurants »Alte Kalkhütte« sowie die erwähnten verandaartigen Anbauten der Genossenschaftsmeierei Scharbeutz (Abb. 20) und der Meierei Körting in Rensefeld, wobei letztere zusätzlich zu der funktionslosen Balkonbrüstung noch mit einer umlaufenden Belebung der Fassade durch Blindfenster aufwartete.

Den Eiskeller hinter einer repräsentativen Fassade oder unter einem anderen Zwecken dienenden Gebäude zu verbergen, wäre eigentlich schon bei einem frühen Projekt der Gastronomie, dem Hotel »Holsteinische Schweiz«, zu erwarten gewesen. Denn dessen luxuriöse Ausstattung hätte, ähnlich wie bei manchen Gutsanlagen, ein Pendant in Gestalt eines ebenso luxuriös gestalteten Eisreservoirs durchaus vertragen, und hierzu hätten sich die dem Haupthaus vorgelagerte obere Aussichtsterrasse, die »Bastei«, oder ein exponierter Pavillon mit Unterbau zumindest theoretisch hervorragend geeignet (vgl. Abb. 28 u. 30). Doch anders als bei der »Alten Kalkhütte« verbot sich eine solche Lösung von vornherein angesichts der Südausrichtung der den Kellerseehang überragenden Gesamtanlage und der damals noch unmittelbar vor dem Hotel vorbeiführenden Straße. Dem Zweck, der Eisversorgung der Gäste, war dies eher förderlich, denn hinter dem Haupthaus und unter schattenspendenden Bäumen gelegen, war

307 Privatmeinerei Burmann, 1902; LASH, Abt. 260 Nr. 18219 (247/1902).
308 Schlachterei Carl Franck, Lübecker Str. 40, 1907 (frdl. Auskunft Kay-Uwe Lange, Bauordnungsamt Bad Schwartau).

das Eisdepot nicht nur vor der Sonne geschützt, sondern auch den Blicken der Öffentlichkeit entzogen. Dass der Vorgang der Einlagerung und Entnahme des Eises somit völlig unbemerkt vonstattengehen konnte, lässt sich geradezu als ideale Form der Nutzung eines Luxusguts interpretieren, das einfach vorhanden ist, ohne dass diejenigen, die sich an ihm erfreuen, mitbekommen, wie es zu ihnen gekommen ist. Was herrschaftliche Teepavillons der im Zusammenhang mit der Alten Kalkhütte beschriebenen Art durch großen Aufwand und architektonische Raffinesse erreichten, gelang hier angesichts der räumlichen Situation unbeabsichtigt mit einfachen Mitteln.

Unauffindbare Alternativen und unbekannte Größen

Eismieten, Provisorien und örtlicher Eishandel

In verschiedenen Sparten der mit Natureis arbeitenden Wirtschaft, aber auch im Bereich privater Eisnutzung war offenkundig geworden, dass die Zahl der nachgewiesenen Eiskeller und Eishäuser zum Teil erheblich niedriger ausfiel, als man angesichts der Bedeutung und des Bedarfs des jeweiligen Sektors hätte erwarten können. Hierfür wurden bereits verschiedene Erklärungen angeboten, von denen zwei, die Anlage von Eismieten und provisorischen Eisbehältern sowie das Vorhandensein eines offiziellen und inoffiziellen Eishandels, näherer Betrachtung bedürfen.

Bei Eismieten handelt es sich um temporäre Anlagen, in denen auf trockenem Untergrund und auf einer isolierenden Lage von Stroh oder Reisig Natureis aufgeschichtet und mit einer weiteren Strohlage sowie diese wiederum mit Erdreich überdeckt wird. Die benötigten Mengen des Kühlmittels konnten dann durch kurzeitige Öffnung der umgebenden Isolierschichten entnommen werden. Das Eis war in der Regel am Ende des Sommers aufgebraucht, sodass jährlich eine Neuanlage erforderlich war; es soll allerdings vereinzelt Mieten gegeben haben, die in der Lage waren, das Eis für länger als eine Saison zu halten.[309]

Eismieten waren zu früheren Zeiten unbekannt oder zumindest wenig gebräuchlich. Sie stellten insofern keine historische Vorform des Eiskellers dar, sondern waren genuine Baulichkeiten, die als Parallelentwicklung zum Bau von Eiskellern und Eishäusern zu sehen sind und die wie diese erst seit etwa 1850 in größerem Umfang in Erscheinung traten. In den skandinavischen Ländern waren Eismieten oder noch einfacher gestaltete Eishaufen in ländlichen Regionen anscheinend weitverbreitet und teilweise noch bis in die 1950er Jahre in Gebrauch.[310] Aufgrund der Einfachheit ihrer Konstruktion und ihres vorübergehenden Charakters ist allerdings ihr Nachweis schwierig und nur in Ausnahmefällen möglich, denn weder musste für sie ein Bauantrag gestellt werden, noch sind sie normalerweise in Lageplänen oder gar in historischen Karten verzeichnet, sodass archivische Überlieferungsformen weitestgehend ausfallen und ihre konkrete Existenz im Grunde nur in Form persönlicher Erinnerungen oder Aufzeichnungen nachgewiesen kann.

Da ihre Höhe begrenzt war, benötigten Eismieten Platz, und deswegen eigneten sie sich vor allem für den ländlichen Raum, wo neben großen Grundstücken in der Regel auch das zum Bau erforderliche Material wie Stroh, Reisig und Erdreich kostengünstig zur Verfügung stand. Insofern bot das Fürstentum Lübeck, zumindest außerhalb der urbanen Ansiedlungen, ideale Voraussetzungen für solche Anlagen. In welchem Umfang sie Verbreitung fanden, entzieht sich unserer Kenntnis, doch deutet die überraschend geringe Zahl von Eiskellern namentlich bei Meiereien darauf hin, dass dies zumindest dort des Öfteren der Fall war. Tatsächlich wurden in Dänemark, Schweden und Finnland Eismieten häufig im Zusammenhang mit der Milchwirtschaft angelegt.[311] Bei Meiereien ließ die Grundstücksgröße meist ohnehin eine Reihe von Nebengebäuden wie Schweine- und Pferdeställe sowie Wagenremisen zu, sodass genügend Platz für weitere Baulichkeiten vorhanden gewesen sein dürfte. Auch bei Hof- oder Kleinschlachtereien im dörflichen Umfeld sowie bei

309 Nöthling (1896), S. 53–56. Dort auch Hinweis auf mehrjährige Mieten.

310 Reinink (1995), S. 174–175, 200–206, 209, dort Hinweise auf Dänemark, Schweden und Finnland; Lütgert (2000), S. 27–31.

311 Reinink (1995); vgl. die in Anm. 310 genannten Fundstellen.

Ausflugslokalen kann man sich die Verwendung von Eismieten gut vorstellen.

Mit einigen wenigen Einzelnachweisen aus anderen Regionen lassen sich diese Annahmen unterstützen. So stellte die 1879 gegründete Genossenschaftsmeierei Lübeck einen Bauantrag für eine »*hölzerne Eismiete*«,[312] was nicht nur belegt, dass gelegentlich auch im städtischen Raum solche Lösungen möglich waren, sondern auch, dass es Übergänge zum regulären Eishaus gab. Als Übergangsformen, sozusagen als »dauerhafte« Eismieten, lassen sich auch die erwähnten Eisgruben in der Lebensreformerkolonie Klingberg und auf Hof Schmiedekamp ansprechen. Statt mit einem Dachkegel, wie in diesen Beispielen, wurden solche Gruben verschiedentlich mit einem flachen, die gewölbte Stroh- und Erdlage tragenden Holzrahmen abgedeckt, wodurch die in solchen Fällen rechteckige Konstruktion äußerlich einer Rübenmiete ähnelte.[313] Ein weiteres zufällig überliefertes Beispiel bezieht sich auf die »Forsthalle«, ein gut besuchtes Ausflugslokal im Lübecker Vorort Israelsdorf. Zu der 1896 eröffneten Gastwirtschaft gehörte von Anfang an ein Eishaus, dessen Kapazität sich aber nach wenigen Jahren als zu gering erwies, sodass sich der Pächter zunächst mit einer zusätzlichen Eismiete behalf, bevor die Eigentümerin, die Stadt Lübeck, 1910 ein größeres Eishaus errichtete. Eine Antragstellung oder Genehmigung für diese Eismiete ist nicht erkennbar. Anders war es in einem älteren Fall, in dem 1882 der Betreiber einer Lübecker Flussbadeanstalt eine Eismiete angelegt hatte, die vermutlich gastronomischen Zwecken, möglicherweise aber auch einem begrenzten, auf Villenbesitzer ausgerichteten Eishandel diente.[314] Die für die Natureisversorgung der Hansestadt bedeutende Lübecker Eisgenossenschaft stellte in ihrem ersten Geschäftsjahr versuchsweise Eismieten auf, um ihre Lagerkapazitäten kurzfristig zu erhöhen, allerdings ohne finanziellen Erfolg.[315] Auch in anderen Teilen Schleswig-Holsteins finden sich gelegentlich Nachweise über Eismieten, so u. a. bei Fischern am Ratzeburger See und auf dem Gut Boelschuby in Angeln.[316]

Dass es sich hierbei nicht um zufällige Ausnahmen handelt, lässt sich schon daraus ersehen, dass Eismieten schon früh Gegenstand einschlägiger Hand- und Lehrbücher zum Eiskellerbau waren, in denen sie als kostengünstige Alternativen zu massiven oder hölzernen Konstruktionen empfohlen wurden. Menzel und Schubert bezeichnen in ihrem Handbuch die Eismiete als die »älteste, einfachste und billigste, besonders im Landwirtschaftsbetriebe gebräuchlichste Art, das Eis aufzubewahren.«[317] Dabei kamen sogar Vorteile gegenüber festen Bauten zur Sprache, die darin bestanden, dass bei der Eisentnahme die Abdeckung nachsackte, sodass keine den Schmelzprozess fördernden Hohlräume mit feuchter Luft entstehen konnten. Nachteile wurden außer in dem mühsamen jährlichen Neuaufbau vor allem in der schwierigeren und meist mit Verschmutzungen einhergehenden Entnahme gesehen. Ferner wurden Beispiele vorgestellt und Optimierungsvorschläge angeboten, u.a. seitens des bereits erwähnten Baumeisters J. E. Mose.[318] Und so scheinen Eismieten selbst in der Hochphase des Eiskellerbaus noch als Alternative zu dauerhaften Konstruktionen angesehen worden zu sein, was zusätzlich daraus erhellt, dass sie noch bis 1920 in Handbüchern zum landwirtschaftlichen Bauwesen als eigener Bautypus beschrieben werden.[319]

Eine andere Form provisorischer Eisnutzung stellte der Einbau von Eisbehältern in vorhandene bauliche Strukturen dar, wozu sich insbesondere Kellerräume oder Nebengebäude eigneten. Hierzu hält der mehrfach zitierte Eiskellerexperte Ernst Nöthling praktikable Vorschläge bereit, wobei er zugleich auf die Notwendigkeit einer guten

312 AHL, Baupolizei Erw. 18/1912: 22 (Bauregister Stadt 22, 1879, Nr. 26). Die Meierei war gegenüber dem Zeughaus an der Parade, also inmitten dichter Bebauung gelegen, dort wo sich heute das katholische Gesellenhaus befindet.

313 Zu »dauerhaften« Eismieten und anderen Übergangsformen vgl. Menzel-Schubert (1903), S. 15–18, u. Nöthling (1896), S. 54, 58–66, 77. Hellwig (1921), S. 8–14, bezeichnet solche Konstruktionen als Erdkeller.

314 AHL, Finanzdepartement 7566. Die Eismiete ist in einem Lageplan von 1907 eingezeichnet. Zur »Forsthalle« generell Müller (1986), S. 47. Zur Badeanstalt vgl. AHL, Baupolizei, Erw. 18/1912, Bauregister 25, Vorstädte, 1882 Nr. 25; ferner Bickelmann (2023), S. 182 u. 193.

315 Lübecker Eisgenossenschaft, Geschäftsbericht 1896/97, in: AHL, Firmenarchive, Kühlhaus Lübeck AG, Nr. 14.

316 Lütgert (2000), S. 72, 161, 209.

317 Menzel-Schubert (1903), S. 15.

318 Nöthling (1896), S. 53 u. 56; Lütgert (2000), S. 29–30 u. 196, dort ebenso wie bei Nöthling (Literaturverzeichnis) auch Hinweise zu Mose.

319 Schubert (1919), S. 129–131 (mit eigenem Abschnitt über Eismieten). In der 4. und 5. Aufl. (1923 bzw. 1931) sind Eismieten nicht mehr erwähnt.

Isolierung gegen Erdwärme und eines leichten Schmelzwasserabflusses hinweist. Insbesondere empfiehlt er die Einrichtung eines separaten, rundum, also auch gegen Bodenwärme, gedämmten Behälters, vorzugsweise in Gestalt eines Holzkastens.[320] Vorstellbar wären auch Holzständerwerke mit äußerer und innerer Verschalung, sofern sie über ein tragfähiges Bodenfundament verfügten, sozusagen in den Raum gesetzte Mini-Eishäuser. Über die mögliche Kapazität solcher Einbauten liegen zwar keinerlei Erkenntnisse vor, doch dürfte ein Fassungsvermögen von wenigen Kubikmetern, wie es für einen Privathaushalt genügt hätte, durchaus handhabbar gewesen sein. Hinsichtlich der Bedienung solcher Einbauten musste man gegenüber einem regulären integrierten Eiskeller allerdings mit zusätzlichen Erschwernissen rechnen. Denn erstens gab es oft keine Ladeluke, die ein direktes Einfüllen von außen erlaubt hätte, sodass das Material bei der Einlagerung per Hand durch den Keller hätte getragen werden müssen. Und zweitens wäre es erforderlich gewesen, für eine geeignete Vorrichtung zum Auffangen des Schmelzwassers Sorge zu tragen, welche man sich, ähnlich wie bei einem Eisschrank, als eine unter dem Behälter installierte Wanne vorstellen könnte. Dies hätte vermutlich eine tägliche Kontrolle und Entsorgung erfordert, was aber weniger den Nutzern selbst als ihrem Dienstpersonal zur Last gefallen wäre. Einbauten dieser Art wären zudem, da sie weder Änderungen an der Konstruktion des Gebäudes noch eine Entwässerung nach außen beinhalteten, kein Anlass für eine offizielle Baugenehmigung gewesen. Dementsprechend sind dem Verfasser solche Baumaßnahmen in den Akten der Regierung zu Eutin auch nicht begegnet, was allerdings nicht gegen deren Vorhandensein spricht. Vielmehr ist es hier, wie bei den Eismieten, im Nachhinein schwierig, einen historischen Nachweis für solche provisorischen Einbauten zu erbringen, die irgendwann später, nachdem sie obsolet geworden waren, ohnehin wieder entfernt worden wären.

Immerhin kann man sich vorstellen, dass sich eine Reihe von Villen- und Hofbesitzern – namentlich im Bereich der Holsteinischen Schweiz und in den Ostseebädern – mithilfe von Einbauten der beschriebenen Art regelmäßig Eisvorräte geringeren Umfangs zugelegt hat, ohne dass sich dies in schriftlichen Quellen oder baulichen Überresten niedergeschlagen hätte. Ebenso ließe sich im urbanen Umfeld, bei Gewerben mit geringerem, aber ständigem Eisbedarf wie etwa Apotheken und Konditoreien oder in der Gastronomie an solche baulichen Adaptionen vorhandener Bausubstanz denken. Und insbesondere im Fall des Hotels »Holsteinische Schweiz« könnte dies erklären, auf welche Weise die Betreiber dort ihre provisorischen Eiskeller, die sie vor dem Bau dauerhafter Strukturen bzw. neben ihren regulären Eishäusern unterhielten, einigermaßen sinnvoll genutzt haben.

Insgesamt liegt somit die Schlussfolgerung nahe, dass die Bevorratung von Natureis auf dem Lande, teilweise aber auch im urbanen Raum, doch erheblich über das Maß hinausging, welches Eiskellern und Eishäusern als den Hauptträgern der Natureislagerung zunächst zuzukommen scheint, und dass Eismieten und provisorische Einbauten dabei eine wichtige Rolle gespielt haben. Deren Anteil quantitativ zu bestimmen, bleibt allerdings ein fast unmöglich einlösbares Desiderat, da die für eine solche Bewertung erforderlichen materiellen Beweise unwiederbringlich verloren sind und Quellen der Erinnerungskultur im Grunde nur Beispielcharakter zukommen kann. Gleichwohl könnte eine vertiefende Suche nach derartigen Überlieferungen weiterführende Einsichten erbringen.

Eine weitere Unbekannte, welche die Analyse der Natureisnutzung erschwert, ist der örtliche Eishandel, namentlich in den Kleinstädten und auf dem Lande. Während sich schon früh in Großstädten wie Hamburg und Berlin und später auch in Kiel und Lübeck ein professioneller Eishandel etablierte, der sich auch quellenmäßig nachweisen lässt,[321] gab es im Fürstentum Lübeck nur wenige Unternehmer, die explizit als Eishändler angesprochen werden können. Zu ihnen gehörte der bereits erwähnte Färber Krafft, der in Eutin von 1869 bis 1878 offiziell als Eishändler konzessioniert war. Schon bei seinen Nachfolgern, eindeutigen Eisinteressenten verschiedener Gewerbe, bleibt offen, in welchem Umfang sie das Eis für eigene Zwecke oder zum Weiterverkauf

320 Nöthling (1896), S. 73-76. Beispiele ähnlicher Art auch bei Lütgert (2000), S. 69-70.

321 Lütgert (2000), S. 183-185, 207-208, 223-237, 256-257; Heide (2012), S. 56-62; Bickelmann (2023), S. 185-208, 225-234.

verwendeten.[322] Zudem finden sich in den auf das Fürstentum Lübeck bezogenen Adressbüchern keinerlei Rubriken, die auf einen professionellen Eishandel hindeuten, und ebensowenig ließen sich in den im Stadtarchiv Eutin verwahrten Gewerberegistern Anmeldungen für einen speziellen Eishandel ermitteln.[323] Für den Süden des Kreisgebiets, namentlich Bad Schwartau und Stockelsdorf, käme möglicherweise die 1896 gegründete Lübecker Eisgenossenschaft in Betracht, die auch Nicht-Mitglieder belieferte.[324]

So muss sich eine Recherche zwangsläufig auf die Frage fokussieren, welchen der Betreiber von Eiskellern und Eishäusern eine besondere Affinität zum Eishandel eignete. Hier wären in erster Linie Brauereien und Bierverlage anzusprechen, weil sie ohnehin mit der Lieferung von Eis an gewerbliche Kunden zu tun hatten und weil sie auch vom Volumen her am ehesten dazu in der Lage waren. Insofern lag bei ihnen durchaus auf der Hand, dass sie Eis in kleinen Mengen an Pensionen oder Privatkunden abgaben. Tatsächlich waren Brauereien in größeren Städten Initiatoren eines örtlichen Eishandels, der oftmals auch von Kohlenhandlungen wahrgenommen wurde, die sich auf diese Weise ein zweites Standbein für den Sommer schufen.[325] Letzteres scheint für das Fürstentum Lübeck nicht zuzutreffen und wäre auch bestenfalls für Eutin, Malente-Gremsmühlen, Ahrensbök oder Schwartau in Frage gekommen.[326] Doch bestand zumindest für die Brauereien von Lychenheim, Böhmcker und Evers sowie für die »Fackenburger Brauerei« die Voraussetzung zu einem begrenzten Handel mit Natureis im näheren Umkreis, was ebenso auf die genannten Orte mit Bahnanschluss zutraf, wo die meisten Bierverlage ihren Sitz hatten. So wurde in Eutin, namentlich von Bierhändlern – insbesondere von der Fa. Kohlmorgen in der Kieler Straße und von der Niederlage der Kieler Schloßbrauerei in der Lübecker Straße – sowie von der erwähnten Schlichtingschen, später Hofmannschen Brauerei, regelmäßig Natureis zur Selbstabholung und auch zur Lieferung zu bestimmten Wochentagen und Tageszeiten annonciert; in den 1920er und 1930er Jahren diente auch der Eis- und Lagerkeller der ehemaligen Packendorffschen Brauerei dem Eishandel.[327]

Hierbei stellt sich zudem die Frage, inwieweit Brauereien und der Bierhandel auch noch im Sommer ihre Eisbestände durch Natureis aus Norwegen oder Kunsteis aus eigener Produktion ergänzt und einen Teil dieses Zuwachses an ihre Kunden weitergegeben haben. Für die Hansa-Brauerei und die Aktienbrauerei in Lübeck liegen diesbezügliche Informationen vor. Beide verfügten seit 1887 bzw. 1889 über eigene Eismaschinen, deren Produktion bei außergewöhnlichem Bedarf zum Teil an die Gastronomie ging. So setzte die Aktienbrauerei nach dem milden Winter 1904 zusätzlich zu ihren Natureisbeständen Kunsteis und zwei Jahre später unter ähnlichen Temperaturbedingungen Norwegeneis ein, während die Hansa-Brauerei in dem heißen Sommer 1910 ihre Eisproduktion für die Gastronomie erheblich ausweitete.[328] Insofern wäre es nicht abwegig anzunehmen, dass Zusatzlieferungen auch von anderen Großbrauereien zu ihren Endabnehmern im Fürstentum Lübeck gelangt sind. Dabei werden die in der Nähe der Bahnstationen gelegenen Niederlagen wiederum die Verteilerfunktion übernommen haben. Nach der Eröffnung des Kühlhauses Lübeck bestand, über das Eishaus am Niendorfer Bahnhof hinaus, sogar die Möglichkeit zu direkten sommerlichen Nachlieferungen von Kunsteis für Brauereikunden. Das gleiche gilt für das Wasserwerk Malente, das sich 1925, nach Installierung eines Eisgenerators, an der Kunsteisproduktion beteiligte.[329] Über die Beschaffung von Norwegen-Eis für Eutiner Gaststätten und Bierverlage durch den Besitzer des Voß-Hauses im Jahr 1898 wurde oben bereits berichtet. Somit dürfte auch in heißen Sommern der Bierhandel über genügend Volumen

322 Vgl. oben S. 42–43.

323 Adreßbuch Fürstentum Lübeck (1908), Adreßbuch Landesteil Lübeck (1927), Adreßbuch Eutin (1932). Die Adreßbücher für 1927 und 1932 enthalten zwar Gewerbeübersichten für Eutin und Malente-Gremsmühlen, eine Rubrik »Eishandel« ist dort jedoch nicht vertreten. Die Gewerberegister des Stadtarchivs Eutin beginnen 1892.

324 Zu dieser vgl. Bickelmann (2023), S. 199–208.

325 Hellmann (1990), S. 96–97.

326 Adreßbuch Landesteil Lübeck (1927), S. 76 u. 109. Dort sind für Eutin 5 und Malente-Gremsmühlen 6 Kohlenhändler nachgewiesen.

327 Anz. FT Lübeck, 27.5.1882, 28.5.1887, 4.6.1892, 1.6.1895, 22.6.1895, 14.5.1927. Zur Schloßbrauerei Kiel vgl. Anm. 272. Zum Packendorffschen Lagerkeller vgl. Behrens (o.J.), S. 6–7, 10–12, 127–129.

328 Hansa-Brauerei, 12. Geschäftsbericht 1910/11, in: AHL, HRB 687; Aktienbrauerei Lübeck, 23. Bericht 1904 und 25. Bericht 1906, in: AHL, HRB 37.

329 Bartels (2008), S. 185–186. Die Eisproduktion wurde 1940 eingestellt.

verfügt haben, um über die Gastronomie hinaus einen örtlichen Eishandel bedienen zu können. Genauere Aufschlüsse hierüber könnten firmengeschichtliche Quellen geben, welche etwa in Bezug auf Kundenbeziehungen und Vertriebswege zu befragen wären.

Ein inoffizieller Eishandel begrenzten Umfangs ist auch bei Meiereien vorstellbar, sofern ihnen ausreichende Kapazitäten zu Gebote standen. Dies könnte in Timmendorfer Strand der Fall gewesen sein, wo der Eiskeller mit 243 cbm Fassungsvermögen das bei Genossenschaftsmeiereien übliche Maß erheblich überschritt.[330] Dafür spricht auch, dass diese Genossenschaftsmeierei die Pensionen, Hotels und Erholungsheime von Timmendorfer Strand und benachbarten Badeorten mit Butter und frischer Milch versorgte; später ging sie sogar zum Direktverkauf von Milch und Speiseeis in eigenen Verkaufswagen und Milchpavillons an der Strandpromenade über.[331] Letzteres setzte voraus, dass die Meierei ihre Transportwagen und Verkaufstheken mit Kühlfächern ausstattete, und so dürfte es auch nahegelegen haben, ihre Kunden der Tourismusbranche wie auch private Haushalte mit Natureis für deren Eisschränke zu beliefern. Mit Eiskästen ließ nachgewiesenermaßen die Genossenschaftsmeierei Lübeck im Sommer ihre Lieferwagen ausstatten.[332] Ferner wären die Meiereien in Fissau, Neukirchen, Ahrensbök und Rensefeld in Betracht zu ziehen, wo mit einer Größenordnung zwischen 120 und 140 cbm ebenfalls recht große Eiskeller zu Verfügung standen. Allerdings dürfte die Eisentnahme bei den meisten Meiereien wegen der speziellen Konstruktion der in das Gebäude integrierten und von außen nicht zugänglichen Eiskammern recht umständlich gewesen sein. Bei freistehenden Eishäusern wie bei der Genossenschaftsmeierei Neukirchen gab es solche Zugangsprobleme nicht.[333]

Im dörflichen Rahmen spielten vereinzelt Gemeinschaftseiskeller eine gewisse, wenn auch in ihrer Zweckbestimmung nicht ganz erkennbare Rolle, wie ein Beispiel aus dem Kreis Plön belegt.[334] Auch im Fürstentum Lübeck hat es eine solche Initiative gegeben, die die Abgabe von Eis an die Einwohner von Neukirchen und Sieversdorf zum Selbstkostenpreis vorsah. Doch wurde das Anfang 1888 zur Genehmigung vorgelegte Bauprojekt zurückgezogen, nachdem sich der vorgesehene Standort als ungeeignet erwiesen hatte.[335] Vermutlich konnte der nicht näher spezifizierte Eisbedarf der Bewohner später durch zwei örtliche Schlachtereien (1899) und die Genossenschaftsmeierei Neukirchen (1901) aufgefangen werden. In diesem Zusammenhang wird verschiedentlich über in Dörfern übliche jährliche Gemeinschaftsaktionen berichtet, mit denen die winterliche Eisernte eingebracht wird.[336] Hierbei ist aber meist nicht ersichtlich, wo das Eis gelagert wurde und welchem Nutzungszweck es diente. Auch in solchen Fällen wird man weniger von regulären Eiskellern oder Eishäusern als von provisorischen Adaptionen bestehender Bauten oder von Eismieten ausgehen müssen.

Einer häufig kolportierten Bezugsquelle für Natureis begegnen wir schließlich in Gestalt von Schlachtereien.[337] Dort konnten Hausfrauen beim täglichen Einkauf leicht in den Genuss kleiner Mengen Eis zu Haushaltszwecken, etwa zur gelegentlichen Speiseeiszubereitung, gelangen. Doch fragt es sich, ob ein regelmäßiger Bezug größeren Umfangs zur Füllung privater Eisschränke nicht die Kapazitäten eines örtlichen Schlachtereibetriebes überstiegen hätte.

Dass verschiedentlich auch andere Eishausbesitzer einen zeitlich und umfangsmäßig begrenzten Eishandel praktizierten, war bereits für Eutin angedeutet geworden, wo die Familie Janus die Verbindung mit dem Voßhaus zur Abgabe von Natureis über ihre Kolonialwarenhandlung nutzte. Als späteres Beispiel hierfür aus den 1920er Jahren wäre der Konditormeister Albert Beuth in der Peterstraße zu nennen (vgl. Tabelle 1).

330 LASH, Abt. 260 Nr. 18207 (116/1894). Der Eiskeller entstand 1894 im Zusammenhang mit einer Erweiterung der Meierei.

331 Herde (2011), S. 303.

332 Lüb. Anz., 11.6. u. 13.6.1895.

333 LASH, Abt. 260 Nr. 18216 (126/1901).

334 Lütgert (2000), S. 193–194; Lütjohann (1939).

335 LASH, Abt. 260 Nr. 13699. Es handelte sich um ein Holzständerwerk mit Eingangsschleuse und 62 cbm Fassungsvermögen, das direkt am Neukircher See platziert werden sollte.

336 Lütgert (2000), S. 80–81. Ferner LASH, Abt. 260 Nr. 20010, Quadr. 39; dort Hinweis auf derartige Aktivitäten in Scharbeutz, wo Eis aus dem Wennsee geerntet wurde; davon profitierte auch ein Gastwirt, für den jedoch kein Eiskeller nachgewiesen ist. – Dörfliche Eisernteaktionen sind verschiedentlich auch im Bild festgehalten, so noch um 1960 in Bargteheide (Kreis Stormarn); vgl. Kreisarchiv Stormarn, Bad Oldesloe, I 1:8632.

337 Reinink (1995), S. 139; Lütgert (2000), S. 71.

41
Anlagen der Kühlhaus Lübeck AG in der Schwartauer Allee, ca. 1939 (AHL, Nachlass Hans Pieper, Nr. 26). Zu sehen ist in der Mitte das Verwaltungsgebäude und rechts dahinter das 1939 vollendete Kühlhaus II. Mit seit 1926 drei Eisgeneratoren konnte das Unternehmen bis zu 100 t Kristalleis täglich liefern.

Mit dem Kühlhaus Lübeck schließlich gab es seit 1913 eine Einrichtung, deren Angebot an Kunsteis auch den südlichen Raum des Landesteils Lübeck erreichte und der über Bad Schwartau und Stockelsdorf hinaus spätestens seit Eröffnung der Bäderbahn auch den Ostseebädern, wenn nicht sogar den an der Strecke Lübeck-Eutin gelegenen Orten bis hin in die Residenzstadt selbst zugutekam. Um 1930 stellte Kristalleis aus Lübeck, das per Bahn und motorisierter Lieferwagen, u.a. auch vom Eishaus beim Niendorfer Bahnhof aus, verschickt wurde, in den genannten Bereichen schon eine gewisse Konkurrenz zum Natureis dar.[338] Hingegen scheint die erwähnte weitere Bezugsquelle für Kunsteis, die sich für gewerbliche und private Interessenten 1925 beim Wasserwerk Malente auftat, eher von lokaler Reichweite gewesen sein. Das gleiche dürfte für eine Ende der 1940er Jahre in Timmendorfer Strand kurzzeitig aufgenommene Kunsteisfabrikation kleineren Umfangs gegolten haben; eine 1949 geplante und bereits als Gewerbe angemeldete Kunsteisproduktion in Eutin durch den Bierhändler Gustav Reese kam allerdings nicht zustande. Die beiden letztgenannten Projekte standen interessanterweise in Konkurrenz zur Kühlhaus Lübeck AG, die in den ersten Nachkriegsjahren ihren Eisvertrieb in den Seebädern der Lübecker Bucht und in der Holsteinischen Schweiz wiederaufzubauen und daher neue Projekte anderer Interessenten zu verhindern suchte.[339]

Ob Natureis oder Kunsteis: Trotz mancher konkreter Hinweise und plausibler Annahmen stellen Struktur und Umfang eines offiziellen oder inoffiziellen Eishandels für das Gebiet des ehemaligen Kreises Eutin bisher weitgehend unbekannte Größen dar.

338 Bickelmann (2023), S. 228–230.

339 AHL, Kämmereiamt, 2155, Kühlhaus Lübeck, Bericht des Vorstandes, Dez. 1949, 7.3.1950 u. 8.4.1950; StadtA Eutin, Gewerberegister, Bd. 2, Nr. R 11, 28.2.1949 (Gustav Reese); ferner frdl. Auskunft Ingeborg und Tonnis Bouman, Eutin, im Aug. 2023. Das Eutiner Projekt stand mit dem Packendorffschen Eis- und Bierkeller in Verbindung. Die Timmendorfer Eisfabrik soll sich in der Nähe des dortigen Wasserwerks befunden haben. Zum wirtschaftlichen Umfeld dieser Aktivitäten vgl. Bickelmann (2023), S. 232–234 – Zu Malente vgl. Bartels (2008), S. 185–186.

Harte Arbeit für die sommerliche Kühlung

Der Betrieb von Eiskellern und die Natureisnutzung im Alltag

Während uns Bauunterlagen über die Entstehung und die spezifische Gestalt von Eiskellern und Eishäusern harte Fakten vermitteln, lässt sich der Alltag der Natureisnutzung im ehemaligen Kreis Eutin anhand archivischer Quellen weniger präzise fassen. In dieser Beziehung sind wir mehr auf Angaben in einschlägigen Handbüchern zum Eiskellerbau, vereinzelte persönliche Erfahrungsberichte und ortsunspezifische Informationen angewiesen. Andererseits werden wir dadurch aber auch in die Lage versetzt, typische Merkmale der Natureisnutzung auf unseren Untersuchungsraum zu übertragen. Im Folgenden wird daher mehr als in den vorhergehenden Kapiteln auf allgemeine Beschreibungen und Erkenntnisse zurückgegriffen, die allerdings verschiedentlich durch spezifische Entwicklungen im Untersuchungsgebiet ergänzt und konkretisiert werden können. Generell ist zu bedauern, dass für den alltäglichen Umgang mit Natureis nur wenige persönliche Zeugnisse vorliegen, was daran liegen mag, dass – wie in vielen Bereichen des täglichen Lebens – die entsprechenden Vorgänge für die meisten Zeitgenossen zu selbstverständlich waren, um einer schriftlichen Aufzeichnung oder eines erinnernden Blicks in die Vergangenheit wert zu sein. Immerhin jedoch haben nachträgliche Befragungen von Zeitzeugen, wie sie etwa Stephan A. Lütgert im Rahmen seiner Studie vorgenommen hat, gewisse authentische Einblicke in die Alltagspraxis der Natureisnutzung ermöglicht.

Voraussetzung für eine optimale Natureisnutzung war ein ordentlicher Winter mit zahlreichen Frosttagen. Bevor das Material für die kommende Saison in die Eiskeller einlagert werden konnte, musste es zunächst aus einer gewachsenen Eisdecke geschnitten werden. Diesen Vorgang bezeichnete man üblicherweise als »Eisernte«, verschiedentlich auch als »Eisfahren«, und auf dem Lande vielfach schlicht als »Eisen«. Dieses fand überwiegend in der Zeit von Januar bis März statt, in der länger andauernde Frostperioden für Eisstärken sorgten, die ein Betreten der Eisfläche und die Entnahme ermöglichten, idealerweise mindestens 10–20 cm. Bei ähnlichen Witterungslagen konnte aber auch schon im Dezember geerntet werden. Was den Zeitpunkt des Eisens anbetrifft, so wurde angesichts der Ungewissheit der künftigen Wetterentwicklung den Betreibern zuweilen die Entscheidung darüber abverlangt, ob man sich mit dünnerem und qualitativ schlechterem Eis schon im Dezember zufrieden geben oder lieber, und dann möglicherweise vergebens, auf kräftigen Frost im Januar oder Februar warten solle.[340]

Für die Eisernte gab es ein ganzes Arsenal von Geräten, mit denen sich der Abbau auf rationelle Weise bewältigen ließ (vgl. Abb. 42). Bei großflächiger Eisgewinnung, wie sie durch industriell betriebene Eislagerhäuser in den Vereinigten Staaten, Berlin, Hamburg, München oder in der Nähe anderer europäischer Ballungszentren erfolgte, geschah dies durch Schneeräumer und Eishobel, mit denen die Eisfläche zunächst gereinigt und geglättet wurde, bevor mit pferdebespannten oder später auch motorisierten Eispflügen die Oberfläche mit einem gleichmäßigen Raster von Furchen markiert und bis auf eine bestimmte Schnitttiefe angerissen wurde. Anschließend kamen Eissägen zum Einsatz, mit denen zunächst größere Flöße abgetrennt wurden, welche dann unmittelbar vor den Speichergebäuden entlang der Furchen mit Eisgabeln, lanzenartigen Werkzeugen, in gleichgroße genormte Tafeln zerlegt wurden. Diese

340 Neumaier (2005), S. 36.

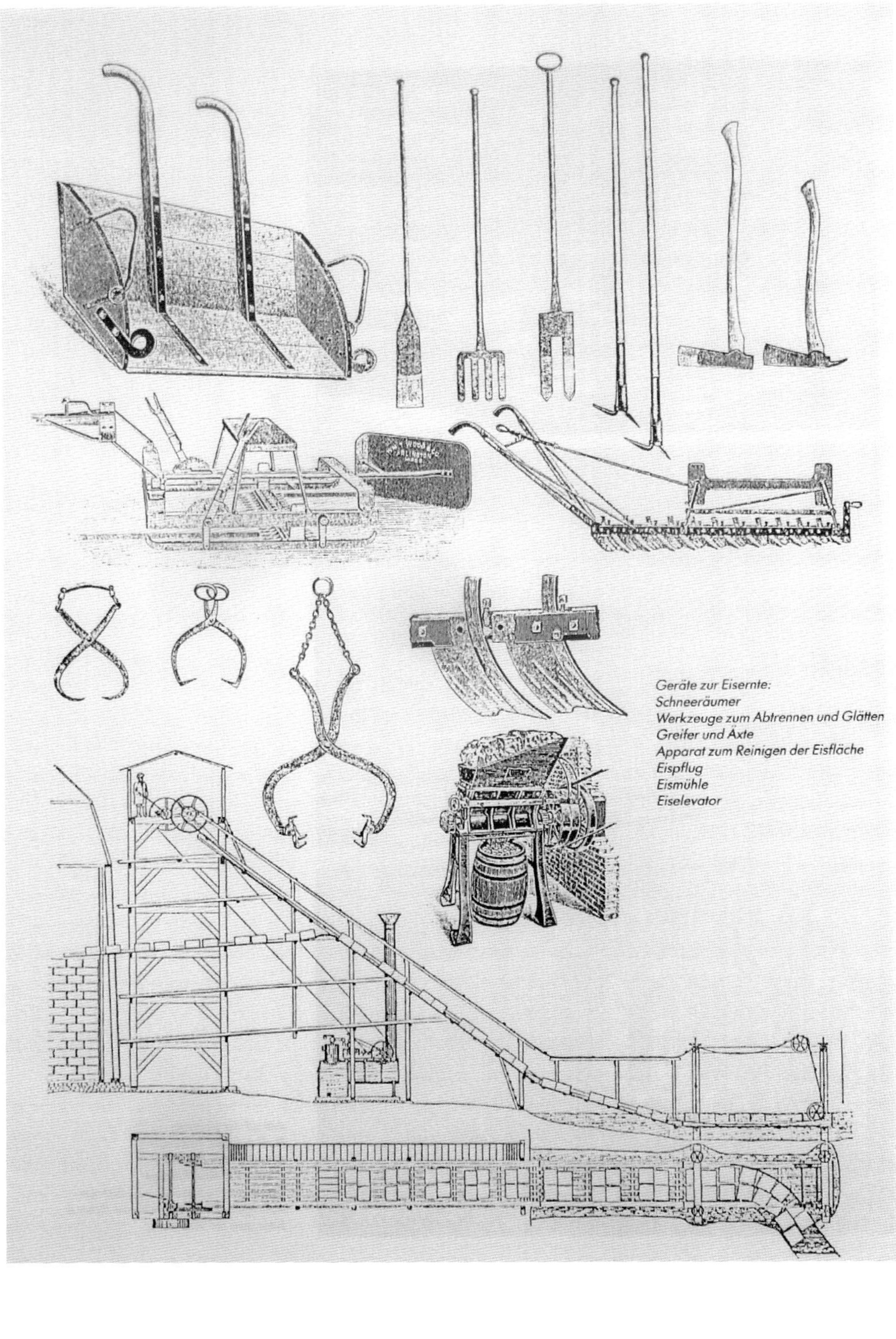

42
Geräte zur Eisernte (aus: Hellmann, 1990, S. 54). Unten Querschnitt durch eine Elevatoranlage.

gelangten dort über einen Eiskanal auf ein dampfbetriebenes, in der Höhe verstellbares Förderband, einen sog. Elevator, der sie dem Lagerhaus passgenau zuführte (vgl. Abb. 15 u. 42).[341] In kleinerem Maßstab wie etwa in Kiel und Lübeck erfolgte das Eisschneiden durch Pflüge und Sägen per Hand, und nur für das Einbringen per Elevator wurde später Maschinenkraft eingesetzt, nachdem man sich anfänglich mit dem manuellem Einschieben der Eisblöcke über schiefe Ebenen begnügt hatte.

Von solch standardisierten und teilweise hochtechnisierten Abläufen war man in der Provinz weit entfernt. Die Eisgewinnung durch einzelne Eishausbetreiber, wie sie an kleineren Gewässern praktiziert wurde und wie man sie sich auf dem Lande und auch in Eutin vorstellen muss, folgte sehr viel einfacheren und oft auch individuell gehandhabten Mustern. Hier genügten Besen, Schaufeln und Schieber zum Reinigen und Glätten der Oberfläche, Eisäxte zum Aufbrechen der Eisdecke und Eissägen zur Abtrennung handhabbarer Blöcke. Diese waren sicherlich nicht so akkurat geschnitten wie beim industriellen Abbau, vor allem wenn sie mit Äxten herausgeschlagen wurden. Zuweilen beschränkte man sich darauf, längere Streifen herauszuschneiden und diese erst am Ufer mit anderen Werkzeugen in kleinere Stücke zu zerlegen. Der Entnahme aus dem Wasser dienten häufig Schaufeln, Forken, hakenbewehrte Stangen oder Eiszangen, verschiedentlich aber auch spezielle Transportrahmen oder -wannen. Mit Gerätschaften dieser und ähnlicher Art konnten dann auch bereitstehende Pferdefuhrwerke beladen werden.[342]

Einen anschaulichen Blick auf die Eisernte im ländlichen Raum hat der Flensburger Maler Jacob Nöbbe (1850–1919) zu Beginn des 20. Jahrhunderts festgehalten (Abb. 43). Das Bild besticht durch seine quasi dokumentarische Präzision des Geschehens, wofür Nöbbe, führendes Mitglied der Egernsunder Künstlerkolonie, bekannt war. Zu erkennen ist neben den beschriebenen Werkzeugen und Arbeitsvorgängen sogar die Stärke der Eisschicht. Die Szenerie spielt sich am Flensburger Mühlendamm vor dem Hintergrund der Stadtsilhouette ab. Da die Männer in knöcheltiefem Wasser stehen, ist davon auszugehen, dass der Wasserstand im Mühlenteich recht niedrig war, sodass auch für die auf der Eisfläche bereitstehenden Fuhrwerke keine Gefahr des Einsinkens bestand. Insofern konnten – anders als bei Seen, wo das Verladen nur am Ufer möglich war – die Wagen direkt an den Entnahmestellen beladen werden. Die Fuhrwerke und Arbeiter waren im Auftrag einer Flensburger Brauerei unterwegs.[343] In ähnlicher Weise kann man sich die Eisernte auf großflächig unter Wasser gesetzten Wiesen vorstellen.

Genauere Informationen darüber, wie das jeweilige Prozedere des »Eisens« im ehemaligen Kreis Eutin ablief, fehlen jedoch bisher. Besser orientiert sind wir über die Sicherheitsmaßnahmen, die behördlicherseits hinsichtlich der Eisgewinnung getroffen wurden. Auf den Krongutseen, zu denen die beiden Eutiner Seen, der Kellersee, der Dieksee, der Sibbersdorfer See, der Ihlsee und der Krummsee gehörten, war, nach Prüfung der Eisstärke und Freigabe der Flächen, eine Absperrung der freigelegten Entnahmestellen vorgeschrieben, für deren Überwachung im Bereich der Stadt Eutin der Magistrat als Polizeibehörde zuständig war; dieser wiederum übertrug diese Aufgabe dem Feldhüter.[344] In Lübeck bestanden für Trave und Wakenitz ähnliche Regelungen.[345] Derartige Vorkehrungen konnten jedoch einen tragischen Unfall nicht verhindern, bei dem im Januar 1904 drei Geschwister im Alter von 6, 9 und 11 Jahren im kleinen Eutiner See ums Leben kamen, nachdem sie in ein Eisloch gefallen waren.[346]

Für die Eisernte aus öffentlichen Gewässern bedurfte es in der Regel einer behördlichen Erlaubnis, die außer der Sicherheit auf dem Eise dazu diente, bei der Wahl der Entnahmestellen auf konkurrierende Nutzungen, etwa Fischereigerechtsame, Rücksicht zu nehmen. In Bezug auf die Krongutseen erteilte die Regierung zu Eutin die Genehmigung; die Nutzung war zunächst

341 Detaillierte Beschreibung des Vorgangs bei Nöthling (1896), S. 22–23, u. Hellmann (1990), S. 50–55.

342 Lütgert (2000), S. 80–81, 170–171.

343 Zu Nöbbe und zum Bild vgl. Kral (1992), S. 11–26, 32–33, 62–64 (Werkverzeichnis Nr. 133), sowie Farbtafel X. – Den Hinweis auf dieses Gemälde verdankt der Verf. Prof. Dr. Stefan Jendrzejewski, Lübeck.

344 LASH, Abt. 260 Nr. 6767, Quadr. 56–58.

345 AHL, Polizeiamt Nr. 1852; Bickelmann (2023), S. 165.

346 LASH, Abt. 260 Nr. 6767, Quadr. 55–58, 14.–18.1.1904; Anz. FT Lübeck, 12.1.1904 (Todesanzeige).

43 »Die Eisholer«. Gemälde von Jacob Nöbbe, Öl auf Leinwand, 1906 (Foto: Wikimedia Commons, File: 1906 Nöbbe Die Eisholer anagoria JPG). Das Original befindet sich im Museumsberg Flensburg, Inv.-Nr. 25367.

unentgeltlich, dann aber seit etwa 1910 mit einer Gebühr von 10 Mark jährlich verbunden. Durch diese Regelung und ihre Anwendung sind wir über die Eisentnahme vor allem aus den Eutiner Seen und dem Kellersee sowie über die Zahl und die berufliche Verortung der Eisinteressenten in der Residenzstadt bis 1937 gut unterrichtet,[347] während für private Gewässer entsprechende Informationen weitgehend fehlen. Vermutlich werden dort die jeweiligen Gemeinden zumindest auf gewisse Sicherheitsvorkehrungen geachtet haben.

Anders als bei den industriellen, dem Eishandel dienenden »amerikanischen« Lagerhäusern, die konzeptionell von vornherein an einem natürlichen oder künstlichen Gewässer platziert waren, befanden sich die privaten und gewerblich genutzten Eiskeller und Eishäuser naturgemäß eher an oder nahe der jeweiligen Verwendungsstelle. Nicht immer waren sie in unmittelbarer Nähe der Entnahmestelle gelegen, wie es vor allem auf Seegrundstücke am Kellersee, Dieksee und den beiden Eutiner Seen zutraf, wo mehrere der zuvor beschriebenen gastronomischen Betriebe und Hofanlagen von der günstigen Lage profitieren konnten; ähnliche Bedingungen galten für den Stendorfer und Redingsdorfer See sowie für das am Ausfluss des Hemmelsdorfer Sees gelegene Eishaus der Fischereigenossenschaft Travemünde-Niendorf beim Niendorfer Hafen. Ebenso boten neben Dorf- und Mühlenteichen auch Gutsteiche, wie etwa auf Benz und dem Birkenhof, den Vorzug kurzer Transportwege. In den vielen Fällen jedoch waren mehr oder weniger große Entfernungen zur Verwendungsstelle zu überwinden. Dies traf etwa auf die an Bahnstationen gelegenen Eiskeller zu.

Mit dem Abtransport des geernteten Eises und der Befüllung der Eiskeller beauftragten die

347 Ebd., Quadr. 76; LASH, Abt. 260 Nr. 20010 generell, speziell auch Quadr. 1.

jeweiligen Eisinteressenten in der Regel eigene Arbeitskräfte oder Fuhrunternehmen. Bei den adeligen Gütern geschah dies in älterer Zeit meist in Form von Hand- und Spanndiensten. Beispiele hierfür finden sich außer für Gut Güldenstein (Kreis Ostholstein) im Kreis Plön, wo Pachtverträge für die Güter Rixdorf und Oppendorf die Hufner zu Eisfuhren verpflichteten, im letzteren Fall noch 1829.[348] Die Verwalter des Eutiner Schlosses werden hierfür zunächst vermutlich eigene Bedienstete etwa aus dem im Winter wenig Aufwand erfordernden Gartenbereich oder Tagelöhner eingesetzt haben, ähnlich wie es für Gut Schönweide bei Grebien (Kreis Plön) belegt ist, wo es zu den Aufgaben der Knechte gehörte, »Eis (zu) hauen und (zu) fahren«.[349] Seit Anfang des 19. Jahrhunderts wurde die Befüllung der beiden Eutiner Schlosseiskeller jedoch öffentlich ausgeschrieben.[350] Fuhrunternehmen agierten verschiedentlich aber auch aus Eigeninitiative, und möglicherweise unterhielt der eine oder andere Betrieb einen eigenen Eiskeller.[351] Für Eutin lassen sich mindestens drei Fuhrleute nachweisen, die zeitweilig über eine Entnahmekonzession für den Großen Eutiner See verfügten, wobei offenbleibt, ob sie im eigenen Interesse oder nur als Auftragnehmer handelten.[352]

Das Einbringen des Eises in das Eisdepot war ebenfalls eine aufwendige Prozedur. Bei den älteren Eiskellern, wie sie bei Schlössern und Gütern üblich waren, musste das einzulagernde Gut, nach Passieren der Eingangsschleuse, von oben in den offenen Zylinder herabgelassen werden, wozu eine in den Dachsparren verankerte Winde oder, im Falle von Gewölben, ein Kran diente. Die meisten oberirdischen Eishäuser hingegen verfügten über hochgelegene, kurz unterhalb der Dachtraufe positionierte Ladeluken. Diese konnten, wenn die Höhe es erlaubte, vom Pferdewagen aus direkt, teilweise mithilfe von Rutschen, beladen werden.[353] In einigen Fällen waren zur Erleichterung des Vorgangs unterhalb der Luke aber auch Trittbretter montiert, die der dort arbeitenden Person einen

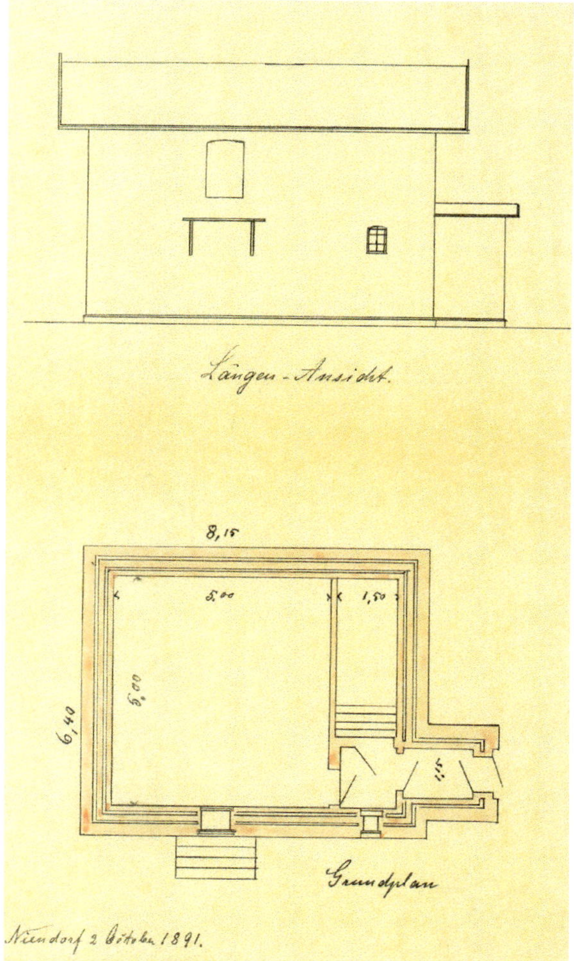

44 Eishaus des Hotels »Waldesruh«, Timmendorfer Strand; Bauzeichnung Grundriss und Ansicht, 1891 (LASH, Abt. 260 Nr. 18204: 158/1891). Unterhalb der Einfüllluke ist ein Trittbrett zu erkennen. Der Vorraum erhält Tageslicht durch ein kleines Fenster.

dauerhaften, festeren und ergonomisch günstigeren Stand ermöglichten. Hierfür gibt es im ehemaligen Kreis Eutin mehrere Beispiele, u.a. bei dem Hotel »Waldesruh« in Timmendorfer Strand (vgl. Abb. 44) und der Schlachterei König in Ahrensbök.[354] Bei in den Erdboden eingetieften oder überhügelten Eishäusern war die Beladung durch niedriger angeordnete Seitenluken bzw. durch Dachluken hingegen sehr viel leichter zu bewerkstelligen. Hingegen erforderten lukenlose Gebäude, deren

348 Lütgert (2000), S. 59, 191, 192.
349 Ebd., S. 193, dort auch das Zitat.
350 Wöchentlicher Anz. FT Lübeck, u.a. 14.12.1805, 11.1.1817.
351 Zu Lübeck: AHL, Polizeiamt, Nr. 1853.
352 LASH, Abt. 260 Nr. 20010, Quadr. 3 (1908) u. 13 (1912).
353 Lütgert (2000), S. 200–201.
354 LASH, Abt. 260 Nr. 18204 (»Waldesruh«, 158/1891), u. Nr. 18238 (König, 293/1907).

es im Fürstentum Lübeck eine ganze Reihe gab, einen sehr viel größeren Aufwand. In diesen Fällen musste das Eis durch die Eingangsschleuse hindurch in die Eiskammer transportiert werden. Hierzu wurden zunächst lange Planken verlegt, auf denen die einzelnen Blöcke wie auf einer Rutsche in den Raum geschoben werden konnten. Diese mussten dann, wenn sich die Kammer Schicht für Schicht füllte, immer wieder nachjustiert, d.h. in der Neigung höher gestellt werden, sodass sich der für das Schieben erforderliche Kraftaufwand stetig vergrößerte.[355] Bei starker Hanglage des Eiskellers oberhalb der Entnahmestelle wie im Falle der »Alten Kalkhütte« war das Einbringen des Eises über den Eingang von vornherein geboten.

Generell erfolgte die Befüllung schichtweise, wobei darauf geachtet wurde, dass sich zwischen den einzelnen Eisblöcken keine Zwischenräume bildeten, weil die sonst entstehenden Lufteinschlüsse den Schmelzprozess beschleunigt hätten. Die Nahtstellen wurden mit Schnee, oft auch durch Einstreuung von Salz oder durch Übergießen mit kaltem bzw. heißem Wasser geschlossen, welches bei winterlichen Temperaturen sehr schnell gefror. Während glatt geschnittene Eisblöcke aufeinander geschichtet und die Nahtstellen in der beschriebenen Weise geschlossen werden konnten, bedurfte es bei unregelmäßig herausgehauenen Eisbrocken einer anderen Methode, welche darin bestand, die Eisstücke an Ort und Stelle mit schweren Holzhämmern zu zertrümmern und die dabei entstehende Masse festzustampfen. Die letztere Methode kam beispielsweise in den 1920er und 1930er Jahren beim ehemaligen Packendorffschen Bierkeller in Eutin zum Einsatz. Mit beiden Verfahren gelang es, die jeweilige Eiskammer mit einem zusammenhängenden kompakten Eisblock zu füllen und Schmelzverluste zu minimieren.[356] Verschiedentlich wurde die Eiskammer – unter zusätzlicher Füllung aller noch verbliebenen Freiräume durch isolierendes Material sowie durch Innenverschluss der Luken mit Brettern – bis zum Sommer hermetisch abgeriegelt, eventuell sogar in den letzten Frosttagen noch einmal nachgefüllt, damit bei Eröffnung der Saison die volle Kapazität zur Verfügung stand.[357] Dies dürfte vor allem auf einige der erwähnten gastronomischen Betriebe zugetroffen haben.

Ernte und Einlagerung des Natureises in das jeweilige Eisdepot stellten einen aufwendigen Vorgang dar, der meist mehrere Tage in Anspruch nahm. Hierfür mussten Arbeitskräfte bereitgestellt und Transportmöglichkeiten organisiert werden. Dabei konnte man oftmals auf Arbeitskräfte zurückgreifen, die bei Frost ihrem Beruf nicht nachgehen konnten, etwa Bauarbeiter oder Gärtner, in Lübeck mehrfach auch Flussschiffer.[358] Auf den Gütern standen hierfür eigene Kräfte zur Verfügung. Im dörflichen Umfeld war aber – ebenso wie beim Einsatz von Pferdegespannen – auch Nachbarschaftshilfe üblich. Nach getaner Arbeit wurde dann der Abschluss des »Eisens« von den Beteiligten oftmals gemeinsam gebührend gefeiert. Ein ehemaliger Wild- und Geflügelhändler aus Reinbek liefert hierfür eine anschauliche und detaillierte Schilderung des gesamten, viel Kraft und Ausdauer erfordernden Vorgangs von der Eisernte über den Transport bis hin zur Einlagerung des Gutes in das Eishaus. Dieser sei hier wiedergegeben:[359]

In unserem Geschäft benötigten wir aber das ganze Jahr hindurch einen Lagerraum, gekühlt durch Natureis. Darum mußte, sobald das Wasser im nahegelegenen Mühlenteich gefroren war und somit »hielt«, das benötigte Eis herausgesägt werden. Zunächst wurden von unserem Vater sechs kräftige Männer aus dem Dorf bestellt. Meistens waren es Bauarbeiter, die des Frostes wegen doch am Bau nicht arbeiten konnten. Von Onkel Adolph Niemann kamen dazu zwei Pferdegespanne mit Kutschern. Das »Eisen« konnte beginnen. In die dicke Eisdecke des Mühlenteichs mußte ein Loch gestoßen werden, welches die Einführung der Eissäge ermöglichte. Von dieser Öffnung aus sägten die Männer große Streifen

355 Nöthling (1896), S. 50.

356 Lütgert (2000), S. 171; Nöthling (1896), S. 50–51. Zum Packendorffschen Bierkeller vgl. Behrens (o.J.), S. 11–12.

357 NLA OL, Best. 70 Nr. 2684-2, Quadr. 868 (Bericht der Wangerooger Badekommission über die Badesaison vom 31.10.1848 mit Anlage über die Gebäude vom 27.10.1848). Generell Nöthling (1896), S. 50–51. Zum Innenverschluss der Luken vgl. von Malottky (2016), S. 157.

358 Müller-Wusterwitz (1994), S. 28 (Gärtner); AHL, Polizeiamt, Nr. 1852, Genehmigungen zur Eisentnahme, 12.1.1881, 8.12.1883 (darunter 3 Gärtner, 3 Fuhrleute und 2 Flussschiffer).

359 Abgedruckt bei Lütgert (2000), S. 170–171, fußend auf: H. Rahtmann Jugendjahre in Reinbek (Reinbek 1973), S. 75–76. Das Eishaus wurde im Jahr 1900 errichtet.

aus der Eisfläche. Mit langen Haken wurden die angesägten Schollen ans Land gezogen und in kleinere Stücke zerlegt. Diese wurden auf die bereitstehende Pferdefuhrwerke verladen und zu unserem Hofplatz hinter dem Geschäftshaus gefahren. Auf dem Mühlenteich war nach dem Heraussägen des Eises wieder eine dünne gefährliche Eisschicht entstanden. Um die Schlittschuhläufer nicht zu gefährden, wurden von den Arbeitern um das entstandene Loch herum gut sichtbare Eisstücke aufgeschichtet. Auf unserem Hofplatz befand sich ein »Eiskeller«. Dieser sogenannte Eiskeller war ein hohes, festes, viereckiges Gebäude aus dicken, doppelten Steinwänden, mit einer Isolierschicht von Torfmull dazwischen als Abschirmung gegen die Sonnenwärme im Sommer. Durch die weite Fensteröffnung des Eishauses warf man die Eisstücke vom Wagen aus hinein. Innen standen zwei Männer mit schweren Holzhämmern bereit und zerschlugen die Eisstücke zu kleinsten Splittern. Durch dieses Zerkleinern wurde erreicht, daß das Eis, fest zusammengepreßt, zu einem Block zusammenfror. Das Eishaus hatte einen ungemauerten Boden, der das Schmelzwasser im Lauf des Jahres aufsog. Im Spätherbst lag gewöhnlich nur noch ein kläglicher Eisrest auf dem Grund des Eishauses. Vor dem Haus befand sich ein niedriger Anbau. Eine Verbindungstür ließ die Kälte in den Raum hinein. In diesem Vorraum wurden die Waren naturgekühlt und frisch gehalten. So hatten wir das ganze Jahr Natureis zur Verfügung. Bei schweren Krankheitsfällen konnten wir helfen, wenn Ärzte um Eis-Kompressen verlegen waren. Volle zwei Tage wurden benötigt, um das Eishaus zu füllen. Viel Arbeit und Kraft mußte beim Eisfahren eingesetzt werden – und dazu wurden viele Flaschen Rum und Rotwein zur Zubereitung des obligaten »Eisbrechers« gebraucht.

Soweit der Eiskeller oder das Eishaus einen vorgeschalteten Kühlraum besaß, diente ein Teil des Eises der Kühlung, während der andere Teil zur Entnahme für die Produktion, den Handel oder den privaten Verbrauch Verwendung fand. Bei Eiskellern ohne Kühlraum musste man nicht unbedingt auf gewisse Kühlfunktionen verzichten. Wie im Zusammenhang mit dem Eutiner Schlosseiskeller von 1783 erwähnt, war es möglich, im Luftraum von überwölbten Eiskellern des älteren Typs Körbe mit Lebensmitteln am Gewölbe aufzuhängen. Später war verschiedentlich die Praxis anzutreffen, das Kühlgut in Drahtkörben oder Blechbüchsen einfach in das Eis zu stellen.[360] Die Substanzverluste durch Abschmelzen bewegten sich, sofern es die regelmäßige Entnahme für den Handel oder für den eigenen Bedarf betraf, »in gut eingerichteten Kellern« 20 bis 25 Prozent, konnten aber, je nach Außentemperatur und Dämmungsstärke, auch wesentlich höher ausfallen, wie u.a. die Lübecker Eisgenossenschaft erfahren musste.[361] Sie waren zudem abhängig vom Füllungsgrad des Eisraums, denn bei sich verminderndem Eisstand vergrößerte sich der Luftraum. Es war daher erforderlich, die entstehende, den Schmelzprozess fördernde Feuchtigkeit durch geeignete Vorrichtungen abzuführen. Bei Eismieten stellte sich dieses Problem weniger, weil die Deck- und Isolierschicht nach der Eisentnahme immer wieder nachsackte. In Anlehnung daran empfiehlt der Eiskellerexperte Ernst Nöthling zur Verringerung des Luftraums für Eishäuser eine absenkbare Decke;[362] eine solche aufwendige Konstruktion ist dem Verfasser jedoch bisher nicht begegnet. Bei reiner Kühlfunktion über eine längere Periode hinweg, wie im Beispiel der Firma Rathmann, waren die Verluste letztlich vollständig, womit sie ihren Zweck erfüllt hatten.

Schmelzverluste ließen sich zudem durch einen sorgsamen Umgang mit der Öffnung der Eiskeller zur Entnahme reduzieren. So galt für das Betreten der durch zwei bis drei isolierte Türen gesicherten Eingangsschleuse die Regel, erst nach dem Schließen einer Tür die nächste zu öffnen. Ferner nutzte man für die Entnahme des Eises zum Gebrauch möglichst die frühe Morgenzeit, verschiedentlich aber auch die Abendstunden, und für Eismieten wurde sogar die Öffnung zu nächtlicher Zeit empfohlen.[363] Die Praxis des Eishandels gibt hierüber einige Aufschlüsse. Bei den Eutiner Händlern wurden die Türen der Eishäuser gewöhnlich um 6.30 Uhr geöffnet, um die Menge zu entnehmen, welche tagsüber ausgeliefert werden

360 Lütgert (2000), S. 174, 210.

361 Meyers Konversationslexikon, 5. Aufl., Bd. 5, 1894, S. 484 (mit Zitat). Vgl. Lütgert (2000), S. 90, 184. Ferner Jahresbericht der Lübecker Eisgenossenschaft 1905/06, 1906/07, 1909/10, in: AHL, Kühlhaus Lübeck Nr. 14; die Schmelzverluste beliefen sich in diesen Jahren auf mehr als 40 Prozent.

362 Nöthling (1896), S. 50–51.

363 Menzel-Schubert (1903), S. 14–15; Nöthling (1896), S. 41, 53.

sollte. Der Bierhändler Kohlmorgen in der Kieler Straße (heute Riemannstraße), Vertreter der Lübecker Aktienbrauerei für Eutin und Umgegend, fuhr Mitte der 1890er Jahre wöchentlich dreimal Eis aus, vermutlich auf Bestellung; Selbstabholer konnten sich täglich morgens und abends zur Ausgabe beim Eiskeller einfinden.[364] Schon 1875 hatte der erwähnte Färber Krafft eine mit 5 Pfund täglich beginnende, gestaffelte Preistabelle für den monatlichen Bezug veröffentlicht, wobei er für die Krankenversorgung auf ärztliches Attest sogar eine Abgabe »zu jeder Zeit«, also auch außerhalb der üblichen morgendlichen und abendlichen Verkaufsstunden, in Aussicht stellte, ein Entgegenkommen, das später auch andere Natureishändler, u.a. zeitweise auch das Voß-Haus, praktizierten.[365] In den 1880er Jahren wurden auch Abonnements für mehrere Monate angeboten, u.a. von dem Bierhändler Friedrich Voss[366] in der Lübecker Straße und der bereits erwähnten Firma P. Cordes Wwe. in Lübeck. Das Eis wurde in der Regel eimerweise berechnet und verkauft. Beim Kühlhaus Lübeck, welches seit 1913 Stangeneis für den privaten und gewerblichen Gebrauch lieferte, waren angesichts von Kühlschleusen und dem Einsatz von gut isolierten Kühlwagen solche tageszeitlichen Einschränkungen sicherlich nicht mehr notwendig. Und Ende der 1920er Jahre bot der Eutiner Bäcker- und Konditormeister Albert Beuth, der sich offensichtlich am Eishandel beteiligte, *»Roheis in größeren und kleineren Mengen zu jeder Tageszeit«* an.[367]

Während Eiskeller und Eishäuser Langzeitspeicher darstellten, bedurfte es für den täglichen Gebrauch kleinerer Behältnisse, in denen der Tagesbedarf für Küche und Haushalt leicht greifbar war. Es ist davon auszugehen, dass schon Schlösser und Herrenhäuser im Bereich von Küche und Konditorei über derartige Vorrichtungen, etwa Eisfächer und transportable Eiskisten, verfügten; zudem mussten, zumal bei sommerlichen Temperaturen, Kühlmöglichkeiten auf dem mitunter längeren Transportweg – man denke etwa an den Eutiner Schlosseiskeller im Landschaftspark – sichergestellt sein. Im Falle von integrierten Eiskellern mit Vor- oder Kühlraum, namentlich in der Gastronomie und bei Villenanlagen, wo von vornherein eine große Nähe zu Küche und Keller bestand, erübrigten sich meist weitere Kühlvorrichtungen.

Dort, wo Eiskeller nicht mit Kühlräumen ausgestattet waren oder wo Natureis über den Handel bezogen wurde, übernahmen Eisschränke die Kühlung von Lebensmitteln. Dies waren stabile Holzkonstruktionen, die es in verschiedensten Varianten und Größen vom Tischmodell, wie es für Privathaushalte meist genügte, bis zu raumhohen Ausführungen für Schlachtereien, Delikatessengeschäfte, Hotels und Pensionen gab, in denen ganze Schweinehälften aufgehängt werden konnten (vgl. Abb. 18). In Konditoreien waren auch eisgekühlte Glasvitrinen zu finden, und für medizinische Zwecke bot der Handel sogar ganz kleine Modelle an. Diese Einrichtungsgegenstände, die sich äußerlich von echten Möbeln zuweilen kaum unterschieden, waren in der Regel mit Zinkblech ausgeschlagen und mit Sägemehl oder Kieselgur, später überwiegend mit Korkplatten isoliert. Je nach Verwendungszweck waren sie in Kammern unterschiedlicher Anordnung unterteilt und meist mit verstellbaren Gitterrosten ausgestattet, die erlaubten, dass sich die vom Eisfach ausgehende kalte Luft ungehindert verteilen konnte. Bei einigen Modellen ließen sich die Eisfächer zur leichteren Befüllung und Reinigung herausnehmen. Das sich unten im Eisfach sammelnde Schmelzwasser konnte über ein Ventil abgelassen und in einer darunter bereitstehenden Wanne aufgefangen werden. Milchläden, Butterhandlungen und Delikatessengeschäfte verfügten vielfach über in die Ladentheke eingebaute Eisfächer. In der Gastronomie waren, neben den Kühlvorrichtungen für Lebensmittel, eisgekühlte Zapfanlagen üblich, die vom Fass aus dem Keller direkt zum Schanktresen hinaufführten (vgl. Abb. 45).[368]

364 Anz. FT Lübeck, 17.6.1882, 20.6.1885, 28.5.1887, 4.6.1892, 6.10.1894, 1.6.1895 (jeweils Anzeigenteil).

365 StadtA Eutin, 3513, Unterakte 1, Quadr. 8; Tabelle veröffentlicht in Anz. FT Lübeck, 17.4.1875. Ferner Anz. FT Lübeck, 7.6.1890 (Voß-Haus), 21.6.1890 (Kohlmorgen).

366 Anz. FT Lübeck, 26.6.1880.

367 Ebd., 14.5.1927. Beuth besaß seit 1925 eine Genehmigung zur Eisentnahme; LASH, Abt. 260 Nr. 20010, Quadr. 35. Er hat den Eiskeller vermutlich von einer früheren Schlachterei übernommen.

368 Generell hierzu und mit zahlreichen Beispielen Menzel-Schubert (1903), S. 62–64; Nöthling (1896), S. 103–128; Reinink (1995), S. 122–123; Hellmann (1990), S. 80–86. Zur Kühlung in Milchläden vgl. Spiekermann (1996), S. 101–106.

45
Bierzapfanlage mit Eiskühlung (aus: Hellmann, 1990, S. 80).

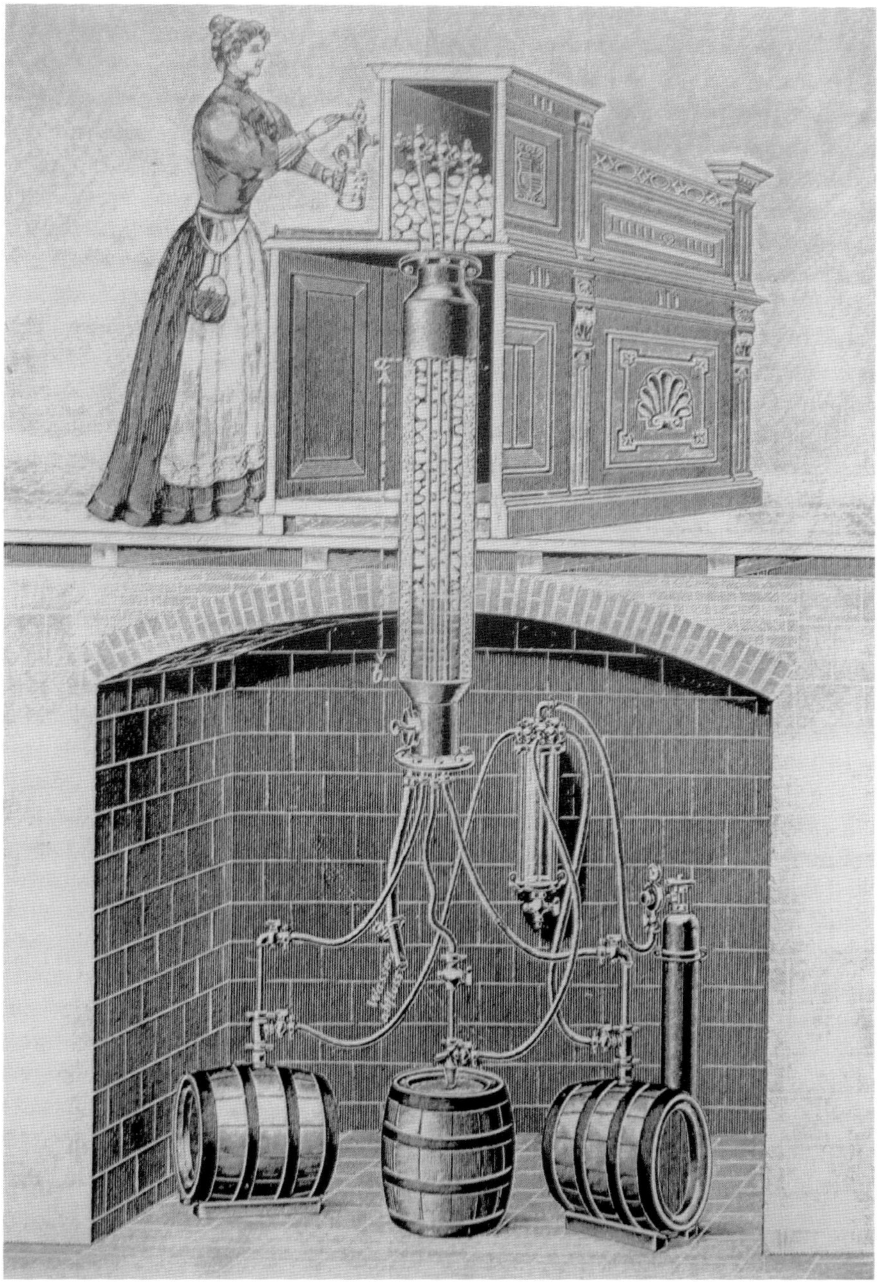

Dem Transport kleinerer Mengen von Natureis dienten tragbare Eiskisten, die sich etwa für die Verwendung bei Gartenveranstaltungen, auf Wochenmärkten und für den Zeltausschank bei Jahrmärkten oder öffentlichen Festivitäten sowie für die Mitnahme auf Ausflügen eigneten. Schon in den 1870er Jahren boten Gastronomen eisgekühlte Getränke an Freiluftständen und in Zelten an, etwa bei der jährlichen Tierschau in Eutin.[369] Ebenso waren transportable aufklappbare Kühlkisten mit Eisfächern zur Aufbewahrung verderblicher Lebensmitteln in Gebrauch. Der Kühlhaltung von Speiseeis dienten spezielle Behälter, sogenannte Eiskonservatoren.[370] Die legendären Eiskarren, wie sie zunächst italienische

369 Anz. FT Lübeck, 5.6.1875.
370 Menzel-Schubert (1903), S. 66; Nöthling (1896), S. 131–136.

46
Eisbehälter »Tulpen und Anemonen«, Porzellanmanufaktur Frankenthal, 1778 (Historisches Museum der Pfalz, Speyer, Inv. Nr. HM_1965_0027_a-c; Foto ebd.).

Gelatieri und seit den 1920er Jahren auch deutsche Händler im Straßenverkauf benutzten, waren ähnlich wie kleinere Eisschränke konstruiert und verfügten über zwei bis vier Behälter, in denen sich unterschiedliche Eissorten kühl halten ließen.[371]

Einen ausgesprochenen Luxus, den sich auch wohlsituierte Haushalte nicht täglich, aber doch regelmäßig und insbesondere zu festlichen Anlässen leisteten, stellte die Kühlung von Speisen bei Tisch dar. Zu einer solchen Krönung des kulinarischen Genusses trugen spezielle Behältnisse bei, die zum Tafelgeschirr gehörten. Diese waren spätestens seit dem 18. Jahrhundert an Fürstenhöfen und auf adeligen Gütern üblich und dürften zu dieser Zeit auch schon in bürgerlichen Haushalten – zu denken wäre hier etwa an Lübecker Patrizierfamilien – anzutreffen gewesen sein. Verschiedene Porzellanhersteller führten solche Eiskühler in ihrer Kollektion, u.a. Wedgwood, Meißen, die Königlich Preußische Porzellanmanufaktur und die Kaiserliche Porzellanmanufaktur Wien. Einzelne hochwertige Exemplare aus dem letzten Viertel des 18. Jahrhunderts finden sich den Sammlungen mehrerer Museen, andere werden des Öfteren bei bekannten Auktionshäusern angeboten. Üblich waren zwei- und dreiteilige Ausführungen, erstere bestehend aus einer zylinderförmigen Schüssel, die mit Natureis, oft auch zusätzlich mit Salz befüllt wurde, und einer mit einem langen Griff versehenen hochwandigen Aufsatzschale, die die zu kühlende Speise, meist Kaviar oder Früchte, aufnahm. In dreiteiligen Geschirren wurde Speiseeis serviert, welches, in einem zusätzlichen muldenförmigen Einsatz in der Mitte liegend, von oben und unten Kühlung erfuhr (vgl. Abb. 46).[372] Für die Stockelsdorfer Fayencemanufaktur, bei der man entsprechende Anfertigungen, u. a. auch für das Eutiner Schloss, hätte vermuten können, ist ein solcher bisher nicht nachgewiesen.[373] Doch verfügt die Porzellansammlung des Eutiner Schlosses

371 Overbeck/Osses (2009); dort S. 14–21 zahlreiche Abbildungen von Eiskarren.

372 Das abgebildete Objekt der Porzellanmanufaktur Frankenthal (Herstellungsjahr 1778) wird im Historischen Museum der Pfalz in Speyer verwahrt, Inventarnummer HM_1965_0027_a-c.; das Museum verfügt auch über ein dreiteiliges, schlichteres Exemplar desselben Herstellers, welches auf 1770–1775 datiert wird; der Verf. dankt dem Museum für die unbürokatische Bereitstellung des abgebildeten Fotos. Für Hinweise auf weitere Fundstellen im Internet sei Dr. Sophie Borges, Stiftung Schloss Eutin, herzlich gedankt. Zu ähnlichen Porzellan-Eiskühlern vgl. Day (2011), S. 15–17.

373 Pietsch (1979); weder im Katalog (S. 83–329) noch in der Preistabelle von 1779 (S. 331–333) fand sich ein Hinweis auf einen Eiskühler.

47
Eisservice, bestehend aus zwei Eisbehältern und drei Weinkühlern, Manufaktur Dihl et Guerhard, Paris, um 1800, Porzellan vergoldet (Schloss Eutin, Inv. Nr. SSE202401-05).

inzwischen über ein Eisservice mit Eiskühlern ähnlicher Art französischer Herkunft (Abb. 47).[374] Mit Sicherheit wird es auch im 19. und 20. Jahrhundert Fabrikate von schlichterem oder modernerem Design gegeben haben, und ebenso werden für die Kühlung von Getränken ausgeklügelte Karaffen oder spezielle Wasserkühler in Gebrauch gewesen sein, in denen die Flüssigkeit mit dem Eis nicht in Berührung kam (vgl. Abb. 48).[375] Auch Eisschränke mit integrierten Trinkwasserbehältern waren im Handel erhältlich.[376]

In den entsprechenden Kreisen, zu denen man etwa Auguste Wahlländer in Timmendofer Strand, Joachim v. Levetzow in Sielbeck, Robert Zimmermann in Pulverbeck oder Artur Donner auf Schloss Warnsdorf zählen darf, kann man von dem Vorhandensein solcher Luxusgegenstände ausgehen, wobei im letzteren Falle sogar Kunsteis aus eigener Herstellung zum Einsatz gekommen wäre. Nach ähnlichem Prinzip wie die beschriebenen Eiskühler arbeiteten sog. Eistöpfe, dreiteilige Sets von übereinandergestapelten Keramikbehältern, in deren mittleren das Kühlgut aufbewahrt wurde, während die beiden anderen Natur- oder Kunsteis enthielten. Diese waren auch für weniger begüterte Haushalte erschwinglich, allerdings wegen ihrer Größe und Form nicht direkt bei Tisch verwendbar.[377]

Ein Anwendungsbereich für Natureis eigener Art war die Herstellung von Speiseeis. Anfänglich Domäne von Zuckerbäckern und Konditoren, die zunächst im Auftrag von Fürstenhöfen und dann zunehmend auch in den größeren Städten als selbständige Unternehmer ihrem Handwerk nachgingen, war Speiseeis seit dem 18. Jahrhundert auch bürgerlichen Haushalten nicht fremd.[378] Hierzu lieferten schon früh einschlägige Kochbücher nützliche Handreichungen; im 19. und frühen 20. Jahrhundert gehörte das bereits erwähnte, von Henriette Davidis begründete Kochbuch

374 Frdl. Auskunft Dr. Sophie Börges, Stiftung Schloss Eutin. Manufaktur Dihl et Guerhard, Paris: Eisservice mit zwei Eisgefäßen und drei Weinkühlern, um 1800, Porzellan vergoldet, Schloss Eutin, Inv. SSE202401-05,

375 Beispiel für einen Wasserkühler aus späterer Zeit bei Aterini (2018), S. 124–125 (Fig. 176). Es handelt sich um ein stehendes zylindrisches Metallgefäß der Firma M. E. Nord in Christiania (heute Oslo) mit einem Zapfhahn, in dem ein Kernzylinder mit dem Trinkwasser von zerstoßenem Eis umschlossen wird. Es gab auch Ausführungen in Keramik. Zur Fa. Nord, die auch Eisschränke herstellte und Eislagerhäuser betrieb, vgl. Reinink (1995), S. 163–168.

376 Nöthling (1896), S. 117, 118, 120.

377 Ebd., S. 135–136.

378 Paulsen (2007), S. 123–126. Hierzu jetzt auch Bickelmann (2024).

48 Wasserkühler der Fa. M. E. Nord, Christiania (Oslo), ca. 1890 (aus: Aterini, 2018, S. 124, Fig. 176).

»für die gewöhnliche und feinere Küche« zur Ausstattung eines bürgerlichen Haushalts. Dort findet sich neben verschiedenen Rezepten auch eine Anleitung zur Herstellung dieser exklusiven Erfrischungen. Hierzu bedurfte es einer verschließbaren, mit der zu verarbeitenden Masse gefüllte Metallbüchse, die in einen mit zerstoßenem Natureis und Salz gefüllten Kübel gestellt und per Hand in eine permanente rotierende Bewegung versetzt wurde.[379] Als nach der Mitte des 19. Jahrhunderts Handkurbelgeräte aufkamen, ließ sich dieser Vorgang wesentlich erleichtern und beschleunigen. Solche Geräte konnten – ebenso wie verschiedene Varianten von Eisformen – zu erschwinglichen Preisen sogar per Katalog über das in Einbeck ansässige Versandkaufhaus August Stukenbrok bezogen werden (Abb. 49).[380] Für diejenigen, die den Versandhandel scheuten, boten auch einschlägige örtliche Geschäfte neben Eisschränken auch Eismaschinen, Eisformen und anderes Zubehör an; in Eutin waren dies das genannte Installations- und Haushaltswarengeschäft Hellmann und die Eisen- und Porzellanwarenhandlung H. F. Sommer in der Königstraße.[381] Während professionelle Konditoren und Speiseeishersteller spätestens in den 1920er Jahren zur Verwendung elektrisch oder mit Gas betriebener Maschinen übergingen, hat sich im Haushalt die traditionelle Praxis der Speiseeiszubereitung noch längere Zeit gehalten.[382]

Nicht zu vernachlässigen waren auch Sauberkeit und Hygiene. Natureis konnte leicht verunreinigt sein, abhängig davon, wo es geschnitten und wie es aufbewahrt wurde. Eismieten neigten zu unbeabsichtigter Verunreinigung, da sich das abdeckende Erdreich bei der Entnahme mit dem Eis leicht vermischen konnte, und bei Eis, das auf unter Wasser gesetzten Wiesen oder in flachen Teichen geerntet wurde, waren Einschlüsse von Gras und anderen Pflanzen vielfach nicht zu vermeiden. Eine gewisse Vorsorge ließ sich dadurch erreichen, dass für die Eisernte vorgesehene Wiesen kurz gehalten und in Teichen befindliche Wasserpflanzen mit langstieligen Sensen zuvor »gemäht« wurden.[383] Gesundheitliche Gefährdungen konnten vor allem durch die Einleitung von Abwässern in Flüsse oder Seen ausgehen. War die Kenntnis dieser Problematik, zumindest unter verantwortungsvollen Natureisnutzern, schon immer Teil der Alltagspraxis, so gab die Choleraepidemie von 1892 Anlass für breite öffentliche Warnungen durch Presse und Behörden, Natureis unbekannter Qualität direkt mit der zu kühlenden Substanz in Berührung zu bringen. Die Bestückung von

379 Ausführlich zur Herstellung von Speiseeis und den dazu erforderlichen Geräten vgl. Vom Gipfelschnee (1987, S. 42–48, 62–70; ferner Day (2011), S. 15–19, 26–30.

380 Vom Gipfelschnee (1987), S. 62–68; Stukenbrok (1912/1972), S. 120.

381 Anz. FT Lübeck, 15.6.1901.

382 Lütgert (2000), S. 210 (Gut Gelting); Day (2011), S. 18, Stukenbrok (1931/1998), S. 72; dort wird immer noch die Kurbeleismaschine angeboten.

383 Tiedemann-Wingst (2015).

Eisschränken galt insofern als unproblematisch, wohingegen davon abgeraten wurde, Lebensmittel auf Natureis unsicherer Herkunft zu lagern – etwa im Fischhandel – oder Getränke mit eingeworfenen Eiswürfeln zu kühlen. Zudem wurde der Eishandel aufgefordert, darauf zu achten, Natureis nicht in der Nähe von Abwassereinleitungen zu ernten und seine Ware vor dem Verkauf einer Qualitätsprüfung zu unterziehen.[384] Konkrete Vorschriften dazu sind, wie es scheint außer in Bremen, nicht erlassen worden. Gravierende Fälle von Infektionen durch den Gebrauch von Natureis sind nicht bekannt geworden; insbesondere Norwegeneis galt als hygienisch einwandfrei, was später auch durch bakteriologische Untersuchungen bestätigt wurde. Mit der Einführung von Kunsteis trat die Gefahr einer Verunreinigung zunehmend in den Hintergrund, ja das von den Eisfabriken produzierte und von vornherein zumindest optisch Reinheit suggerierende »Kristalleis« wurde geradezu für den direkten Verzehr beworben.[385]

Hygiene war ebenso bei der Nutzung von Eisschränken gefragt, weil diese durch die ständige Feuchtigkeit der Bildung von Schimmelpilzen Vorschub leisteten. Daher wurde bereits seitens der Hersteller empfohlen, den Schrank wöchentlich gründlich zu reinigen und auszutrocknen, eine wenig erfreuliche Tätigkeit, die meist dem Dienstpersonal vorbehalten blieb.[386] Noch weitaus unangenehmer muss die Reinigung der Eiskeller und Eishäuser selbst gewesen sein. Über diese Vorgänge, die in bestimmten Abständen, vermutlich im mehrjährigen Rhythmus, erforderlich waren, ließ sich bisher nur in Erfahrung bringen, dass ihnen sinnvollerweise ein mehrtägiges Austrocknen bei kühler Witterung vorauszugehen hatte.[387]

Anders als im Kühlschrankzeitalter, in dem Kältetechnik einen herausragenden Platz im Alltag einnimmt, bezog sich der frühere Einsatz von Natureis im Haushalt nur auf einen relativ kleinen Aspekt der Lebensmittelkonservierung, indem er eine Vielzahl anderer traditioneller Konservierungsmethoden lediglich ergänzte. Noch lange spielten Selbstversorgung und Vorratshaltung namentlich auf dem Lande noch eine große, wenn auch tendenziell rückläufige Rolle und bildete die Grundlage für eine umsichtige und sparsame Haushaltsführung. Fleisch konnte getrocknet, gepökelt, gesalzen und geräuchert oder als Kleinvieh lebend gehalten werden. Eier ließen sich über längere Zeit unter Luftabschluss in Flüssigkeiten oder Pottasche konservieren. Obst wurde mit Zucker zu Marmelade verarbeitet, gedörrt und eingekocht. Letzteres traf gleichermaßen auf Gemüse zu, welches auch durch Säuern längere Zeit genießbar blieb. Der Aufbewahrung dienten luftdicht verschlossene Blechdosen oder Glasbehälter – welche später nach einem patentierten Verfahren als »Weck-Gläser« eine Vervollkommnung erfuhren. Speisekammern und kühle Kellerräume bildeten hierfür geeignete Aufbewahrungsorte.[388] Auch wenn der Einzelhandel und die Konservenindustrie schon im 19. Jahrhundert eine Fülle von Lebensmitteln zum sofortigen Verzehr bereitstellten, war auch in bürgerlichen und großbürgerlichen Haushalten sowie auf Gütern und Höfen eine traditionelle Vorratshaltung der beschriebenen Art in unterschiedlicher Ausprägung anzutreffen; und hierfür stand in der Regel auch entsprechendes Dienstpersonal zur Verfügung.

Natureis diente daher lediglich zur Frischhaltung von Fleisch und Milchprodukten sowie bei Bedarf zur Kühlung von Getränken in der warmen Jahreszeit. In den Wintermonaten reichten vielfach Kellertemperaturen aus, und bestimmte Waren konnten außerhalb des Hauses bei Frosttemperaturen, etwa auf Balkonen oder in Nebengebäuden, frisch gehalten werden. Eisschränke waren – anders als etwa in den Vereinigten Staaten – somit im Winter in der Regel entbehrlich[389] und, wie sich noch zeigen wird, angesichts mangelnden Nachschubs auch meist nicht betriebsfähig.

Konzeptionell waren Eiskeller, Eishäuser und Eisschränke für eine saisonale Nutzung gedacht. Bei Hotels, Pensionen und anderen Beherbergungseinrichtungen in den Tourismusgebieten wie in der Holsteinischen Schweiz oder in den Ostseebädern herrschte, von wenigen Ausnahmen abgesehen,

384 AHL, Polizeiamt, Nr. 1854. Generell Hellmann (1990), S. 83–86.

385 Kühlhaus Lübeck (1987), S. 7–8, Hellmann (1990), S. 84. – Zu bakteriologischen Vorsorgemaßnahmen in Bremen und zur Qualität von Natur- und Kunsteis vgl. Heidbrink (2022).

386 Hellmann (1990), S. 83.

387 Nöthling (1896), S. 50.

388 Stille (1992).

389 Hellmann (1990), S. 83.

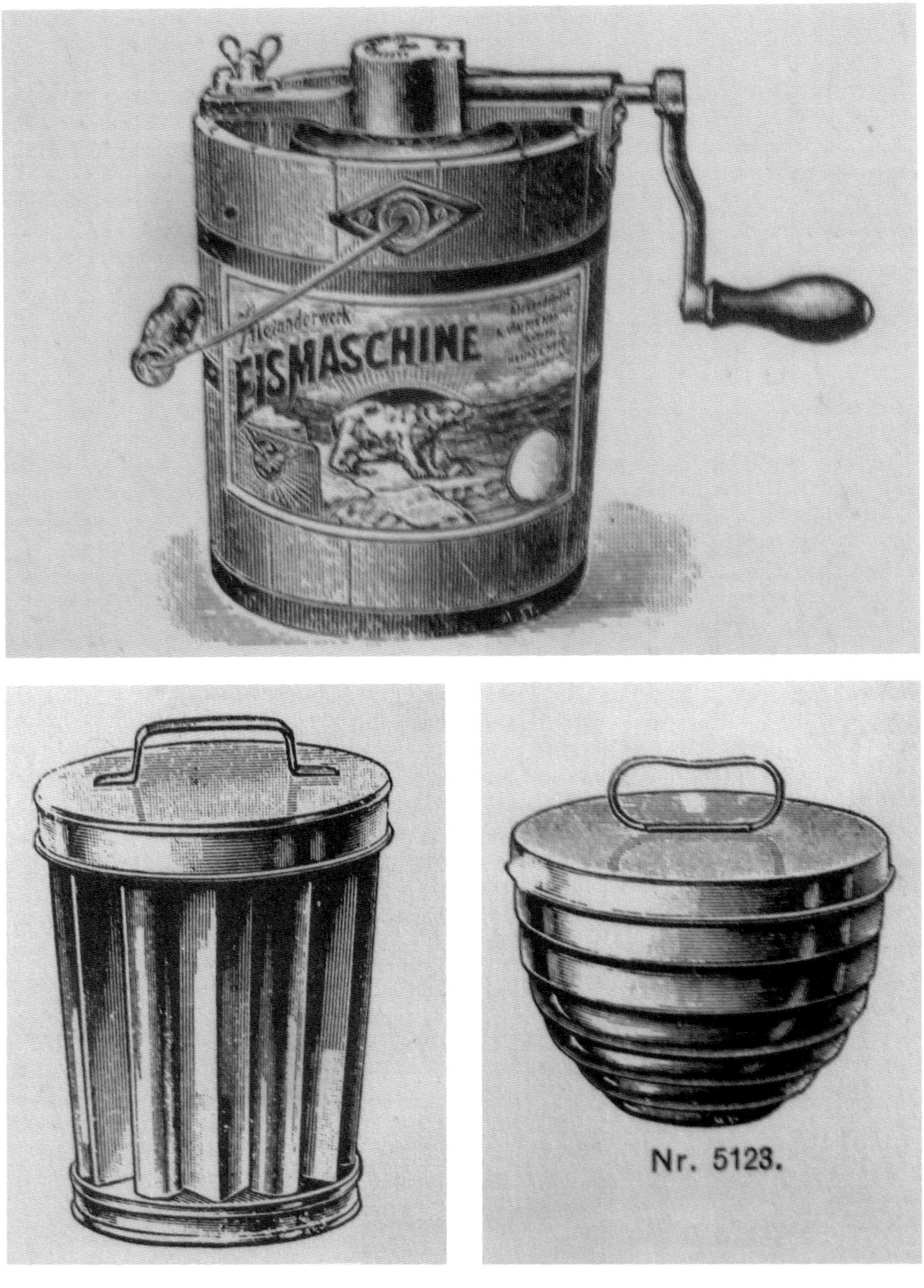

49 Handkurbelmaschine und Eisformen zur Herstellung von Speiseeis (aus: Stukenbrok, 1912/1972, S. 120, Nr. 3271, 5123, 5189).

generell Saisonbetrieb. Die Etablissements wurden in der Regel Anfang Oktober geschlossen und um Anfang Mai bis kurz vor Pfingsten wieder eröffnet, was bei den größeren gastronomischen Betrieben meist mit publikumsträchtigen Aktionen wie offiziellem Bieranstich und Eröffnungskonzerten in den Biergärten einherging.[390] Erst im Jahrzehnt vor dem Ersten Weltkrieg gingen manche Hotels zum Ganzjahresbetrieb über, so 1909 das modernisierte Kurhotel »Holsteinische Schweiz«, das sogar mit ausgesprochenen Winterattraktionen wie Schlittenfahrten oder dem Eisangeln auf dem Kellersee Gäste zu locken suchte; in Niendorf, dem damals bedeutendsten der oldenburgischen Ostseebäder, waren bereits 1907 drei der elf Hotels ganzjährig geöffnet.[391] Im städtischen Raum hingegen war zumindest bei einigen Hotels von vornherein ein Ganzjahresbetrieb zu erwarten, was in Eutin etwa auf das Bahnhofshotel, das Hotel »Stadt Hamburg« und das Schloßhotel, vor allem aber auf das Voß-Haus zutraf. Doch scheint dies auch später nicht so selbstverständlich gewesen zu sein, als dass man noch 1927 nicht auf den Hinweis »Das ganze Jahr geöffnet« verzichten zu können glaubte.[392] Sicherlich wird der Hotelier für den ohnehin erheblich verminderten Kühlbedarf in der kalten Jahreszeit entsprechende Reserven zurückgehalten haben; das 1911 errichtete neue Eishaus könnte in diesem Zusammenhang stehen.

Eine generelle ganzjährige Nutzung von Natureis wäre im Prinzip auch an den logistischen Gegebenheiten gescheitert, denn der Eishandel lag im Winter weitgehend brach. Spätestens im Oktober waren die Vorräte aufgebraucht, und neue konnten erst wieder im Frühjahr eingelagert werden. Dementsprechend verkaufte beispielsweise die Lübecker Eisgenossenschaft im Herbst einen Teil ihrer Pferde, um sich kurz vor Beginn der Saison wieder neue anzuschaffen.[393] Und auch die Depots der Bierhändler dürften am Ende der Saison weitgehend leer gewesen sein. Ebenso verhielt es sich bei den Eiskellern und Eishäusern im privaten Bereich, wenn sie nicht auf eine Nutzungsdauer von mehreren Jahren, wie es bei manchen Gutseiskellern der Fall war, angelegt waren.[394]

Schließlich mussten sich auch die Produktionsbetriebe – insbesondere Brauereien, Meiereien, Schlachtereien – auf das Schwinden der Eisvorräte im Herbst einstellen. Großzügig bemessene Kapazitäten konnten möglicherweisen dem vorzeitigen Verlust des Kühlmittels entgegenwirken, doch dies blieb abhängig von den sommerlichen Temperaturen. Entscheidend war vielmehr die Frage, inwieweit für den Produktionsprozess eine Kühlung unter winterlichen Bedingungen überhaupt erforderlich war. Im Braugewerbe bestand in dieser Beziehung eigentlich keine Notwendigkeit, da das zunehmend die Oberhand gewinnende untergärige Bier nur der sommerlichen Kühlung bedurfte und im Winter, so wie es seit Jahrhunderten in Bayern, dem Ursprungsland des untergärigen Bieres, der Fall gewesen war, keinerlei produktionstechnischen Beschränkungen unterlag. Kleinere und mittlere Brauereien, wie die genannten Betriebe in Eutin, Neudorf und Fackenburg hielten sich daher an die Tradition des Winterbrauens, der eben auch das bis Ende April hergestellte Sommerbier unterlag. Selbst einige der größeren süddeutschen Brauereien praktizierten noch bis ins späte 19. Jahrhundert hinein noch die sommerliche Brauabstinenz.[395] Wie die im industriellen Maßstab arbeitenden Großbrauereien mit geringen winterlichen Eisreserven im umgegangen sind, bleibt offen. Die Installation von dampfbetriebenen Kühlanlagen und Eisgeneratoren setzten sie seit Beginn der 1880er Jahre zwar in die Lage einer ganzjährigen Kühlung, doch ist davon auszugehen, dass diese im Winter – bei ohnehin wegen saisonbedingter Schließung zahlreicher Gastronomiebetriebe und generell nachlassenden Konsums stark vermindertem Ausstoß – heruntergeregelt oder ganz auf sie verzichtet werden konnte.

Ebenso kamen Meiereien vielfach wohl ohne Eis im Winter aus. Wenn die Aussage des Pächters des Hofes Redingsdorf, dass die *»Erzeugung feinster Meiereiprodukte«* zur *»Abwehr der schädlichen Einflüsse zu großer Wärme resp. Kälte«* Kühlung im Sommer und Heizung im Winter erfordere, zutrifft, dann wären schwindende Eisvorräte für den

390 Anz. FT Lübeck, 20.5.1885, 18.3.1889, 28.5.1907; Lüb. Anz., 20.5.1890, 22.5.1895, 28.4.1901, 24.5.1910, 10.5.1913.

391 Zimmermann (1965), S. 41; Griep (2016), S. 36–43. Zu Niendorf vgl. Oldekop (1908), XVI, S. 69.

392 Adreßbuch Landesteil Lübeck (1927), Annonce Voß-Haus S. 45.

393 Jahresbericht der Lübecker Eisgenossenschaft 1900/1901, 1907/08, in: AHL, Kühlhaus Lübeck Nr. 14.

394 Reinink (1995), S. 209.

395 Nöthling (1896), S. 141–142; Meußdoerffer/Zarnkow (2016), S. 116.

Winterbetrieb kein Problem gewesen.[396] Und die Tatsache, dass mehrere Meiereien noch in späterer Zeit Milchkeller nach traditioneller Art, also durch Eintiefung, und im Falle der Genossenschaftsmeierei Röbel sogar vollständig unter Erdniveau anlegten,[397] spricht dafür, dass diese sogar im Sommer auf Eis verzichteten. Ebenso dürften Schlachtereien unter normalen winterlichen Bedingungen ohne zusätzliche Kühlung durch Eis ausgekommen sein, um das optimale Temperaturniveau von 2–5 Grad C weitgehend zu halten.[398] Der zitierte Bericht über die Wild- und Geflügelhandlung Rathjen in Reinbek bestätigt indirekt solche Annahmen, wenn der Verfasser zwar generell von einer ganzjährigen Kühlfunktion ausgeht, aber zugleich zugestehen muss, dass der Betrieb gegen Ende des Jahres wegen zur Neigung gehender Vorräte ohne Eiskühlung auskommen musste.

Insgesamt verfestigt sich somit der Eindruck, dass auch in den angesprochenen Produktionsbereichen der Einsatz von Natureis unter winterlichen Temperaturen nicht zwingend erforderlich war. Leider fehlt es bisher an Erfahrungsberichten und Insiderwissen darüber, wie sich dort der Kühlbedarf im jahreszeitlichen Verlauf konkret vollzog.

An dieser Stelle ist auf eine Besonderheit einzugehen. Denn interessanterweise vollzog sich der Speiseeiskonsum gesellschaftlich hochstehender Kreise ursprünglich überwiegend in der kälteren Jahreszeit, war dieser doch, wie sich am Beispiel Lübecks belegen lässt, Teil einer spezifischen Geselligkeitskultur bürgerlicher und vermutlich auch adeliger Eliten, in der Speiseeis seit dem späten 18. Jahrhundert vielfach zur konventionellen Menüfolge von Festessen gehörte. Hierfür gaben, nach der sommerlichen Zeit häufiger Abwesenheit, die Monate Oktober bis März die geeigneten gesellschaftlichen Anlässe. Dementsprechend bedurfte es in diesem Zeitraum gewisser Natureisvorräte, auf die Privathaushalte zurückgreifen konnten. Diese wurden meist von den örtlichen Konditoren zur Verfügung gestellt, wenn diese nicht ohnehin die Lieferung des Speiseeises selbst übernahmen. Somit ist davon ausgehen, dass zumindest die Konditoreien während des ganzen Jahres stets über Natureisvorräte verfügten. Erst im Laufe des 19. Jahrhunderts, als der Speiseeiskonsum breitere Bevölkerungsschichten einbezog und zunehmend einen größeren Umfang erreichte, hat sich der Eisverzehr weitgehend auf die Sommermonate verlagert, ohne allerdings den traditionellen winterlichen Konsum zu verdrängen.[399]

Mit der künstlichen Kühlung und der Herstellung von Kunsteis durch das Kühlhaus Lübeck und andere Kunsteisfabriken hätte sich zumindest für Privathaushalte die Möglichkeit einer ganzjährigen Eisversorgung ergeben können. Doch fragt es sich, ob die Kunden bereit waren oder überhaupt die Notwendigkeit sahen, ihre Gewohnheiten so schnell zu ändern, war doch selbst die Umstellung auf Kunsteis ein Prozess, auf den sich viele Verbraucher erst nach einer Reihe von Jahren einließen.[400] Immerhin war beides auch eine Kostenfrage, selbst für bürgerliche Haushalte. Zumindest in der Übergangszeit richtete sich daher das Kühlhaus Lübeck auf die bestehenden Gewohnheiten ein, indem es Privathaushalten Pauschalangebote für mindestens drei Monate unterbreitete, und zwar bezeichnenderweise für den Zeitraum von Anfang Juni bis Ende September.[401] Und ebenso dürfte die Mitte der 1920er Jahre aufgenommene Bereitstellung von preisgünstigen Mieteisschränken in diesem Kontext zu sehen sein, was nicht ausschließt, dass ein Teil der Kunden aus bestimmten Gründen ganzjährig Kristalleis bezogen hat.

Noch weniger lagen zu dieser Zeit die Voraussetzungen für eine Umstellung der Haushalte auf Kühlschränke vor, setzte dies zunächst doch eine entsprechende Infrastruktur der Energieversorgung voraus. Im Deutschen Reich waren 1928 nur rund 50 Prozent der Wohnungen an das Elektrizitätsnetz angeschlossen, was sich nicht nur auf den ländlichen Raum, sondern auch auf größere und kleinere Städte bezog.[402] Dies hatte nicht nur mit Unterversorgung zu tun, sondern auch mit konkurrierenden Energieträgern. Denn gerade im urbanen Umfeld bestand die Energieversorgung

396 LASH, Abt. 260 Nr. 13633, Quadr. 143.
397 LASH, Abt. 260 Nr. 18241 (49/1908). Generell zu Meiereien Nöthling (1896), S. 169–172.
398 Nöthling (1896), S. 163–165.
399 Bickelmann (2024), S. 119–128.
400 Kühlhaus Lübeck (1987), S. 6.
401 AHL, Verwaltung für öffentliche Eirichtungen, 239, gedrucktes Angebot und Preisliste vom 1.5.1917.
402 Hellmann (1990), S. 179.

vieler und auch gutsituierter Haushalte noch längere Zeit aus Gas, welches meist zugleich für Heizung, Kochen und Beleuchtung Verwendung fand. Im Fürstentum Lübeck traf dies im Norden auf Eutin und Malente-Gremsmühlen zu, wo eigene, sich stetig erweiternde Gaswerke seit 1864 bzw. 1905 bestanden, während im Süden Schwartau 1903 Anschluss an das Gasnetz der Hansestadt Lübeck gefunden hatte, welches sodann die seit 1906 entstehende Villenkolonie Cleverbrück einbezog und sich Ende der 1920er Jahre weiter in die Lübecker Bucht bis zu den oldenburgischen Seebädern ausdehnte.[403] Mit gasbetriebenen Absorber-Kühlschränken, wie sie heute in kleinerer und optimierter Gestalt wieder im Campingbereich, namentlich bei Wohnmobilen, Verwendung finden, stand zwar schon früh eine technische Alternative zur Verfügung, doch fiel deren Verbreitung von Beginn an weit hinter die ohnehin geringe Zahl elektrischer Geräte zurück.

Wenngleich inzwischen die Elektrizitätsversorgung durch den Anschluss des Fürstentums Lübeck an die Überlandzentrale in Lübeck-Siems an Boden gewonnen hatte und seit 1919 zahlreiche Gaskunden ganz oder teilweise zur Elektrizitätsversorgung übergewechselt waren – wie sich etwa für Eutin feststellen lässt –,[404] änderte dies am Kühlverhalten privater Haushalte grundsätzlich nichts. Denn in den Werbestrategien der Stromversorgungsunternehmen zur Elektrifizierung des Haushalts spielten Kühlschränke zu dieser Zeit nur eine untergeordnete Rolle. Die 1920er und 1930er Jahre entwickelten sich in dieser Hinsicht zwar zu einem spannenden technischen Experimentierfeld, allerdings – und dies insbesondere angesichts ungünstiger wirtschaftlicher Rahmenbedingungen zu Beginn und gegen Ende der Weimarer Zeit – ohne nennenswerte Auswirkungen auf den Alltag des Kühlens im Haushalt, aber mit dem generellen Ergebnis, dass die Gastechnik für Kühlzwecke sich letztlich nicht durchsetzen konnte.[405]

403 Gasversorgung Lübeck (2004), S. 39–46, 52–54; Steen (1973), S. 110–111. Zu Malente-Gremsmühlen vgl. Bartels (2008), S. 179–181; zu Eutin vgl. Prühs (1994), S. 238, 256.

404 Verwaltungsbericht der städtischen Betriebswerke Eutin für das Jahr 1925, S. 4, dgl. 1926, S. 4–5; in: StadtA Eutin, Nr. 1370/1.

405 Langguth (1990). 1928 bezogen in Berlin 40 Prozent der 651.000 elektrifizierten Haushalte Strom nur für die Beleuchtung, und unter dem anderen Teil befanden sich lediglich 1.126 Kühlschranknutzer; ebd., S. 98. Ferner Hellmann (1990), S. 175–179.

50 Auslieferung von Stangeneis durch das Kühlhaus Lübeck, 1950 (Lübecker Nachrichten, Foto: Hans Kripgans).

Die zögerliche Akzeptanz des Kühlschranks war aber auch in seinem damaligen Image als Luxusgut und in mancherlei technischen Unzulänglichkeiten begründet. Die Geräte waren nicht nur sehr teuer, sondern auch platzgreifend, störanfällig, verschiedentlich ästhetisch wenig ansprechend und beim Betrieb – zumindest was die elektrischen Modelle anbetrifft – ziemlich geräuschvoll.[406]

Hier haben sich erst in den 1950er Jahren und verstärkt seit etwa 1960 mit der Umstellung zumindest der Beleuchtung und des Betriebs von Küchengeräten auf Elektrizität die Einsatzmöglichkeiten des Kühlschrankes erheblich erweitert, während die zunehmende Kaufkraft und das Angebot kompakter, ästhetisch ansprechender, technisch ausgereifter und vor allem erschwinglicher

406 Teuteberg (1993), S. 142; Hellmann (1990), S. 141–165.

Modelle die Nachfrage innerhalb eines guten Jahrzehnts hat hochschnellen lassen.

In diesem Rahmen konnte sich in Eutin schon 1951 für einige Jahre ein Spezialgeschäft für Kühlschränke etablieren,[407] bevor sich der Verkauf solcher Geräte auf Haushaltswaren- und Elektrofachgeschäfte verteilte. Zur gleichen Zeit hatte auf dem Lande moderne Kühltechnik in anderer Weise Einzug gehalten, nämlich in Gestalt von Gemeinschaftsgefrieranlagen, sogenannten »Kalthäusern«, die meist auf genossenschaftlicher Basis errichtet und betrieben wurden. Dort konnten die Mitglieder nicht nur über einzelne Fächer unterschiedlicher Größe verfügen, sondern auch größere Kühlräume nutzen, in denen es möglich war, etwa Schlachtfleisch und Wild zum Abhängen zu konservieren; hier ist der Bezug zur Jagd und zur Landwirtschaft mit eigener Haustierhaltung deutlich.[408] Auch im Lübecker Umland entstand eine Reihe solcher Anlagen. Für den Kreis Eutin ist zumindest eine bisher bekannt; diese war im Gebäude der ehemaligen Genossenschaftsmeierei Malkendorf untergebracht.[409]

Diese Gemeinschaftsanlagen ersetzten nicht den individuellen Kühlschrank, sondern stellten eine frühe ländliche und für den Einzelhaushalt kostengünstige Vorstufe zur Tiefkühlkonservierung dar, an die sich dann seit den 1970er Jahren zunehmend die Anschaffung eigener Tiefkühltruhen anschloss, womit die Kältetechnik im Haushalt endgültig auf eine höhere und gesellschaftsverändernde Stufe gehoben wurde.[410] Im Kreis Eutin, der inzwischen im Kreis Ostholstein aufgegangen war, und in der weiteren Umgebung Lübecks endete die Ära der Kühlung durch Kunsteis spätestens mit der Einstellung der Eigenproduktion durch die Kühlhaus Lübeck AG im Jahre 1976.[411]

Beide Neuerungen, Kühlschrank und Tiefkühltruhe, haben unsere Lebensgewohnheiten nachhaltig verändert. Während die Kühlung im Zeitalter von Natureis und Kunsteis nur eine zusätzliche, jahreszeitlich bedingte Komponente der Haushaltsführung darstellte und lange als Luxusgut für wenige wohlsituierte Personen galt, hat die Transformation der Lebensmittelversorgung auf ständige Kühlung nicht nur den individuellen und kollektiven Kühlbedarf gesteigert, sondern auch – zusammen mit der auf Tiefkühlkost ausgerichteten Lebensmittelproduktion und deren Vermarktung durch den Einzelhandel – unsere Vorratshaltung, unser Einkaufsverhalten und unseren Speiseplan, ja auch unseren Tagesablauf, soweit auf eine neue gesellschaftlich relevante Basis gestellt, dass inzwischen sogar ein Menschenrecht auf einen Kühlschrank postuliert werden kann.[412]

407 LASH, Abt. 355.11 Nr. 1712.

408 Gutschmidt (1962), insbes. S. 119–121. Ferner Hellmann (1990), S. 172.

409 Berichte liegen über den Kreis Stormarn vor; vgl. Kreisarchiv Stormarn (Bad Oldesloe), V 100: 16377 u. 17939. Zu Malkendorf vgl. Dorfchronik Dissau (2015), S. 69–70.

410 Teuteberg (1993), S. 144; Thoms (2005).

411 Bickelmann (2023), S. 236. Kunsteis anderer Produzenten lieferte das Kühlhaus noch bis 1985.

412 Hellmann (1992), S. 243.

Resümee

Im Rahmen einer generellen historischen Entwicklung war die Nutzung von Natureis zu Kühlzwecken im Gebiet des ehemaligen Kreises Eutin von der Mitte des 18. Jahrhunderts bis etwa 1960 von zeitweise nicht zu unterschätzender Bedeutung. Ursprünglich Luxusgut für gesellschaftliche Eliten, hat sich Natureis seit der Mitte des 19. Jahrhunderts als ein unverzichtbares Medium der Lebensmittelproduktion und des Konsums erwiesen. Hauptträger und Indikatoren dieser Entwicklung waren insbesondere im ländlichen Raum Eiskeller und Eishäuser. Ein im Landesarchiv Schleswig-Holstein verwahrter einschlägiger Aktenbestand ermöglicht erstmalig für einen eng umrissenen Verwaltungsbezirk, Umfang, Verbreitung und Charakter der Natureisnutzung in ihrer Hochphase von 1879 bis 1937 anhand des Eiskellerbaus zu ermitteln.

Hierbei zeichnet sich ab, dass dessen Dimension bisher gleichermaßen unter- und überschätzt wurde. Denn während die Dynamik einzelner Bereiche – namentlich Milchwirtschaft und Fleischverarbeitung – teilweise überraschende Verläufe nahm, entspricht das Gesamtergebnis von 118 bzw. 180 Objekten nur vordergründig den Vorannahmen einer flächendeckenden Verbreitung. Vielmehr muss man sich von der Vorstellung, dass es in jeder Ortschaft mindestens einen Eiskeller gegeben habe,[413] verabschieden. Rein numerisch betrachtet – angesichts von 117 Gemeinden und Dorfschaften, die das Fürstentum Lübeck umfasste –[414] scheint eine solche Annahme auf den ersten Blick zwar plausibel, doch würde sie die Tatsache ignorieren, dass sich die Eiskeller unterschiedlichen Nutzungszwecks an relativ wenigen Standorten häuften, zu denen vor allem der städtische Raum der Residenzstadt, Tourismusgebiete und Verkehrsknotenpunkte zählten.

Unter quantitativer Perspektive fällt auf, dass ein eigentlicher Boom des neuzeitlichen Eiskellerbaus relativ spät, nämlich erst um 1890 einsetzt und bis zum Ersten Weltkrieg auf nahezu gleichbleibendem Niveau anhält, um dann nach kurzer Wiederbelebung Mitte der 1920er Jahre zu Beginn der 1930er Jahre endgültig auszulaufen. Ob dies eine generelle Erscheinung oder ein Spezifikum des Kreises Eutin bzw. des ländlichen Raumes widerspiegelt, lässt sich schwer beurteilen, da es bisher an Vergleichszahlen für andere Regionen fehlt. Im benachbarten Lübeck beispielsweise fällt für genau diese Zeit die nahezu komplette, essentiell wichtige archivische Überlieferung einschlägiger Bauunterlagen aus.[415] Es scheint jedoch, dass der Kühlbedarf in den 25 Jahren vor dem Ersten Weltkrieg überall noch einmal einen kräftigen Aufschwung genommen hat.

Über den quantitativen Kern dieser Studie hinaus ließen sich gesellschaftliche, kulturelle, wirtschaftliche, technische und architektonische Aspekte des Eiskellerbaus und der Natureisnutzung für verschiedene gesellschaftliche Bereiche beschreiben und zur Geschichte des ehemaligen Kreises Eutin in Beziehung setzen. Dabei eröffnen sich verschiedentlich unerwartete überregionale Bezüge, wie etwa zur bayrischen Biergartenkultur, zu norwegischen Eislieferanten oder

413 So die Annahme von Lütgert (1995), S. 10/11.

414 LASH, Findbuch des Bestandes Abt. 260, Regierung des Bistums/Fürstentums/Landesteils Lübeck zu Eutin, Schleswig 1997, S. 39–42 (ausgezählt).

415 Bickelmann (2023), S. 166. Aufgrund von Kriegsverlusten sind die für eine Statistik unverzichtbaren Bauregister nur bis 1895 überliefert, und Hausakten der Bauaufsicht haben sich nur in wenigen Fällen erhalten.

zu illustren Persönlichkeiten aus dem In- und Ausland, während mit einer gewissen Ausstrahlung der angrenzenden Hansestadt Lübeck auch in diesem Bereich durchaus zu rechnen war.

Deutlich wurde auch das generell große Beharrungsvermögen der Natureisnutzung gegenüber den neuen Verfahren der Kunsteisproduktion und der maschinellen Kälteerzeugung, welches sich allerdings in den einzelnen Bereichen unterschiedlich darstellte. Während die Milchwirtschaft und das Brauwesen schon vor dem Ersten Weltkrieg umzuschwenken begannen, hielt sich bei Schlachtereien und in der Gastronomie die Natureisnutzung teilweise bis weit über den Zweiten Weltkrieg hinaus. In dieser Hinsicht offenbart sich ein technik- und kulturgeschichtlich aufschlussreicher Aspekt des langjährigen Nebeneinanders unterschiedlicher Techniken.

Insgesamt lässt sich der ehemalige Kreis Eutin hinsichtlich des Eiskellerbaus und der Natureisnutzung als Spiegelbild allgemeiner, vor allem technischer, architektonischer und kultureller Entwicklungen verstehen. Und so dürfte den Ergebnissen der Studie – bei aller Individualität des Bezugsraumes – durchaus ein gewisser Beispielcharakter für andere Regionen Schleswig-Holsteins und darüber hinaus zukommen.

Manches, was durchaus plausibel oder gar selbstverständlich erscheint, verharrt bei genauem Hinsehen jedoch im Vagen. Denn während sich das Baugeschehen – zumindest im Kernzeitraum zwischen 1879 und 1937 – in seinem Konjunkturverlauf einigermaßen präzise beschreiben lässt, bleiben hinsichtlich der konkreten Eisnutzung im Alltag der Menschen und alternativer Bevorratungsmethoden namentlich im ländlichen Raum Fragen offen, die sich mit dem vorhandenen Material nur andeutungsweise beantworten ließen und daher Anhaltspunkte für weitere Forschungen bieten.

Anhang

Abkürzungen

AHL	Archiv der Hansestadt Lübeck
Anz. FT Lübeck	Anzeiger für das Fürstentum Lübeck
LASH	Landesarchiv Schleswig-Holstein, Schleswig
Lüb. Anz.	Lübeckische Anzeigen
StadtA	Stadtarchiv

Literaturverzeichnis

Adreßbuch Fürstentum Lübeck (1908)
Hand- und Adreßbuch für das Fürstentum Lübeck. Nach amtlichen Quellen bearbeitet, Plön 1908.

Adreßbuch Eutin (1932)
Adreßbuch für Eutin und den gesamten Landesteil Lübeck, Kiel/Eutin 1932.

Adreßbuch Landesteil Lübeck (1927)
Adreßbuch Landesteil Lübeck: Landesteil des Freistaats Oldenburg und die Städte Neustadt i.H., Plön und Lütjenburg, Lauenburg 1927.

Agstner (2012)
Rudolf Agstner, Austria (-Hungary) and its Consulates in the United States of America since 1820, Berlin/Münster/London/Wien/Zürich 2012.

Albrecht (2005)
Thorsten Albrecht, Travemünde. Vom Fischerort zum See- und Kurbad, Lübeck 2005.

Arndt (1954)
Georg Arndt, Werden und Wachsen des Kreiskrankenhauses Eutin vom 22. Juni 1879 bis 1954, Eutin 1954.

Aterini (2018)
Barbara Aterini, Ghiaccaie. Eiskellern, Ijskelders, Glaciéres, Ice-Houses. Architetture Dimenticate, 2. Aufl. Firenze 2018.

Bartels (2008)
Hans-Joachim Bartels, Chronik von Malente-Gremsmühlen, Husum 2008.

Baudach (2020)
Frank Baudach, Die Anfänge des Tourismus in Ostholstein, in: Besonderes aus Ostholstein. Beiträge zur Geschichte einer Region, hrsg. von Oliver Auge und Anke Scharrenberg, Husum 2020, S. 135–152.

Becker (1965)
Emil Becker, Fischereigenossenschaft Travemünde-Niendorf, in: Jahrbuch des Kreises Eutin 1965, S. 144–151.

Becker (1967)
Emil Becker, Niendorfer Seefischerei vor und nach der Motorisierung der Fischereifahrzeuge, in: Jahrbuch des Kreises Eutin 1967, S. 53–60.

Becker/Harms (2003)
Kay Becker u. Helmut Harms, Bujendorf. Geschichte(n) von der Steinzeit bis zur Gegenwart. Eine Dorfchronik, Bujendorf 2003.

Behrens (o.J.)
Alle sollen mich kennenlernen. »Zögern ist Silber und ist Handeln ist Gold«. Eine Biografie für Jung und Alt von Hannemann Behrens aus Eutin. Privatdruck o.O. o.J.

Bengelsdorf (1988)
Reinhard Bengelsdorf, Henry-Everling-Haus in Haffkrug/Ostsee der PRO-Stiftung Hamburg, Hamburg 1988.

Berg (1847)
A. Frhr. v. Berg, Beschreibung des Gutes Stendorf. Zur Erinnerung an die im September 1847 vorgenommene Besichtigung, Eutin 1847.

Bickelmann (2023)
Hartmut Bickelmann, Vom Eiskeller zum Kühlhaus. Natureisgewinnung und Kunsteiserzeugung in Lübeck im 19. und 20. Jahrhundert, in: Zeitschrift für Lübeckische Geschichte, Bd. 102 (2023), S. 157–244.

Bickelmann (2024)
Hartmut Bickelmann, Eiskalter Genuss. Ein historischer Streifzug durch die Lübecker Speiseeis-Kultur, in: Der Wagen 2024/25, S. 105–135.

Blunck (1994)
Jürgen Blunck, Leinen los an Trave und Wakenitz. Geschichte der Lübecker Fahrgastschiffahrt, Lübeck 1994.

Böger (1975)
Marius Böger, Stendorf und seine Herrenhäuser, in: Jahrbuch für Heimatkunde Oldenburg/Ostholstein 19 (1975), S. 17–27.

Brather (1990)
Jürgen Brather, Ahrensbök in großherzoglich-oldenburgischer Zeit 1867–1919, Ahrensbök 1990.

Brauerei zur Eiche (1971)
100 Jahre Fortschritt 1871–1971. Brauerei zur Eiche Kiel, Kiel 1971.

Braun/Hogenberg (1965/1588)
Georg Braun und Franz Hogenberg, Civitates Orbis Terrarum 1572–1618, Repr. Kassel/Basel 1965, Bd. II, Teil 4 (1588).

Bremse (1989)
Uwe Bremse, 90 Jahre Schwartauer Werke, in: Jahrbuch für Heimatkunde Eutin 1989, S. 156–159.

Bremse (1998)
Uwe Bremse, Bad Schwartau (Archivbilder), Erfurt 1998.

Buxbaum (2002)
Tim Buxbaum, Icehouses, Cromwell House 2002 (Shire Album 278).

Chronik Bädergemeinde (1979)
Chronik der Bädergemeinde Timmendorfer Strand. Zur Hundertjahrfeier 1965 hrsg. von der Gemeinde Timmendorfer Strand, Timmendorfer Strand 2. erw. Aufl. 1979.

Davidis (1872)
Henriette Davidis, Praktisches Kochbuch für die gewöhnliche und feinere Küche, Bielefeld 17. Aufl. 1872.

Day (2011)
Ivan Day, Ice Cream, Oxford 2011 (Shire Library No. 614).

Dittmann (2020)
Britta Dittmann: Thomas Mann und Schwartau, in: Beiträge zur Eutiner Geschichte, Bd. 2 (2020), S. 203–210.

Dittrich (2012)
Peter Dittrich, Eiswerke und Kühlhäuser in den Bremerhavener Fischereihäfen, Bremerhaven 2012.

Dörfler (2024)
Wolfgang Dörfler, Die modernste Molkerei im Reich. Zur Geschichte des Molkereiumbaus in Lamstedt 1937/38, in: Allgemeiner Haushaltungs-Kalender, Stade, 176. Jg. (2024), S. 91–106.

Dorfchronik Dissau (2015)
Dorfchronik Dissau von 1321 bis 2014, Bad Schwartau 2015.

Dorfchronik Fassensdorf (1998)
Dorfchronik Fassensdorf, Süsel 1998.

Eckernförde-Lexikon (2014)
Eckernförde-Lexikon. Hrsg. von der Heimatgemeinschaft Eckernförde e.V. in Zusammenarbeit mit der Abteilung für Regionalgeschichte der Christian-Albrechts-Universität zu Kiel, Husum 2004.

Eickhoff (1998)
Thomas Eickhoff, Politische Dimensionen einer Komponisten-Biographie: Gottfried von Einem, Stuttgart 1998.

Ellerbrock (1993)
Karl-Peter Ellerbrock, Geschichte der deutschen Nahrungs- und Genußmittelindustrie 1750–1914, Stuttgart 1993.

Fackenburg (2013)
Fackenburg in der Großgemeinde Stockelsdorf, Stockelsdorf 2013.

Friedrichsen (2005)
Elke und Heinrich Friedrichsen, Entwicklung des Tourismus in Sielbeck bis ca. 1900, in: Sielbeck. Eine Chronik (als Manuskript gedruckt), Sielbeck 2005, S. 111–118.

Gasversorgung Lübeck (2004)
150 Jahre Gasversorgung in der Hansestadt Lübeck 1854–2004, Lübeck 2004.

Geisen (2005)
Peter von Geisen, Joachim v. Levetzow, in: Sielbeck. Eine Chronik (als Manuskript gedruckt), Sielbeck 2005, S. 105–109.

Gerholz-Kartei (2005)
Gerholz-Kartei. Eine Sammlung alter Berufsbezeichnungen, Lübeck 2005.

Giesler (2006)
Eutin. Bildband von 1888 bis 1955 aus dem Archiv des Hoffotografen Albert Giesler, Eutin 2006.

Griep (2016)
Wolfgang Griep, Ein Ausflug in die Geschichte der Holsteinischen Schweiz, in: »Ein köstliches Gesammtbild«. Vom Hotel zum Bildungszentrum. Festschrift zum fünfzigjährigen Jubiläum des Bildungszentrums der Steuerverwaltung Schleswig-Holstein, Eutin 2016, S. 11–43.

Griese (1990)
Kurt Griese, Die Elektrifizierung des Fürstentums Lübeck, in: Jahrbuch für Heimatkunde Eutin (1990), S. 90–95.

Gunzelmann (2010)
Thomas Gunzelmann, Bierlandschaft Bayern. Keller als historische Orte des Konsums, in: Siedlungsforschung. Archäologie – Geschichte – Geographie 28 (2010), S. 7–53.

Gutschmidt (1962)
J. Gutschmidt, Gemeinschaftsgefrieranlagen, in: Handbuch der Kältetechnik, hrsg. von Rudolf Planck, 11. Band: Der gekühlte Raum, Berlin/Göttingen/Heidelberg 1962, S. 115–168.

Haase-Lampe (1914)
Wilhelm Haase-Lampe, Fürstentum Lübeck, Ostsee-Bäder, Luft- und Waldkurorte, Sol- und Moorbäder, Sommerfrischen, Lübeck 1914.

Hansa-Meierei (1926)
25 Jahre Hansa-Meierei GmbH 1901–1926, Lübeck 1926.

Hansa-Meierei (1937)
Hansa-Meierei Lübeck e.G.m.b.H., Lübeck 1937.

Hard (1991)
Mikael Hard, Überall zu warm, in: Unter Null. Kunsteis, Kälte und Natur. Konzipiert von Hans-Christian Täubrich und Jutta Tschoepe. Hrsg. vom Centrum Industriekultur Nürnberg und dem Münchener Stadtmuseum, München 1991, S. 69–86.

Harders (1979)
Georg Harders, Anton Baumann, der Begründer des Kur- und Badewesens in Bad Schwartau (1851–1907), in: Jahrbuch für Heimatkunde Eutin 1979, S. 57–62.

Harders (1986)
Georg Harders, Die »Waldhalle« in Bad Schwartau, in: Jahrbuch für Heimatkunde Eutin 1986, S. 148–152.

Hauffe (1967)
Walther Hauffe, Spätere Dampferverbindungen nach den Bädern an der Lübecker Bucht, in: Jahrbuch des Kreises Eutin 1967, S. 75–81.

Hauffe (1972)
Walther Hauffe, Aus Niendorfs Anfängen als Badeort 1855, in: Jahrbuch für Heimatkunde Eutin 1972, S. 72–77.

Hauffe (1974)
Walther Hauffe, Aus der Geschichte der oldenburgischen Ostseebäder, in: Jahrbuch für Heimatkunde Eutin 1974, S. 57–71.

Hauffe (1979)
Walther Hauffe, Berühmte Gäste in Timmendorfer Strand und Niendorf, in: Chronik der Bädergemeinde Timmendorfer Strand, Timmendorfer Strand 2. Aufl. 1979, S. 226–233.

Hennigs (1985)
Burkhard von Hennigs, Der Eiskeller des Gutes Jersbek, in: Die Heimat 92 (1985), S. 206–214.

Heidbrink (2022)
Ingo Heidbrink, Bremen und die Verwendung von Natureis als Kühlmittel (ca. 1880–1930), in: Bremisches Jahrbuch 101 (2022), S. 132–144.

Heide (2012)
Karen Heide, Wiederentdeckt! Vergessene Orte in Schleswig-Holstein. Eiswerke am Schreventeich in Kiel, in: TOP 44, Berichte der Gesellschaft für Volkskunde in Schleswig-Holstein, 22. Jg. (Dez. 2012), S. 48–63.

Hellmann (1990)
Ullrich Hellmann, Künstliche Kälte. Die Geschichte der Kühlung im Haushalt, Gießen 1990.

Hellmann (1992)
Ulrich Hellmann, Schockgefroren und Gefriergetrocknet. Die Geschichte kalter Nahrungsmittel, in: OIKOS. Von der Feuerstelle zur Mikrowelle. Haushalt und Wohnen im Wandel, Gießen 1992, S. 228–244.

Hellwig (1921)
F. Hellwig, Der Eiskeller. Beschreibung und praktische Ausführung, Leipzig (1921).

Heintze (2014)
Norbert Heintze, Eiskeller und Eishäuser in Berlin und Brandenburg. 3 Bde., 3. Aufl. 2014 (Online-Veröffentlichung der Digitalen Landesbibliothek Berlin, http://nbn-resolving.de/urn:nbn:de:kobv:109-opus-238023).

Herde (2011)
Heiner Herde, Milch und Butter für die Badegäste. Die Genossenschaftsmeierei in Timmendorfer Strand, in: Jahrbuch für Heimatkunde Eutin 2011, S. 302–306.

Herde (2015)
Heiner Herde, Ostseebad Timmendorfer Strand. Eine Zeitreise in Bildern, Erfurt 2015.

Herrmann (2006)
Helmut Herrmann, Wanderungen im Bamberger Land zu Bierkellern und Biergärten, Bamberg 2006.

Herrmann (2019)
Christof und Helmut Herrmann, Biergartenwanderungen Franken, Bamberg 9. Aufl. 2019.

Hill (1983)
Dietrich Hill, Milch- und Meiereiwirtschaft in Schleswig-Holstein im Wandel der Zeit, in: Zeitschrift für schleswig-holsteinische Geschichte 108 (1983), S. 207–223.

Hirschfeld (1973)
Christian Cay Lorenz Hirschfeld, Theorie der Gartenkunst, 5 Bde, Leipzig 1778–1785 (Nachdruck Hildesheim 1973).

Hirschfelder/Trummer (2016)
Gunther Hirschfelder und Manuel Trummer, Bier. Eine Geschichte von der Steinzeit bis heute, Darmstadt 2016.

Holsteinische Schweiz (1901)
Führer durch die Holsteinische Schweiz, Blankenese 5. Aufl. 1901.

Holsten-Brauerei (2004)
Auf die Freundschaft. 125 Jahre Holsten-Brauerei AG, Hamburg 2004.

Horn (2022)
Dietrich von Horn, Lost & Dark Places Schleswig-Holstein. 33 vergessene, verlassene und unheimliche Orte, München 2022.

100 Jahre Schloss Warnsdorf (2010)
100 Jahre Schloss Warnsdorf, in: Schloss Warnsdorf Journal, Jubiläumsausgabe 2010, S. 1–2.

Hunzinger (1988)
Silke Hunzinger, Schlösser und Gärten der Herzöge von Sonderburg-Plön, Neumünster 1988.

Hunzinger (1999)
Silke Hunzinger, Der Traum von Arkadien – die Baugeschichte des Gutes Rantzau, in: Heinrich Rantzau (1526–1598). Königlicher Statthalter in Schleswig-Holstein. Ein Humanist beschreibt sein Land. Eine Ausstellung im Landesarchiv Schleswig-Holstein, Schleswig 1999, S. 60–67.

Hutzfeld (2006)
Hutzfeld im Wandel der Zeit, Hutzfeld 2006.

Ibbeken (1911)
Ibbekens Adreßbuch für Schleswig-Holstein, Lauenburg und Fürstentum Lübeck, 10. Aufl. 1911.

Janus (1964)
175 Jahre C. F. Janus 1789–1964, Neumünster 1964.

Jenssen (1961)
Christian Jenssen, Das Voß-Haus in Eutin. Ein Stück deutscher Kulturgeschichte, Kiel 1961.

Jürgens (1954)
Friedrich-Wilhelm Jürgens, Geschichte des Nordseebades Wangerooge 1804–1954, Jever 1954.

Jürgens (2014)
Hans-Jürgen Jürgens, Wangerooger Chronik 1800–1850, Kiel 2014.

Jungk (2003)
Kersten Jungk, Scharbeutz (Reihe Archivbilder), Erfurt 2003.

Jungk (2018)
Kersten Jungk, Hotel Augustusbad. Von den Anfängen des Seebades Scharbeutz bis heute, Scharbeutz 2018.

Kaack (1987)
Hans-Georg Kaack, Ratzeburg. Geschichte einer Inselstadt, Neumünster 1987.

Kellersee-Fahrt (1982)
100 Jahre Kellersee-Fahrt 1882–1982, Eutin 1982.

Klatt/Labrenz (2004)
Pia Klatt u. Kai Labrenz, Filmland Schleswig-Holstein, Heide 2004.

Klerch (1980)
Ernst Klerch, Das vergessene »Gasthaus zum Uklei«, in: Jahrbuch für Heimatkunde Eutin 1980, S. 157–160.

Kloth (2020)
Hans-Harald Kloth, 90 Jahre Bäderbahn Bad Schwartau-Neustadt (Holstein), in: Beiträge zur Eutiner Geschichte, Bd. 2 (2020), S. 211–242.

Kral (1992)
Martina Kral, Jacob Nöbbe. Ein Malerleben in Flensburg (1850–1919), Heide 1992.

Kröger (1910)
Kröger's Führer durch die Holsteinische Schweiz, 8. Aufl. Blankenese (ca. 1910).

Kröger (1913)
Kröger's Führer durch die Holsteinische Schweiz, 9. Aufl. Blankenese (ca. 1913).

Kromrei (2020)
Claudia Kromrei, Hans Grisebach. Ein Architekt und sein Werk, Salenstein 2020.

Kummer (2003)
Gertrud Kummer, Klingberg am See. Von Obstbauern und Lebenskünstlern, Lübeck 2003.

Kummer (2008)
Regina u. Wolfram Kummer, Gleschendorf. Geschichte eines Kirchspieldorfs in Ostholstein, Eutin 2008.

Kunigk (1996)
Silke Kunigk, Ahrensbök, in: Historische Gärten in Schleswig-Holstein, hrsg. von Adrian von Buttlar und Margita Marion Meyer, Heide 1996, S. 95–99.

Kühlhaus Lübeck (1987)
Kühlhaus Lübeck Aktiengesellschaft 75 Jahre 1912–1987, Lübeck 1987.

Kürtz (2003)
Jutta Kürtz, »Das freie Meer befreit den Geist«. Geschichte der Sommerfrischen und Seebäder an der Ostsee, in: Urlaub zwischen Strand und See. Eine kleine Tourismusgeschichte Osthosteins, Eutin 2003, S. 7–18.

Lafrenz (2015)
Deert Lafrenz, Gutshöfe und Herrenhäuser in Schleswig-Holstein, Petersberg 2015.

Lafrenz (2022)
Deert Lafrenz, Schlösser in Schleswig-Holstein, Petersberg 2022.

Land/Wenzel (2005)
Dietmar Land u. Jürgen Wenzel, Leben und Werk des Gartenarchitekten Erwin Barth, Leipzig 2005.

Langguth (1990)
Frauke Langguth, »Elektrizität in jedem Gerät«. Die Elektrifizierung der privaten Haushalte am Beispiel Berlins, in: Haushaltsträume. Ein Jahrhundert Technisierung und Rationalisierung im Haushalt, Königstein im Taunus 1990, S. 92–102.

Lohmeier (2000)
Dieter Lohmeier, Heinrich Rantzau. Humanismus und Renaissance in Schleswig-Holstein, Heide 2000.

Lost Places (2021)
Lost Places. Verlassene und geheimnisvolle Orte in Hamburg und Umgebung. Fotografien von Florian Quandt und Texte von Thomas Hirschbiegel, Hamburg 2021.

Lübeck-Lexikon (2006)
Lübeck-Lexikon. Die Hansestadt von A bis Z. Hrsg. von Antjekathrin Graßmann, Lübeck 2006.

Lück (1966)
Hundert Jahre Lück-Bier 1866–1966, Lübeck 1966 (o.S.).

Lütgert (1994)
Stephan A. Lütgert, Eiskeller in Schleswig-Holstein – eingeebnet und vergessen, in: Die Heimat 101 (1994), S. 101–108.

Lütgert (1995)
Stephan A. Lütgert, »Is för de Iskeller«. Natureisgewinnung und -lagerung in Schleswig-Holstein als volkskundliches Forschungsproblem, in: TOP 12, Berichte der Gesellschaft für Volkskunde in Schleswig-Holstein, 5. Jg. (1995), S. 4–12.

Lütgert (2000)
Stephan A. Lütgert, Eiskeller, Eiswerke und Kühlhäuser in Schleswig-Holstein und Hamburg. Ein Beitrag zur Kulturlandschaftsforschung und Industriearchäologie, Husum 2000.

Lütjohann (1939)
Hermann Lütjohann, Dörflicher Eiskeller, in: Die Heimat 6 (1939), S. 189.

Luther (1991)
Edith Luther, Die Wahl der Waffeln. Eisbomben, Eisdielen und Cadore, in: Unter Null. Kunsteis, Kälte und Natur. Konzipiert von Hans-Christian Täubrich und Jutta Tschoepe. Hrsg. vom Centrum Industriekultur Nürnberg und dem Münchener Stadtmuseum, München 1991, S. 293–307.

Malkwitz (2012)
Malkwitz. Geschichte eines Dorfes, Malente (2012).

Malottky (2016)
Beate von Malottky, Das wiederentdeckte Eishaus des Ahsbas-Stifts in Krempe, in: DenkMal! Zeitschrift für Denkmalpflege in Schleswig-Holstein 23 (2016), S. 156–157.

Mann (1986)
Thomas Mann, Buddenbrooks, Frankfurt a. M. (S. Fischer Verlag) 1986.

Manz (2003)
Stefan Manz, Migranten und Internierte. Deutsche in Glasgow, 1864–1918, Stuttgart 2003.

Mehl (1996)
Heinrich Mehl (Hrsg.), Acker-, Markt- und Reisewagen. Unterwegs in Schleswig-Holsteins Vergangenheit, Heide 1996.

Menzel-Schubert (1903)
C. A Menzel u. A. Schubert, Der Bau der Eiskeller, Eishäuser, Lagerkeller und Eisschränke, Neudamm 6. Aufl. 1903.

Methler (2001)
Eckehard. u. Walter Methler, Von Henriette Davidis bis Erna Horn, Wetter (Ruhr) 2001.

Meußdoerffer/Zarnkow (2016)
Franz Meußdoerffer u. Martin Zarnkow, Das Bier. Eine Geschichte von Hopfen und Malz, München 2. Aufl. 2016.

Meyer (2015)
Margita M. Meyer, Geburtsort der Holsteinischen Schweiz, in: Denkmal! Zeitschrift für Denkmalpflege in Schleswig-Holstein) 22 (2015), S. 192–193.

Michaelsen (1972)
Hermann Michaelsen, Bayerisches Bier aus Mönch-Neversdorf, in: Jahrbuch für Heimatkunde Oldenburg/Ostholstein 1972, S. 211–216.

Middelhauve (1949)
Lutz Middelhauve, Geschichte und Entwicklung der Schleswig-Holsteinischen Milchwirtschaft, Kappeln 1949.

Möllers (2021)
Martin H. W. Möllers, 100 Jahre Bauhaus – auch in Ostholstein, in: Jahrbuch für Heimatkunde Oldenburg/Ostholstein, 64. Jg. (2021), S. 81–112.

Molzow (2012)
Hartwig Molzow, »Vollbehr, Ernst Carl Theodor«, in: Biographisches Lexikon für Schleswig-Holstein und Lübeck, Bd. 13 (2012), S. 462–469.

Müller (1984)
Fritz Müller, Die Versorgung der Hansestadt Lübeck mit Milch. 50 Jahre Hansa-Milch Ostholstein-Lübeck e.G. mit Darstellung der Entwicklung von der ersten Lübecker Genossenschaftsmeierei von 1879 bis zur Gegenwart, Lübeck 1984.

Müller (1986)
Uwe Müller, St. Gertrud. Chronik eines vorstädtischen Wohn- und Erholungsgebiets, Lübeck 1986.

Müller-Wusterwitz (1994)
Nikolaj Müller-Wusterwitz, Die Eiskeller und Eishäuser in Aumühle und Friedrichsruh, in: Lauenburgische Heimat, H. 139 (Dez. 1994), S. 26–39.

Münkel (2009)
Daniela Münkel, Konsum auf dem Land vom Kaiserreich bis in die Bundesrepublik, in: Heinz-Gerhard Haupt und Claudius Torp (Hrsg.): Die Konsumgesellschaft in Deutschland 1890–1990. Ein Handbuch, Frankfurt a.M./New York 2009, S. 205–217.

Nerdinger (2019)
Winfried Nerdinger, Walter Gropius. Architekt der Moderne 1883–1969, München 2019.

Neugebauer (1963)
Werner Neugebauer, Schönes Holstein, Lübeck 3. verb. u. erw. Aufl. 1963.

Neumaier (2005)
Witgar Neumaier, Die Wasserburger Sommerbierkeller in der Kellerstraße, Wasserburg 2005.

Neuschäffer (1988)
Hubertus Neuschäffer: Gutshäuser und Herrenhäuser in und um Lübeck, Neumünster 1988.

Niendorfer Fischereihafen (1997)
Chronik des Niendorfer Fischereihafens. 75 Jahre 1922–1997, Timmendorfer Strand 1997.

Nöthling (1896)
Ernst Nöthling, Die Eiskeller, Eishäuser und Eisschränke, ihre Konstruktion und Benutzung, Weimar, 5. umgearb. u. verm. Auflage 1896.

Ohl (2013)
Ulrike Ohl, Joseph Eduard Mose (1825–1998). Ein schleswig-holsteinischer Baumeister zwischen dänischem Gesamtstaat und preußischer Provinz, Kiel 2013.

Oldekop (1908)
Henning Oldekop, Topographie des Herzogtums Holstein einschließlich Kreis Herzogtum Lauenburg, Fürstentum Lübeck, Enklaven (8) der Freien und Hansestadt Lübeck, Enklaven (4) der Freien und Hansestadt Hamburg, Kiel 1908.

Oldenburgischer Landtag (2014)
Oldenburgischer Landtag 1848–1933/1946. Biographisch-historisches Handbuch zu einem deutschen Landesparlament, bearb. v. Albrecht Eckhardt und Rudolf Wirsch, Oldenburg 2014.

Overbeck/Osses (2009)
Anne Overbeck u. Dietmar Osses (Hrsg.), Eiskalte Leidenschaft. Italienische Eismacher im Ruhrgebiet, Essen 2009.

Paulsen (2007)
Astrid Paulsen, Von Konditorei-Künsten und einer süßen Adresse, in: Süße Verlockung. Von Zucker, Schokolade und anderen Genüssen. Hrsg. von Hermann Heidrich und Sigune Kussek, Kiel 2007, S. 123–132.

Piening (1905)
Johannes Piening, Bosau. Eine Kirchspielschronik, Eutin 1905.

Pietsch (1979)
Ulrich Pietsch, Stockelsdorfer Fayencen. Geschichte und Leistung einer holsteinischen Manufaktur im 18. Jahrhundert, Lübeck 1979.

Pietsch (1985)
Ulrich Pietsch, »Richter, Peter« in: Biographisches Lexikon für Schleswig-Holstein und Lübeck, Bd. 7 (1985), S. 254–255.

Plön (1904)
Plön. Perle der holsteinischen Schweiz, Plön 1904.

Prange (1987)
Wolfgang Prange, Der Landesteil Lübeck, in: Geschichte des Landes Oldenburg. Ein Handbuch. Hrsg. von Albrecht Eckhart in Zusammenarbeit mit Heinrich Schmidt, Oldenburg 1987, S. 549–590.

Prühs/Rönnpag (1984)
Ernst Günther Prühs u. Otto Rönnpag, Was alte Eutiner erzählen, Eutin (1984).

Prühs (1992)
Ernst-Günter Prühs, Aufstieg und Untergang einer bedeutenden Firma: Wagenfabrik H. W. Westphal, in: Jahrbuch für Heimatkunde Eutin 1992, S. 118–121.

Prühs (1994)
Ernst-Günther Prühs, Geschichte der Stadt Eutin, Eutin 2 .Aufl. 1994.

Rickert (2017)
Hans-Werner Rickert, Gut Nütschau. Vom Rittersitz zum Benediktinerkloster. Eine Chronik, Kiel/Hamburg 2. Aufl. 2017.

Rehder (1991)
Frauke Rehder, Genossenschaftliches Meiereiwesen am Beispiel Voldewraa, in: Meiereimädchen. Arbeits- und Lebensformen im 19. Jahrhundert; Schleswig 1991, S. 46–53.

Reinink (1995)
Wessel Reinink, Eiskeller. Kulturgeschichte alter Kühltechniken, Wien/Köln/Weimar 1995.

Rönnpag (1968)
Otto Rönnpag, Die geschichtliche Entwicklung der Eisenbahnen in Ostholstein, in: Jahrbuch des Kreises Eutin 1968, S. 169–178.

Rönnpag (1979)
Otto Rönnpag, Leonhard Boldt, der Ehrenbürger Eutins, in: Jahrbuch für Heimatkunde Eutin (1979), S. 168–175.

Rönnpag (1994)
Otto Rönnpag, Fischverkauf und -versand in Niendorf um die Jahrhundertwende, in: Jahrbuch für Heimatkunde Eutin 1994, S. 106–109.

Rönnpag (1999)
Otto Rönnpag, Seebrücken an der Lübecker Bucht, in: Jahrbuch für Heimatkunde Eutin 1999, S. 128–134.

Rumohr (1982)
Henning von Rumohr, Schlösser und Herrenhäuser in Ostholstein, Neumünster 2. Aufl. 1982.

Scheer (2005)
Elisabeth Scheer, Der Tourismus ab ca. 1900, in: Sielbeck. Eine Chronik (als Manuskript gedruckt), Sielbeck 2005, S. 119–135.

Scheliga (2010)
Thomas Scheliga, Lundehave. Ein königlich dänischer Renaissancegarten im Kontext der nordeuropäischen Gartenkunst, in: Zandera, vol. 25 no. 1 (2010), pp. 27–52 (JSTOR, www.jstor org/Stable/44696261. Accessed 23. Febr. 2020).

Schröder/Biernatzki (1855/1856)
Johannes von Schröder u. Hermann Biernatzki, Topographie der Herzogthümer Holstein und Lauenburg, des Fürstenthums Lübeck und des Gebietes der freien und Hanse-Städte Hamburg und Lübeck, 2. neubearb. Aufl. Oldenburg (Holst.), 2 Bde. 1855 u.1856.

Schubert (1919)
Alfred Schubert, Landwirtschaftliche Baukunde, Reprint der 3. Aufl. Leipzig/Berlin 1919.

Schubert (1923)
Alfred Schubert, Leitfaden der landwirtschaftlichen Baukunde, 4. Aufl. Leipzig/Berlin 1923.

Schubert (1931)
Schubert, Landwirtschaftliche Baukunde, 5. Aufl. völlig neubearbeitet von Johannes Strang, Leipzig/Berlin 1931.

Schulze (1991)
Heiko K. L Schulze, Schloß Eutin, Eutin 1991.

Schwartauer Werke (1949)
50 Jahre Schwartauer Werke im Dienst der deutschen Lebensmittelindustrie (Hamburg 1949).

Smith (2015)
Henry A. Smith, Historische Häuser in Eutin. 279 Häuser des frühen 19. Jahrhunderts mit ihren Vorgänger- und Nachfolgebauten, Besitzern und namhaften Bewohnern, Kiel 2015.

Sommer (1950)
Hermann Sommer, Wir wandern um Plön, Preetz 1950.

Spiekermann (1996)
Uwe Spiekermann, Zur Geschichte des Milch-Kleinhandels in Deutschland im 19. Jahrhundert, in: Die Milch. Geschichte und Zukunft eines Lebensmittels, hrsg. von Helmut Ottenjann und Karl-Heinz Ziessow, Cloppenburg 1996, S. 91–109.

Steen (1973)
Max Steen, Bad Schwartau. Aus Vorzeit und Gegenwart, Lübeck 1973.

Steine an den Straßen (1962)
Steine an den Straßen (Verf. Heinrich Plamböck), Sonderdruck einer Artikelserie im Ostholsteiner Anzeiger 1962.

Stille (1992)
Eva Stille, In Keller und Kammer. Vorratswirtschaft früher, in: OIKOS. Von der Feuerstelle zur Mikrowelle. Haushalt und Wohnen im Wandel, Gießen 1992, S. 214–226

Stockelsdorf (2003)
700 Jahre Gemeinde Stockelsdorf 1303–2003, Stockelsdorf 2003.

Stukenbrok (1912/1972)
August Stukenbrok Einbeck, Illustrierter Hauptkatalog 1912 (Nachdruck), Hildesheim/Zürich/New York 1972.

Stukenbrok (1931/1998)
August Stukenbrok Einbeck, Illustrierter Hauptkatalog 1931 (Nachdruck), Hildesheim/Zürich/New York 1998.

Täubrich (1991)
Hans-Christian Täubrich, Eisbericht. Vom Handel mit dem natürlichen Eise, in: Unter Null. Kunsteis, Kälte und Natur. Konzipiert von Hans-Christian Täubrich und Jutta Tschoepe. Hrsg. vom Centrum Industriekultur Nürnberg und dem Münchener Stadtmuseum, München 1991, S. 51–67.

Teuteberg (1993)
Hans Jürgen Teuteberg, Geschichte der Kühl- und Gefriertechnik und ihr Einfluss auf die Ernährung in Deutschland seit dem 19. Jahrhundert, in: Ernährungsforschung 38 (1993), S. 133–147.

Thieme/Becker (1928)
Allgemeines Lexikon der bildenden Künstler von der Antike bis zur Gegenwart. Begr. von Ulrich Thieme und Felix Becker, hrsg. von Hans Vollmer, Leipzig, 22. Bd. 1928.

Thietje (1996)
Gisela Thietje, Stendorf, in: Historische Gärten in Schleswig-Holstein, hrsg. von Adrian von Buttlar und Margita Marion Meyer, Heide 1996, S. 587–590.

Thietje (2003)
Gisela Thietje, Der Eutiner Schloßgarten. Gestalt, Geschichte und Bedeutung im Wandel der Jahrhunderte, Neumünster 2. verb. u. verm. Aufl. 2003.

Thietje (2009)
Gisela Thietje, „Rastedt, Daniel“, in: Neue Lübecker Lebensläufe, Neumünster 2009, S. 507–508.

Thietje (2012).
Gisela Thietje, Der Gottorfer Prinz Peter Friedrich Ludwig, seine Englandreise (1775/76) und ihre Bedeutung für den Eutiner Schlossgarten, Eutin 2012.

Thietje (2017)
Gisela Thietje, Die jüngere Geschichte des Eutiner Schlossgartens von 1803 bis ins späte 20. Jahrhundert, Eutin 2017.

Thoms (2005)
Ulrike Thoms, Die braune Tüte, die eiskalte Schachtel und der Einkaufskorb. Die Entwicklung der Tiefkühlkost und ihre Folgen für den Lebensmittelkauf, in: Peter Lummel u. Alexandra Deak (Hrsg.), Einkaufen! Eine Geschichte des täglichen Bedarfs, Berlin 2005, S. 157–164.

Tiedemann-Wingst (2015)
Gisela Tiedemann-Wingst, Die besondere Ernte im Winter: Eisfahren, in: Allgemeiner Haushaltungs-Kalender, Stade, 167. Jg. (2015), S. 35–36.

Tillmann (1997)
Doris Tillmann, Früh aufstehen, arbeiten und sparen. Landfrauenleben zwischen 1900 und 1933, Heide 1997.

Tillmann (2001)
Doris Tillmann, Genossenschaftsmeiereien in Schleswig-Holstein, Neumünster 2001 (Geschichte & Kultur, 11).

Timm (1924)
Max Timm, Die Umwandlung von Genossenschaftsmeiereien in Erwerbsmeiereien in der Provinz Schleswig-Holstein, mit Einschluß von Provinz und Stadt Lübeck (Auszüge aus Doktordissertationen der Rechts- und Staatswissenschaftlichen Fakultät der Georg-August-Universität Göttingen, Jg. 1924), S. 2–5.

Timmdorf (1997)
625 Jahre Timmdorf. 75 Jahre freiwillige Feuerwehr, Timmdorf 1997.

Trost (2018)
Heike Trost, Glückstadt – Zum Stand der Inventarisation in einer europäischen Planstadt, in: DenkMal! Zeitschrift für Denkmalpflege in Schleswig-Holstein 25 (2018), S. 26–34.

Unter Null (1991)
Unter Null. Kunsteis, Kälte und Natur. Konzipiert von Hans-Christian Täubrich und Jutta Tschoepe. Hrsg. vom Centrum Industriekultur Nürnberg und dem Münchener Stadtmuseum, München 1991.

Vom Gipfelschnee (1987)
»Vom Gipfelschnee zur fröhlichen Eiszeit«. Siegeszug der faszinierenden Köstlichkeit Speiseeis. Vom Genuß- zum Nahrungsmittel, Nürnberg 1987.

Wagner/Rother (2006)
Jörn Wagner u. Hannes Rother, Der Landhausgarten Eggersdorf in Malente-Gremsmühlen, in: Jahrbuch für Heimatkunde Eutin 2006, S. 167–184.

Wedemeyer-Kolwe (2004)
Bernd Wedemeyer-Kolwe, »Der neue Mensch«. Körperkultur im Kaiserreich und in der Weimarer Republik, Würzburg 2004.

Wehrmann (1898)
C. Wehrmann, Die Seebadeanstalt in Travemünde, in: Zeitschrift für lübeckische Geschichte 7 (1898), S. 108–129.

Wiesinger (2015)
Anja Silke Wiesinger, Schloss Gottorf in Schleswig – Der Südflügel, Kiel 2015.

Wulf (2021)
Peter Wulf, »Der Bürger als Edelmann«. Bürgerliche Gutsbesitzer in Schleswig-Holstein im 18. und 19. Jahrhundert, in: Zeitschrift für Schleswig-Holsteinische Geschichte, Bd. 146 (2021), S. 222–240.

Zimmermann (1960)
Hanns Zimmermann, Malente-Gremsmühlen, einst und jetzt. Geschichtliches über den Kurort, Malente-Gremsmühlen 1960.

Zimmermann (1965)
Hanns Zimmermann, »... und so wurde die Holsteinische Schweiz zum Gasthaus Norddeutschlands«, Malente-Gremsmühlen 1965.

Zimmermann (1976)
Hanns Zimmermann, Malente-Gremsmühlen in alten Ansichten, Zaltbommel 1976.

Ortsverzeichnis

Danksagung

Die sich über mehr als drei Jahre hinziehenden Recherchen für diese Studie wären nicht möglich gewesen ohne die freundliche und – auch unter den Einschränkungen der Corona-Pandemie gewährte – unbürokratische Unterstützung durch einschlägige Archive, Bibliotheken und andere Einrichtungen sowie durch eine Reihe von Privatpersonen. Die Vorlage von Archivalien und die Bereitstellung von Sekundärliteratur waren dabei ebenso Teil des Dienstleistungsspektrums wie mündliche und schriftliche Auskünfte sowie die Anfertigung von Reproduktionen und die Erteilung von Bildwiedergaberechten. Der Verfasser dankt daher herzlich den im Folgenden genannten Institutionen und Personen.

Die Hauptquelle und das Rückgrat für diese Arbeit bildeten die einschlägigen Bestände des Landesarchivs Schleswig-Holstein, zu denen neben der Überlieferung des Eutiner Schlosses vor allem die Bauaufsichtsakten der ehemaligen Regierung zu Eutin zählen. Die in diesem Rahmen vorgenommenen umfangreichen Archivalienbestellungen erforderten einen erheblichen Aufwand namentlich für die Lesesaalaufsicht und den Magazindienst. Daher sei an erster Stelle – stellvertretend für alle beteiligten Kolleginnen und Kollegen in Schleswig – Anita Seiter, Nadja Lichter, Harald Wieckhoff und Ralf Heidemann für die vielfältige fachliche Betreuung gedankt. Die Bereitstellung der herangezogenen regionalen und überregionalen Literatur, insbesondere auch über Fernleihe, lag überwiegend in den Händen des Teams der Eutiner Landesbibliothek, dem der Verfasser für diesen umfassenden und stets zuvorkommenden Service, zu dem auch ein hervorragendes digitales Angebot der Zeitungsrecherche gehört, zu großem Dank verpflichtet ist. Ein herzlicher Dank richtet sich sodann an drei weitere Eutiner Institutionen und Personen: Karin Ude-Johannsen vom Stadtbauamt Eutin, die durch ihre freundliche Bereitschaft, das Vorhaben trotz starker Arbeitsbelastung mit Auskünften aus den Bauakten zu fördern, unschätzbare Dienste geleistet hat, den neuen Stadtarchivar Jakob Paul Sperrle, dessen engagierte fachliche Betreuung zusätzliche Quellen zutage gefördert hat, und schließlich Regine Jepp, die den Verfasser an ihrem umfangreichen digitalen Materialfundus hat teilnehmen lassen. Auf diese Weise konnte die Stadt Eutin mit Erfolg in die Untersuchung einbezogen werden. In einigen Fällen waren dankenswerterweise auch die Bauaufsicht der Stadt Bad Schwartau in Person von Kay-Uwe Lange und der dortige Stadtarchivar Sven Reiß hilfreich. Substanzielle Ergänzungen zum Thema, das an den Grenzen des ehemaligen Kreises Eutin nicht endet, lieferten schließlich das Archiv der Hansestadt Lübeck und das Niedersächsische Landesarchiv Abteilung Oldenburg, wofür den dortigen Kolleginnen und Kollegen Dank gebührt.

Für zahlreiche weiterführende Informationen sei gedankt: Historisches Museum der Pfalz (Speyer), Museumsberg Flensburg, Gemeindearchiv Timmendorfer Strand, Kreisarchiv Stormarn (Bad Oldesloe), Christian Finzel (Lübeck), Prof. Dr. Stefan Jendrzejewski (Lübeck), Dr. Jan Zimmermann (Lübeck), Klaus Faasch (NABU Bad Schwartau), Jan Krause (Förderverein Heimatmuseum Ahrensbök), Judith M. Ohrtmann M.A. (Bad Schwartau), Brigitta Herrmann und Dr. Sophie Borges (Stiftung Schloss Eutin), Dr. Julia Hümme (Ostholstein-Museum Eutin), Anke Steputat (Untere Denkmalbehörde des Kreises Ostholstein), Dieter Orzelak (Johannisloge »Zum Goldenen Apfel« Eutin), Ingeborg und Tonnis Bouman (Eutin), Klaus Giesler (Eutin), Dr. Klaus-Dieter Hahn †

(Eutin), Dr. Wolfgang Griep (Eutin), Volker Heymann (Eutin), Jörg Hüffer (Hof Redingsdorf), und Joachim Schrader (Kasseedorf).

Dem Verlag Ludwig, namentlich Inge Schumacher und Dr. Steve Ludwig, bin ich für die wohlwollende Aufnahme dieser Studie in das Verlagsprogramm und für die hervorragende Zusammenarbeit sehr verbunden. Die Drucklegung dieser Studie hätte sich jedoch nicht realisieren lassen ohne die großzügige finanzielle Förderung durch die Marius-Böger-Stiftung in Plön. Daher schließe ich mit einem ganz herzlichen Dankeschön an diese verdienstvolle natur- und landeskundlich orientierte Institution für die bereitwillige Unterstützung und das mir entgegengebrachte Vertrauen.

Lübeck, im Oktober 2024

Hartmut Bickelmann